国家电网有限公司特高压建设分公司
STATE GRID UHV ENGLNEERING CONSTRUCTION COMPANY

特高压工程标准工艺“一表一卡”

（2022年版）

国家电网有限公司特高压建设分公司　组编

中国电力出版社
CHINA ELECTRIC POWER PRESS

内 容 提 要

为进一步落实国家电网有限公司“一体四翼”战略布局，促进“六精四化”三年行动计划落地实施，提升特高压工程建设管理水平，国家电网有限公司特高压建设分公司系统梳理、全面总结特高压工程建设管理经验，提炼形成《特高压工程建设标准化管理》等系列成果，涵盖建设管理、技术标准、施工工艺、典型工法、经验案例等内容。

本书为《特高压工程标准工艺“一表一卡”（2022年版）》，分为使用说明、变电（换流）站工程关键工序管控表和工艺流程控制卡、特高压线路（大跨越）工程主要质量工艺关键工序管控表及工艺流程控制卡三章，其中，变电（换流）站工程关键工序管控表34个、工艺流程控制卡37个，线路工程关键工序管控表9个、工艺流程控制卡16个。每个关键工序管控表和工艺流程控制卡均根据特高压工程标准工艺落地要求，突出工程本体质量，坚持问题导向，着力重点部位、核心设备、薄弱环节及通病治理。

本套书可供从事特高压工程建设的技术人员和管理人员学习使用。

图书在版编目（CIP）数据

特高压工程标准工艺“一表一卡”：2022年版/国家电网有限公司特高压建设分公司组编．—北京：中国电力出版社，2023.9

ISBN 978-7-5198-8087-3

Ⅰ.①特… Ⅱ.①国… Ⅲ.①特高压输电—电力工程—工程施工—标准—中国—2022②特高压输电—变电所—工程施工—标准—中国—2022 Ⅳ.①TM723-65 ②TM63-65

中国国家版本馆CIP数据核字（2023）第162324号

出版发行：中国电力出版社
地　　址：北京市东城区北京站西街19号（邮政编码100005）
网　　址：http://www.cepp.sgcc.com.cn
责任编辑：翟巧珍　胡　帅
责任校对：黄　蓓　郝军燕　于　维　马　宁
装帧设计：郝晓燕
责任印制：石　雷

印　　刷：三河市万龙印装有限公司
版　　次：2023年9月第一版
印　　次：2023年9月北京第一次印刷
开　　本：880毫米×1230毫米　16开本
印　　张：29.75
字　　数：958千字
定　　价：200.00元

《特高压工程标准工艺“一表一卡”(2022年版)》

本书编写组

组　　长　毛继兵

副 组 长　徐志军　徐剑峰

主要编写人员　(按姓氏笔画排序)

马　勇　马升君　王　东　王存财　王俊宇　王　勇　王雪野　王德时　巨　斌
牛孜强　邓佳佳　叶　松　付宝良　伍传奇　向宇伟　刘　环　刘　杰　刘振涛
刘盛科　闫兆平　羊　勇　江海涛　安珈玉　阮　峰　孙文凯　孙国中　孙斐斐
杨　松　李同晗　李佳新　李康伟　肖　峰　吴星远　何　威　张尔乐　张志军
张鸣镝　张　诚　张积朝　张浩然　张崇涛　张　智　张　鹏　陈延童　陈乾坤
陈鄂球　青禹成　林　森　周万骏　禹文韬　侯纪勇　侯　镭　徐剑峰　高　敏
唐　川　曹建泉　常　兵　崔一浩　彭　旺　彭　洋　覃代钺　程怀宇　谢永涛
路海宽　蔡刘露　潘宏承　潘文瀚

序

从 2006 年 8 月我国首个特高压工程——1000kV 晋东南—南阳—荆门特高压交流试验示范工程开工建设，至 2022 年底，国家电网有限公司已累计建成特高压交直流工程 33 项，特高压骨干网架已初步建成，为促进我国能源资源大范围优化配置、推动新能源大规模高效开发利用发挥了重要作用。特高压工程实现从“中国创造”到“中国引领”，成为中国高端制造的“国家名片”。

高质量发展是全面建设社会主义现代化国家的首要任务。我国大力推进以稳定安全可靠的特高压输变电线路为载体的新能源供给消纳体系规划建设，赋予了特高压工程新的使命。作为新型电力系统建设、实现“碳达峰、碳中和”目标的排头兵，特高压发展迎来新的重大机遇。

面对新一轮特高压工程大规模建设，总结传承好特高压工程建设管理经验、推广应用项目标准化成果，对于提升工程建设管理水平、推动特高压工程高质量建设具有重要意义。

国家电网有限公司特高压建设分公司应三峡输变电工程而生，伴随特高压工程成长壮大，成立 26 年以来，建成全部三峡输变电工程，全程参与了国家电网所有特高压交直流工程建设，直接建设管理了以首条特高压交流试验示范工程、首条特高压直流示范工程、首条特高压同塔双回交流示范工程、首条世界电压等级最高的特高压直流输电工程为代表的多项特高压交直流工程，积累了丰富的工程建设管理经验，形成了丰硕的项目标准化管理成果。经系统梳理、全面总结，提炼形成《特高压工程建设标准化管理》等系列成果，涵盖建设管理、技术标准、工艺工法、经验案例等内容，为后续特高压工程建设提供管理借鉴和实践案例。

他山之石，可以攻玉。相信《特高压工程建设标准化管理》等系列成果的出版，对于加强特高压工程建设管理经验交流、促进“六精四化”落地实施，提升国家电网输变电工程建设整体管理水平将起到积极的促进作用。国家电网有限公司特高压建设分公司将在不断总结自身实践的基础上，博采众长、兼收并蓄业内先进成果，迭代更新、持续改进，以专业公司的能力与作为，在引领工程建设管理、推动特高压工程高质量建设方面发挥更大的作用。

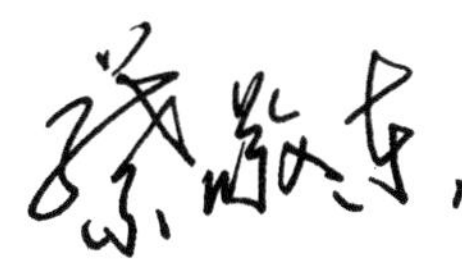

2023 年 6 月

前言

根据特高压工程标准工艺落地要求，突出工程本体质量，坚持问题导向，着力重点部位、核心设备、薄弱环节及通病治理，国家电网有限公司特高压建设分公司编制形成《特高压工程标准工艺“一表一卡”(2022年版)》(简称《一表一卡》)。

本书编制了特高压变电（换流）站工程、线路工程关键工序管控表共43个，工艺流程控制卡共53个。其中，变电（换流）站工程关键工序管控表为34个，工艺流程控制卡为37个；线路工程关键工序管控表9个，工艺流程控制卡16个。

变电（换流）站工程关键工序管控表和工艺流程控制卡是依托布拖（建昌）±800kV换流站、白鹤滩二期换流站工程而编写的，充分吸纳以往变电（换流）站工程质量管理要求和施工管控经验，确定了土建、电气工程关键工序、工艺流程管控要点，明确了业主、监理、施工、厂家、运行等单位的重点管控工作，涵盖了变电（换流）站土建施工和电气安装主要施工项目，适用常规±800kV换流站和1000kV变电站工程。

特高压线路（大跨越）工程主要质量工艺关键工序管控表和工艺流程控制卡是依托螺山长江大跨越工程而编写的，充分吸纳以往特高压线路工程质量管控要点，根据普通线路施工标准工艺和大跨越工程特殊施工工艺，融合了“五必检六必验”、典型案例及近年质量通病问题等内容，确定了履带起重机、落地双平臂抱杆、升降机等关键设备安装控制项目，强化安装及检查要求，适用常规特高压线路工程和大跨越工程。

本书供国家电网有限公司特高压建设分公司特高压工程建设各级管理人员使用，也可以作为输变电工程建设管理的培训教材。

限于时间，书中难免存在不足和疏漏之处，敬请批评指正。

编者

2023年4月

目录

第一章　使用说明

根据关键工序管控重点，特高压工程关键工序管控表细化了业主、监理项目部过程管理任务，逐项明确管控要点、管理记录及检查控制点，记录管理过程和工作落实情况，责任人逐一即时签字，突出关键工序“预前控制、过程检查、验收把关”全过程管控；逐项明确实测实量关键控制点，强化工程本体质量重要指标及部位“施工项目部100%全检、监理项目部100%全检、业主项目部抽检”管理要求，进一步提高检查比例，推动关键工序管理体系正常运转、关键管理人员履职到位。

根据质量工艺具体作业流程，特高压工程工艺流程控制卡细化施工作业单元管控，逐项明确质量控制要点、质量标准及实测实量要点，记录工作的实施情况和实测实量数据，责任人逐一即时签字，突出工艺流程重要指标控制及过程质量管控，确保工艺管控责任到人、工艺标准执行到位。

本分册中“★”代表实测实量和“五必检六必验”关键部分，是特高压工程关键工序管控表和工艺流程控制卡（简称“一表一卡”）中关键质量控制要点。在“一表一卡”填写中，检查结果涉及数据的填写实际数据，未涉及数据的填写“符合要求”。

第一节　变电（换流）站工程“一表一卡”使用说明

一、 关键工序管控表使用说明

（1）特高压变电（换流）站工程关键工序管控表［简称变电（换流）站“管控表”］适用于特高压变电（换流）站工程施工过程中关键工序的记录、确认，以落实施工质量要求和追溯质量责任。

（2）变电（换流）站“管控表”共分为土建工程、电气工程两大类，土建工程包含了15个土建施工关键工序，电气工程包含了18个电气安装关键工序。

（3）变电（换流）站“管控表”在使用时，应按照管控范围分别建册，注明工程名称、关键工序名称、管控范围、施工时间。土建工程管控范围：将构筑物按单个基础、建筑划分，广场及场地按区域划分，彩钢板按墙面、屋面划分，消防按系统划分。电气工程管控范围：电气一次部分按单台（相）划分，电气二次部分按区域划分，电缆防火设施按种类划分。

（4）变电（换流）站“管控表”由施工项目部负责具体编制、执行和保管，监理项目部负责执行情况检查，业主项目部负责定期检查、抽检并监督。

（5）变电（换流）站“管控表”应随施工进度同步填写，据实开展实测实量记录及控制措施确认，施工项目部100%全检、监理项目部100%全检、业主项目部抽检，责任人同步签字。签字栏“/”表示非该单位参与环节，不需签字。

（6）变电（换流）站“管控表”均需要填写附件“责任单位及责任人一览表”。施工项目部责任人应包括作业负责人和质检员，监理项目部责任人应包括专业监理师，业主项目部责任人应包括专责。

（7）各责任主体对各自填写内容的真实性负责。

（8）工程项目完工后，变电（换流）站“管控表”由监理项目部留存。

二、 工艺流程控制卡使用说明

（1）特高压变电（换流）站工程工艺流程控制卡［简称变电（换流）站“控制卡”］适用于特高压变电（换流）站工程施工过程中工艺流程的记录、确认，以落实施工质量要求和追溯质量责任。

（2）变电（换流）站“控制卡”是依据对应变电（换流）站“管控表”进行编制的，共分为土建工程、电气工程两大类。其中，土建工程包含了15个土建施工工艺流程，电气工程包含了22个电气安装工艺流程。

（3）在使用变电（换流）站“控制卡”时，应按照管控范围分别建册，注明工程名称、工艺流程名称、管控范围、施工时间。土建工程管控范围：将构筑物按单个基础、建筑划分，广场及场地按区域划分，彩钢板按墙面、屋面划分，消防按系统划分。电气工程管控范围：电气一次部分按单台（相）划分，电气二次部分按区域划分，电缆防火设施按种类划分。

（4）变电（换流）站“控制卡”由施工项目部负责具体编制、填写和保管，监理项目部负责执行情况检查签字，业主项目部负责定期检查、抽检并监督签字。

（5）变电（换流）站“控制卡”应随施工项目进度填写，据实开展实测实量记录及控制措施确认，施工项目部100%全检、监理项目部100%全检、业主项目部抽检，责任人同步签字。签字栏“/”表示非该单位参与环节，不需签字。

（6）变电（换流）站“控制卡”均需要填写附件“责任单位及责任人一览表”。厂家单位责任人应包括厂家现场服务工作负责人，施工项目部责任人应包括作业负责人和质检员，监理项目部责任人应包括专业监理师，业主项目部责任人应包括专责，运行单位责任人应包括检修班组负责人。

（7）各责任主体对各自填写内容的真实性负责。

（8）工程项目完工后，变电（换流）站“控制卡”由监理项目部留存。

（9）变电（换流）站“控制卡”标记★号的项目、作业内容需要各级验收人员重点开展实测实量，实时记录相关数据，确保实测实量项目完整、过程规范及数据真实，并完成签字确认。提升质量验收水平及深度，把好质量验收出口关。

第二节　线路工程“一表一卡”使用说明

一、 关键工序管控表使用说明

（1）线路工程关键工序管控表（简称线路工程“管控表”）适用于线路工程施工过程中对项目关键环节进行记录、确认，以落实施工要求和追溯质量责任。

（2）线路工程“管控表”由监理项目部根据工程实际，统一印刷并顺序编号。由施工项目部负责具体执行和现场保管，监理项目部负责执行情况检查，业主项目部负责定期检查、抽检并监督。厂家等人员做好相关配合工作和支撑工作，根据合同相关规定进行履职。

（3）完成一项工作填写线路工程“管控表”的相应内容，据实开展实测实量记录及控制措施确认，施工项目部100%全检、监理项目部100%全检、业主项目部抽检，责任人同步签字。签字栏“/”表示非相关责任单位，有关单位不需签字。

（4）各责任主体对“一表一卡”各自填写内容的真实性负责。

（5）工程项目完工后，线路工程“管控表”由监理项目部负责留存。

二、 施工工艺流程控制卡使用说明

（1）本分册所述所有工艺流程控制卡均需要填写“责任单位及责任人一览表”，厂家单位责任人应包括厂家现场服务工作负责人，施工项目部责任人应包括作业负责人和质检员，监理项目部责任人应包括专业监理师，业主项目部责任人应包括专责，运行单位责任人应包括检修班组负责人。

（2）线路工程施工工艺流程控制卡（简称线路工程“控制卡”）适用于线路工程施工过程中对项目关键环节进行记录、确认，以落实施工要求和追溯质量责任。

（3）线路工程“控制卡”由监理项目部根据工程实际，统一印刷并顺序编号。由施工项目部负责具体填写和现场保管，监理项目部负责执行情况检查签字，业主项目部负责定期检查、抽检并监督签字。厂家等人员做好相关配合工作和支撑工作，根据合同相关规定进行履职。

（4）完成一项工作填写线路工程“控制卡”的相应内容，据实开展实测实量记录及控制措施确认，施工项目部100%全检、监理项目部100%全检、业主项目部抽检，责任人同步签字。签字栏“/”表示非相关责任单位，有关单位不需签字。

（5）各责任主体对“一表一卡”各自填写内容的真实性负责。

（6）工程项目完工后，线路工程“控制卡”由监理项目部负责留存。

第二章 变电（换流）站工程关键工序管控表和工艺流程控制卡

第一节 土 建 工 程

一、主接地网施工关键工序管控表、工艺流程控制卡

（一）主接地网施工关键工序管控表

序号	阶段	管理内容	管控要点	管理资料	监理	业主
1	准备	施工图审查	（1）审查水平接地网（包括增强接地网）闭合情况。 （2）审查接地网埋设深度、各建筑物间距。 （3）审查接地网焊接处不同情况防腐措施	图纸预检记录、设计图纸交底纪要、施工图会检纪要		
2	准备	方案审查	（1）铜绞线焊接施工工艺符合标准工艺要求。 （2）水平接地体的间距符合施工规范规定和设计要求。 （3）接地极顶面埋深符合施工规范规定和设计要求。 （4）接地装置所经过道路、电缆沟，建筑物基础及户外基础符合施工规范规定和设计要求	方案审查记录、方案报审表、方案审查纪要		
3	准备	实测实量	（1）实测实量实施方案通过审批。 （2）实测实量验收项目包含《国网基建部关于印发输变电工程达标投产考核工作手册和质量验收实测实量项目清单的通知》（基建安质〔2021〕27号）文件规定项目清单。 （3）实测实量仪器（全站仪、水准仪、卷尺等）准备到位	实测实量实施方案、测量记录表		/

续表

序号	阶段	管理内容	管控要点	管理资料	监理	业主
4	准备	标准工艺实施	（1）执行《国家电网有限公司输变电工程标准工艺　变电工程电气分册》“全站防雷及接地装置安装—主接地网安装”要求。 （2）标准工艺实施方案通过审批	标准工艺方案、标准工艺应用记录		
5		人员交底	所有作业人员均完成技术交底并签字	人员培训交底记录		/
6		材料进场	（1）供应商资质文件（一般包括营业执照、生产许可证、产品/典型产品的检验报告、企业质量管理体系认证或产品质量认证证书等）齐全。 （2）材料质量证明文件（一般包括产品出厂检验、试验报告及产品合格证等）完整。 （3）复检报告合格（焊接工艺、原材料焊接、防腐涂料按有关规定进行取样送检，并在检验合格后报监理项目部查验）	供应商报审表、原材进场报审表、试验检测报告		
7		施工放线	（1）不同建筑物的不同敷设距离定位标记符合图纸要求。 （2）用水准仪核对场坪实际标高，确定土沟开挖深度	验评记录、测量定位记录		
8	施工	土方开挖	（1）土方开挖深度应满足设计要求。 （2）清理底部石块等杂物	验评记录		/
9		焊接施工	（1）对应焊接点的模具规格必须正确，焊接点导体的焊接模具必须清洁、干燥，尤其是重复使用的模具，其焊渣必须清理干净并保证模具完好。 （2）接头焊接应预热模具，模具内热熔剂填充密实，点火过程安全防护可靠。 （3）接头内导体应熔透，保证有足够的导电截面。熔焊前要检查模具与连接导体的密合度，适时用填缝胶对模具的接缝处进行密封，以免有铜水流出。 （4）铜焊接头表面光滑、无气泡、无贯穿性孔洞和裂纹等	验评记录		/
10		防腐施工	（1）用钢丝刷清除焊渣。 （2）所有接地干线、接地引下线及垂直接地极及其紧固件均进行热镀锌处理，焊接处需涂防腐漆。埋设在地中的接地体不应涂漆，热镀锌钢材焊接时将破坏热镀锌防腐层，应在焊痕外100mm内做防腐处理	防腐隐蔽施工记录		/

续表

序号	阶段	管理内容	管控要点	管理资料	监理	业主
11	施工	回填施工	（1）素土夯实，不得夹有石块、建筑垃圾。 （2）分层夯实每层 250～300mm	验评记录、压实度报告		
12	验收	资料验收	各项验评资料、施工记录、地网电阻测试报告等归档资料齐全，并签字盖章	验评记录、隐蔽验收记录、三级自检记录		

（二）主接地网施工工艺流程控制卡

序号	项目	作业内容	控制要点及标准	检查结果	施工		监理
					作业负责人	质检员	
1	方案的编写及交底	方案编写	（1）方案应包含铜绞线、铜排、扁钢焊接施工有关内容。 （2）方案应包含水平接地体施工相关内容。 （3）方案应包含接地装置所经过道路、电缆沟，建筑物基础及户外基础施工相关内容				
		交底对象	所有作业人员				
		交底内容	工程概况与特点、作业程序、操作要领、注意事项、质量控制措施、质量通病、标准工艺、安全风险防控、应急预案等				
2	材料进场验收	接地原材料进场验收	（1）全站主接地网施工使用材料包括接地极、镀锡铜绞线、镀锡铜排、焊粉、防腐涂料。 （2）供应商资质文件（一般包括营业执照、生产许可证、产品/典型产品的检验报告、企业质量管理体系认证或产品质量认证证书等）齐全。 （3）材料质量证明文件（一般包括产品出厂合格证、检验、试验报告等）完整。 （4）复检报告合格（焊接工艺、原材料焊接、防腐涂料，按有关规定进行取样送检，并在检验合格后报监理项目部查验）				

续表

序号	项目	作业内容	控制要点及标准	检查结果	施工		监理
					作业负责人	质检员	
3	放线及开挖	施工放线	接地体水平间距，接地体与建筑物、基础水平距离应符合设计图纸要求				
		土方开挖	接地体与建筑物、基础水平距离，挖方深度，开挖至设计图纸要求标高				
4	接地体连接	焊接	（1）当采用搭接焊时，圆钢的搭接长度不应少于其直径的6倍并应双面施焊。 （2）扁钢的搭接长度不应少于其宽度的2倍并应三面施焊				
		熔接	熔接接头外观无尖角、缺口、卷边、蜂窝状气孔、裂痕				
5	接地体防腐及回填	防腐	接地体的连接部位应采取防腐措施，防腐范围不应小于连接部位两端各100mm。在防腐处理前，表面应清理焊渣或焊接处残留的焊药				
		回填	素土回填，不得夹有石块、建筑垃圾				
6	接地体电阻检测	电阻测试	接地电阻测试合格				
7	★接地体埋设	控制接地装置顶面埋设深度	埋设深度满足质量标准，不小于0.8m				
		控制接地体埋设间距	间距满足质量标准，不小于5m				
		控制接地体与建筑物、基础水平距离	间距满足质量标准，不小于1m				

续表

序号	项目	作业内容	控制要点及标准	检查结果	施工		监理
					作业负责人	质检员	
8	焊接搭接	扁钢与扁钢焊接	不小于扁钢宽度的 2 倍，三面焊接，搭接长度满足质量标准				
		圆钢与圆钢焊接	不小于圆钢直径的 6 倍，双面焊接，搭接长度满足质量标准				
		圆钢与扁钢焊接	不小于圆钢直径的 6 倍，双面焊接，搭接长度满足质量标准				
9	防腐	防腐涂刷	防腐范围不应少于连接部位两端各 100mm，符合图纸及设计规范要求。防腐涂刷处理前，应敲掉焊渣、焊瘤，并用钢丝刷清除表面残留的焊药				
10	回填	土方回填	平碾分层厚度为250～300mm，分层压实，压实度报告合格				
11	资料验收	资料验收	各项验评资料、施工记录，归档资料齐全并签字盖章				
12	通病防治	接地体埋设施工、接地电阻测量	接地沟开挖的长度和深度应符合设计要求且不得有负偏差，影响接地体与土壤的杂物应清除，在山坡上宜沿等高线开挖接地沟；接地体的规格、埋深不应小于设计值；接地电阻的测量可采用接地装置专用测量仪表，所测得的接地阻值不应大于设计工频接地电阻值				
13		接地体焊接及防腐施工	（1）当采用搭接焊时，圆钢的搭接长度不应小于其直径的 6 倍并应双面施焊；扁钢的搭接长度不应小于其宽度的 2 倍并应三面施焊。 （2）接地体的连接部位应采取防腐措施，防腐范围不应小于连接部位两端各 100mm。在防腐处理前，应敲掉焊渣、焊瘤，并用钢丝刷清除表面残留的焊药				

续表

序号	项目	作业内容	控制要点及标准	检查结果	施工		监理
					作业负责人	质检员	
14	通病防治	主接地干网敷设施工	（1）电缆沟、电缆隧道、管沟、道路、围墙基础等施工时，应提前敷设预埋主接地网，并做好保护及标记，便于后期主接地网施工查找。 （2）主接地网施工应按计划按一定顺序从一个方向往另外一个方向施工，后续主网施工先查找前期已施工或已预埋主干线（特别是其他标包），以防漏焊，造成主网局部断开。 （3）后续施工基坑槽开挖造成已完成主网破坏，需要及时恢复补焊，并经监理验收合格后方能隐蔽，以免造成主网局部断开				

二、现浇电缆隧道和沟道施工关键工序管控表、工艺流程控制卡

（一）现浇电缆隧道和沟道施工关键工序管控表

序号	阶段	管理内容	管控要点	管理资料	监理	业主
1	准备	施工图审查	（1）应按设计要求设置施工沉降缝。 （2）审查电缆沟道的沉降缝、伸缩缝设置是否合理。 （3）电缆沟埋管，以及开孔的规格大小、数量、位置满足后续电气施工要求。 （4）电缆沟道的排水坡度、集水井位置是否合理。 （5）水工专用管沟与电缆沟交汇方式设置合理，立交下层管沟考虑防积水措施	图纸预检记录、设计图纸交底纪要、施工图会检纪要		
2		方案审查	（1）清水混凝土施工工艺符合标准工艺要求。 （2）埋管的安装定位措施及固定方式满足要求。 （3）模板的排版设计，选用的模板应具有足够的承载能力、刚度和稳定性，能可靠地承受浇筑混凝土的重量、侧压力以及施工荷载，配合计算书及图片说明。	方案审查记录、方案报审表、专项方案审查纪要		

续表

序号	阶段	管理内容	管控要点	管理资料	监理	业主
2	准备	方案审查	（4）明确模板制作、加工、存放、维护的要求，主要技术参数及质量标准。 （5）详细说明不同部位的模板的安装拆除顺序及技术要点。 （6）施工缝留设位置是否合理及施工缝处理是否满足清水混凝土要求。 （7）变形缝的处理方案。 （8）混凝土养护措施是否合理	方案审查记录、方案报审表、专项方案审查纪要		
3	准备	实测实量	（1）实测实量实施方案通过审批。 （2）实测实量验收项目包含基建安质〔2021〕27 号文件规定项目清单。 （3）实测实量仪器（全站仪、水准仪、靠尺、卷尺、回弹仪等）准备到位	实测实量实施方案、测试测量记录表		/
4	准备	标准工艺实施	（1）执行《国家电网有限公司输变电工程标准工艺　变电工程土建分册》“室外工程—现浇混凝土电缆沟”要求。 （2）标准工艺方案通过审批	标准工艺方案、标准工艺应用记录		
5	准备	人员交底	所有作业人员均完成技术交底并签字	人员培训交底记录		/
6	准备	材料进场	（1）电缆沟施工使用材料包括木模板、钢筋、混凝土、防腐涂料、镀锌埋管、橡胶止水带。 （2）供货商资质文件［一般包括营业执照、生产许可证、产品（典型产品）的检验报告、企业质量管理体系认证或产品质量认证证书等］齐全。 （3）材料质量证明文件（一般包括产品出厂合格证、检验、试验报告等）完整。 （4）复检报告合格（焊接工艺、原材料焊接、防腐涂料按有关规定进行取样送检，并在检验合格后报监理项目部查验）	供应商报审表、原材进场报审表、试验检测报告		

续表

序号	阶段	管理内容	管控要点	管理资料	监理	业主
7	准备	样板确认	（1）首段浇筑的沟道符合标准工艺要求，沟壁厚度一致、无色差，倒角顺直、无气泡。 （2）盖板样板制作符合标准工艺要求。 （3）盖板表面平整，无扭曲、变形，色泽均匀	样板确认清单		
8	施工	地基处理	（1）不扰动、不超挖天然地基。 （2）进行轻型触探试验，检测地基承载力是否符合设计要求，若未达到设计承载力要求，提请地勘进行换填处理			/
9	施工	钢筋施工	（1）钢筋已按要求见证取样（每种型号、每进场批次60t取一组）。 （2）开展钢筋隐蔽工程（纵向受力钢筋的牌号、规格、数量、位置）验收。 （3）钢筋的连接方式、接头位置、接头质量、接头面积百分率、搭接长度、锚固方式及锚固长度符合要求。 （4）箍筋、横向钢筋的牌号、规格、数量、间距、位置，箍筋弯钩的弯折角度及平直段长度符合要求。 （5）钢筋保护层垫块设置合理，无贴模板钢筋	见证取样记录、试验检测报告、钢筋工程验收记录		/
10	施工	模板安装	（1）木模板用18mm胶合板方木背楞（方木应过刨，控制尺寸），50mm钢管加固。钢管竖、横杆间距不大于600mm，模板接缝用双面胶带挤压严密。 （2）模板安装验收合格（垂直度偏差≤8mm，相邻两块模板表面高差≤2mm，表面平整度≤5mm，模板拼缝严密）	模板验收记录		/
11	施工	排水施工	电缆沟设排水内沟，排水沟截面直径80～100mm。排水横坡、纵坡坡度及排水走向的横坡为2%、纵坡0.3%～0.5%，并预留与站区排水主网连接的管道。沟壁模板拆除后，在电缆沟底板浇筑前，固定安装排水沟定型钢管模具	施工方案		/

续表

序号	阶段	管理内容	管控要点	管理资料	监理	业主
12	施工	伸缩缝及沉降缝设置	伸缩缝间距不大于 25m，施工缝内使用沥青麻丝和橡胶止水带填充，表面采用中性硅酮耐候密封胶。为沉降缝时，垫层应在缝的位置断开留隔断缝	施工缝隐蔽验收记录		/
13	施工	混凝土浇筑	（1）施工前钢筋模板验收合格，并提交浇筑申请。 （2）检查混凝土配合比。 （3）进行监理旁站。 （4）浇筑过程中对混凝土进行试块制作见证（每 100m³ 取一组）、坍落度检查（180mm±20mm）。 （5）混凝土浇筑。沟壁两侧应同时浇筑，防止沟壁模板发生偏移。振捣时振捣棒应快插慢拔，按行列式或交错式前进。振捣棒移动距离一般在 300～500mm，每次振捣时间一般控制范围为 20～30s，以混凝土表面呈现水泥浆和混凝土不再沉陷为准。当混凝土初凝、进行沟顶收面时，对沟壁倒角处混凝土用橡皮锤敲击外侧模板，以防止倒角处气泡产生	浇筑申请单、浇筑施工记录、监理旁站记录、试块试压报告		/
14	施工	模板拆除	（1）模板拆除前混凝土强度满足拆模要求，拆模不造成混凝土磕碰，不缺棱掉角。 （2）模板拆除后堆放指定位置，专人负责表面清理。 （3）拆模后进行实测实量检查，外观质量、表面平整度、垂直度、尺寸满足图纸要求。 （4）混凝土养护按要求执行	实测实量检查记录、混凝土养护记录		/
15	施工	现浇电缆沟盖板	（1）电缆沟盖板角钢框规格符合图纸要求。 （2）盖板安装平稳、顺直。 （3）沟道盖板钢边框：长度偏差≤2mm；宽度偏差≤2mm，对角线偏差≤2mm。 （4）沟道盖板：长度偏差≤3mm；宽度偏差≤3mm；厚度偏差≤2mm；对角线偏差≤3mm；表面平整度偏差 3mm	验评记录		/

续表

序号	阶段	管理内容	管控要点	管理资料	监理	业主
16	施工	防腐涂料施工	（1）混凝土基层缺陷已处理。 （2）涂覆层结合牢固，表面应平整、光亮，无起鼓等缺陷。 （3）表面平整度偏差≤2mm	防腐施工记录		/
17	验收	实测实量	电缆沟盖板垂直度、平整度、厚度、电缆沟深度、平面尺寸、排水坡度、标高、现浇电缆沟沟壁的混凝土强度	实测实量记录		/
18		资料验收	各项验评资料、施工记录，归档资料齐全并签字盖章	验评记录、隐蔽验收记录、三级自检记录		
19		工艺评价	应按照国家电网基建〔2012〕1587号文件程序要求开展标准工艺评价考核。 （1）施工项目部在标准工艺实施完成后开展自检，自检合格后，报监理项目部验收，并留存数码照片，在工程总结中对标准工艺实施工作进行总结。 （2）监理项目部对标准工艺实施效果进行控制和验收，并进行审核，完成标准工艺应用效果考核评分表（变电站、换流站工程）。 （3）业主项目部在工程检查、中间验收等环节，检查标准工艺实施情况。完成输变电工程标准工艺应用统计表。 （4）建设管理单位在工程竣工预验收阶段，组织业主、施工、监理、设计单位对标准工艺进行评价，填写输变电工程“标准工艺”管理工作评价表、输变电工程标准工艺管理及实施效果评价表	工程总结、标准工艺应用效果考核评分表（变电站、换流站工程）、输变电工程标准工艺应用统计表、输变电工程“标准工艺”管理工作评价表、输变电工程标准工艺管理及实施效果评价表		

（二）现浇电缆隧道和沟道施工工艺流程控制卡

序号	项目	作业内容	控制要点及标准	检查结果	施工		监理
					作业负责人	质检员	
1	方案的编写及交底	方案编写	（1）现浇混凝土施工工艺符合标准工艺要求。 （2）模板安装拆除、预埋管安装。 （3）施工顺序、施工进度计划、工艺流程、质量控制措施、安全风险防控、文明施工及环境保护措施、工程创优措施				
		交底对象	所有作业人员				
		交底内容	工程概况与特点、作业程序、操作要领、注意事项、质量控制措施、质量通病、标准工艺、安全风险防控、应急预案等				
2	控制点设置	控制点设置	以全站的测量方格网进行电缆定位轴线及高程控制				
3	机具及材料准备	机械准备	（1）主要施工机械及工器具在工程施工前就位，并进行清点、检修，确保性能良好，可随时投入使用。 （2）各种仪器、仪表均应校验合格并有校验证明。 （3）材料运输道路通畅，施工用料已落实，并运至现场				
4	施工场地移交	场地移交	（1）施工场地已回填，施工用水、电已预先引接到位。 （2）场地基本保持平整，地表无积水				
5	土方及垫层施工	平面控制桩	平面控制桩精度经测量，平面控制桩误差在二级导线精度±3mm之内，高程控制桩精度符合三等水准的精度要求				
		土方开挖	基槽开挖时，周边、放坡平台的施工荷载应按设计要求进行控制，并留设施工作业面。基槽采用反铲挖掘机开挖，并预留 200mm，以防基底暴晒或泡水，待验槽后，人工清理至设计标高。基槽出土集中堆放				

续表

序号	项目	作业内容	控制要点及标准	检查结果	施工		监理
					作业负责人	质检员	
5	土方及垫层施工	地基验槽	开挖后，不得长时间晾晒，应及时与建设、勘察、设计、监理单位共同验槽，整槽合格后，及时封闭基坑。地基验槽时，发现地质情况与勘察报告不相符，应由勘察、设计、监理、施工单位共同商定地基处理方案，经建设单位同意后实施				
		垫层混凝土施工	垫层支模前，首先由专业测量人员定位出垫层中心线，再用白灰撒出垫层模板边线，并保证其位置正确，固定方木模板。安装完毕后，测量人员要复测模板基底标高。垫层内超高部位要由人工开挖至设计标高				
6	钢筋绑扎	钢筋绑扎	钢筋绑扎材料宜选用20～22号无锈绑扎钢丝，绑丝向内				
		★钢筋保护层检查	受力钢筋保护层厚度偏差不大于3mm；保护层垫块应有足够的强度、刚度，颜色应与清水混凝土的颜色接近且垫块应和沟壁混凝土强度等级相同；垫块梅花形布置，固定可靠，检查钢筋保护层，确保混凝土结构质量；100%全检				
7	模板安装	模板清理打磨检查	模板清理打磨并均匀涂刷隔离剂				
		模板拼缝检查	模板与模板之间接口处粘贴海绵条，保证拼缝严密。拼装时拉好横向、竖向控制线。拼缝≤0.8mm，高低差≤0.5mm				
		★垂直度、标高检查	（1）模板加固校正，横向竖向拉设控制线。 （2）模板垂直度控制在±4mm以内，标高控制在±5mm以内，100%全检				

续表

序号	项目	作业内容	控制要点及标准	检查结果	施工		监理
					作业负责人	质检员	
8	混凝土施工	沟壁浇筑	混凝土浇筑。沟壁两侧应同时浇筑，防止沟壁模板发生偏移。振捣时振捣棒应快插慢拔，按行列式或交错式前进。振捣棒移动距离一般在300～500mm，每次振捣时间为20～30s，以混凝土表面呈现水泥浆和混凝土不再沉陷为准。当混凝土初凝、进行沟顶收面时，对沟壁倒角处混凝土用橡皮锤敲击外侧模板，以防止倒角处气泡产生。检查混凝土配比报告，判断是否增加抗渗要求，留设抗渗试块，检测混凝土抗渗等级				
9	模板拆除	拆除时间	应达到规范要求后拆除模板，冬季施工应适当延长拆模时间				
10	修复	沟壁修复	模板拆除后，对于细微气泡采用干水泥进行擦拭。对于圆弧倒角和较大孔洞，安排专人进行修补。对于拉结筋应进行切除，并刷防锈漆，对拉孔洞采用M15水泥砂浆进行封堵				
11	养护	养护检查	（1）混凝土拆模后及时养护，浇水养护连续7d。 （2）冬季施工按照方案执行				
12	沉降缝处理	施工缝处理检查	伸缩缝间距≤25m，施工缝内使用沥青麻丝和橡胶止水带填充，表面采用中性硅酮耐候密封胶				
13	土方回填	沟道回填	填土应从最低处开始进行整片分层回填夯实（或碾压），不应任意分段接缝，填土地区应碾压成中间稍高两边稍低，以利于排水。上下相邻土层接槎应错开，其间隔距离不应小于50cm，填土分层夯实的虚铺土厚度为20～30cm，压实度满足设计图纸压实系数要求				
14	沟道排水	沟道排水	电缆沟设排水内沟，排水沟截面直径、排水坡度及走向满足设计要求，并预留与站区排水主网连接的管道。沟壁模板拆除后，在电缆沟底板浇筑前，固定安装排水沟定型钢管模具				

续表

序号	项目	作业内容	控制要点及标准	检查结果	施工		监理
					作业负责人	质检员	
15	后期开孔	开孔及封堵	（1）电气埋管开孔应满足设计要求，对穿墙螺杆洞口先切除 PVC 套管，然后用柔性微膨胀防水堵料进行封堵。 （2）对于图纸未提前要求预留孔洞，需要临时增加的情况，由电气单位提资，经设计和监理单位确认后委托土建单位采用水钻进行切割，电气穿线施工完成后由土建施工单位采用柔性微膨胀防水堵料进行封堵				
16	电缆沟盖板施工	电缆沟盖板排版	根据电缆沟伸缩缝位置和现浇盖板、活动盖板的尺寸，提前进行施工策划，尽量减少异型盖板的存在				
		电缆沟盖板覆盖	（1）为保证混凝土盖板面层色泽一致，混凝土原材料应一次性进场，并分开堆放。采用集中浇筑、集中养护的措施。 （2）盖板混凝土内实外光，无修补、积水现象，沟沿阳角倒角为圆弧状（倒角半径依据项目创优策划）。 （3）盖板下应设置柔性垫片，防止行走时盖板晃动响动。 （4）电缆沟盖板应两段平齐，表面整体平滑				
17	结构尺寸检查	★沟道中心及端部位移	电缆隧道及沟道偏差±10mm				
		★沟道顶面标高偏差	电缆隧道及沟道偏差 0～－10mm				
		★沟道底面坡度偏差	电缆隧道及沟道±10％的设计坡度				
		★沟壁截面尺寸偏差	电缆隧道及沟道±15mm				
		★沟道厚度偏差	偏差≤3mm				
		★预留孔洞	（1）中心线位移≤8mm。 （2）水平高差≤3mm				

续表

序号	项目	作业内容	控制要点及标准	检查结果	施工		监理
					作业负责人	质检员	
18	外观检查	沟道盖板	长度偏差±3mm；宽度偏差±3mm；厚度偏差±2mm；对角线偏差≤3mm；表面平整度偏差 3mm；盖板表面平整，无扭曲、变形，色泽均匀				
		防腐	(1) 混凝土基层缺陷已处理。 (2) 涂覆层结合牢固。 (3) 表面平整、光亮，无起鼓等缺陷				
19	混凝土强度检查	混凝土强度检查	(1) 浇筑时制作同条件试块，待同条件养护记录累计温度达到 600℃·d时，抗压强度检测合格。 (2) 浇筑完 28d 后开展现场回弹检测且合格				
20	通病防治	电缆沟积水	(1) 沟道排水坡度不小于 0.5%，或与场地坡度保持一致。 (2) 应在电缆沟找坡最低处设置集水井与站区雨水井接通。 (3) 室内外电缆沟底板应保证有 25cm 以上的高差，防止室内电缆沟倒返水。 (4) 施工完成后沟道进行一次彻底清理，以防堵塞、积水。 (5) 施工沉降缝处设置橡胶止水带				
21		孔洞未及时封堵导致电缆沟进水	混凝土养护完成后及时封堵				

三、事故排油设施施工关键工序管控表、工艺流程控制卡

（一）事故排油设施施工关键工序管控表

序号	阶段	管理内容	管控要点	管理资料	监理	业主
1	准备	施工图审查	（1）排油管道轴线位置是否与电缆暗沟等构筑物位置发生相撞。 （2）排油管道穿越道路是否有预埋套管。 （3）排油管道管底排油坡道是否符合规范要求。 （4）排油管道基础地基承载力不满足设计要求的处理措施。 （5）排油管道的材质、防腐、接头做法是否符合规范要求	图纸预检记录、设计图纸交底纪要、施工图会检纪要		
2		方案审查	（1）排油管道土方开挖及回填满足规范要求。 （2）事故排油井、管道等事故排油设施安装满足规范要求。 （3）施工顺序、施工平面图、施工进度计划、人员机械配置情况是否合理，是否满足质量、安全、进度要求	方案审查记录、方案报审表、专项方案审查纪要		
3		实测实量	（1）实测实量实施方案通过审批。 （2）实测实量验收项目包含（基建安质〔2021〕27号）文件规定项目清单。 （3）实测实量仪器（全站仪、水准仪、靠尺、卷尺、回弹仪等）准备到位。 （4）复测事故排油设施定位轴线及高程控制	实测实量实施方案、测试测量记录表		/
4		标准工艺实施	标准工艺方案通过审批	标准工艺方案、标准工艺应用记录		
5		人员交底	所有作业人员均完成技术交底并签字	人员培训交底记录		/
6		材料进场	（1）施工排油设施使用材料，包括铸铁排水道、预制井、铸铁井盖、混凝土、土工布、承插式橡胶圈接口、碎石垫层。	供应商报审表、原材进场报审表、试验检测报告		

续表

序号	阶段	管理内容	管控要点	管理资料	监理	业主
6	准备	材料进场	（2）供应商资质文件（一般包括营业执照、生产许可证、产品/典型产品的检验报告、企业质量管理体系认证或产品质量认证证书等）齐全。 （3）材料质量证明文件（一般包括产品出厂合格证、检验、试验报告等）完整。 （4）复检报告合格（混凝土按有关规定进行取样送检，并在检验合格后报监理项目部查验）	供应商报审表、原材进场报审表、试验检测报告		
7	准备	样板确认	（1）样板制作符合标准工艺要求。 （2）管道底坡道符合设计要求	样板确认清单		
8	施工	定位放线	定位放线轴线应符合设计图纸及有关测量规范要求	定位放线报审表		/
9	施工	沟槽开挖	沟槽底标高、沟底长度、宽度、放坡系数、表面平整度符合设计图纸及验收要求	地基隐蔽验收记录		/
10	施工	排油井施工	（1）沟基和井的底板强度符合设计图纸要求。 （2）井底板及进出水管标高符合设计图纸要求。 （3）井的砌筑尺寸和位置应正确，砌筑和抹灰符合要求。 （4）井盖选用应正确，标志应明显，标高应符合设计要求	钢筋隐蔽验收记录、浇筑申请单、浇筑施工记录、监理旁站记录、试块试压报告		/
11	施工	管道施工	（1）管道的坡度必须符合设计要求，严禁无坡或倒坡。 （2）管道埋设前必须做灌水试验和通水试验，排水应畅通，无堵塞，管道接口无渗漏。 （3）油麻填塞应密实，接口水泥应密实饱满，其接口面凹入承口边缘且深度不得大于 2mm。 （4）排水铸铁管外壁在安装前应除锈，涂两遍石油沥青漆。 （5）管道和管件的承口应与水流方向相反。	管道安装验收记录、管道隐蔽验收、管道分项工程及检验批报审表、管道闭水试验		/

续表

序号	阶段	管理内容	管控要点	管理资料	监理	业主
11	施工	管道施工	（6）抹带前应将管口的外壁凿毛，扫净，当管径小于或等于500mm时，抹带可一次完成；当管径大于500mm时，应分二次抹带，抹带不得有裂纹；钢丝网应在管道就位前放入下方，抹压砂浆时，应将钢丝网抹压牢固，钢丝网不得外露；抹带厚度不得小于管壁的厚度，宽度宜为80～100mm。 （7）管道坐标和标高的允许偏差符合验收规范	管道安装验收记录、管道隐蔽验收、管道分项工程及检验批报审表、管道闭水试验		/
12		回填土施工	（1）回填土料及含水量。 （2）土方分层厚度及分层压实系数。 （3）表面平整度允许偏差	回填土料击实报告、回填土分层压实度检测报告		/
13	验收	实测实量	管道坡度、管道接口	实测实量记录		/
14		资料验收	各项验评资料、施工记录，归档资料齐全并签字盖章	验评记录、隐蔽验收记录、三级自检记录		

（二）事故排油设施施工工艺流程控制卡

序号	项目	作业内容	控制要点及标准	检查结果	施工		监理
					作业负责人	质检员	
1	施工图纸会审	图纸预审	（1）图册是否完整有效，图纸信息是否正确。 （2）标注信息是否明确、清晰、齐全				
		图纸会审	明确设计意图，全方位了解施工图内容				
2	方案的编写及交底	方案编写	（1）方案编制包含土方开挖、回填施工工序及控制要点。 （2）方案编制包含事故排油井、管道等事故排油设施安装施工工序及控制要点。 （3）方案编制应包括施工顺序、施工平面图、施工进度计划、人员机械配置情况等				

续表

序号	项目	作业内容	控制要点及标准	检查结果	施工		监理
					作业负责人	质检员	
2	方案的编写及交底	交底对象	所有作业人员				
		交底内容	工程概况与特点、作业程序、操作要领、注意事项、质量控制措施、质量通病、标准工艺、安全风险防控、应急预案等				
3	控制点设置	控制点设置	以全站的测量方格网进行事故排油设施定位轴线及高程控制				
4	材料进场验收	管道厂家资质报审	将管道、预制井材料厂家资质提前报审，经监理单位审批合格后方可使用				
		管道、预制井及相关施工材料进场验收	将管道、预制井相关的质量证明文件等报审至监理项目部，审核合格				
		现场材料验收	组织项目物资部、质量部等部门进行材料进场验收自检，自检合格后联合监理、业主进行材料验收，验收合格后方可使用				
5	人员、机具准备	人员进场	进行入场教育培训，考试合格后方可进入现场				
		机械及工器具准备	满足现场施工进度要求				
6	定位放线施工	控制桩引测	根据现场实际情况，引测控制点要满足要求，并做好成品保护及警示措施				
7	沟槽开挖施工	沟槽开挖	人工配合机械进行开挖施工，严格控制好基底开挖标高，加强过程监测，开挖集水坑，及时组织抽排水，避免基底积水				

续表

序号	项目	作业内容	控制要点及标准	检查结果	施工		监理
					作业负责人	质检员	
8	管道基础施工	土工布及碎石铺设	（1）土工布铺设平整、无褶皱、无破损，搭接部位满足设计要求。 （2）碎石厚度和粒径满足设计要求				
		管道基础施工	管道基础施工时要保证浇筑质量，基础包管面积要满足设计及规范要求				
9	排油井施工检查	沟基和井的底板强度	混凝土浇筑完成时，留置同条件试块，当混凝土强度满足设计要求时，进行拆模及后续工序施工				
		井底板及进出水管标高	允许偏差为±15mm				
		井盖	井盖选用应正确，标志应明显，标高应符合设计要求				
10	管道施工检查	管道坡度	排水管道的坡度必须符合设计要求，严禁无坡或倒坡				
		灌水试验和通水试验	管道埋设前必须做灌水试验和通水试验，排水应畅通，无堵塞，管接口无渗漏				
		排水铸铁管的水泥捻口	油麻填塞应密实，接口水泥应密实饱满，其接口面凹入承口边缘且深度不得大于2mm				
		排水铸铁管的防腐	排水铸铁管外壁在安装前应除锈，涂两遍石油沥青漆				
		承口的方向	管道和管件的承口应与水流方向相反				
		管道与井壁处填充	要将管道与井壁预留洞之间采用专用材料进行封堵，封堵后进行井室灌水或严密性检查，合格后方可隐蔽				

续表

序号	项目	作业内容	控制要点及标准	检查结果	施工		监理
					作业负责人	质检员	
11	回填土施工检查	基底处理	应符合设计要求和现行国家及行业有关标准的规定				
		坡率	满足设计要求				
		回填土料	满足设计要求				
		标高	－50～0mm				
12	通病防治	沟槽不平整或地基扰动	沟槽开挖时采用机械开挖、人工配合的方式进行，开挖过程中实时监测开挖标高，当机械开挖距离基槽底200～300mm时，采用人工开挖及清槽，并实施监测开挖标高，表面平整度与基底土质满足要求				
13		管道坡度不满足设计要求	管道施工之前，将管道支架的位置和标高按照设计坡度设置准确，管道安装完成后，对管道坡度进行复测，如果不合适及时纠偏				
14		管道接口不严	管道安装完成后，进行灌水试验和通水试验，排水应畅通，无堵塞，管道接口无渗漏				
15		管道回填土压实度不满足要求	严格控制回填土料质量和含水率、回填厚度，根据土质选择合适的压实机具，并保证压实遍数，碾压过程中轮迹重叠。上一层取样检测合格后方可进行下层回填土施工				

四、金属门窗安装施工关键工序管控表、工艺流程控制卡

（一）金属门窗安装施工关键工序管控表

序号	阶段	管理内容	管控要点	管理资料	监理	业主
1	准备	施工图审查	（1）设计应遵循简洁、大方、协调、统一的原则。 （2）门窗洞口大小、位置设置合理。 （3）特殊房间门窗需满足防火屏蔽要求	图纸预检记录、设计图纸交底纪要、施工图会检纪要		
2		方案审查	（1）方案编制包含门窗安装技术措施、质量控制措施。 （2）门窗接地符合规范要求。 （3）收边收口细部处理措施到位	方案审查记录、方案报审表、专项方案审查纪要		
3		实测实量	（1）实测实量实施方案通过审批。 （2）实测实量验收项目包含基建安质〔2021〕27号文件规定项目清单。 （3）实测实量仪器准备到位（靠尺、卷尺等）	实测实量实施方案、测试测量记录表		/
4		标准工艺实施	（1）执行《国家电网有限公司输变电工程标准工艺　变电工程土建分册》“装饰装修工程—金属窗、铝合金窗，钢板门、防火门、防火卷帘门”要求。 （2）标准工艺方案通过审批	标准工艺方案、标准工艺应用记录		
5		人员交底	所有作业人员均完成技术交底并签字	人员培训交底记录		/
6		材料进场	（1）门窗规格、尺寸、型号、颜色及外观质量与图纸一致。 （2）供应商资质文件［一般包括营业执照、生产许可证、产品（典型产品）的检验报告、企业质量管理体系认证或产品质量认证证书等］齐全。 （3）材料质量证明文件（一般包括产品出厂合格证、检验、试验报告等）完整。	供应商报审表、原材进场报审表、试验检测报告		

续表

序号	阶段	管理内容	管控要点	管理资料	监理	业主
6	准备	材料进场	（4）复检报告合格（门窗需进行气密性、水密性、抗风压性能、传热系数、隔声性能检测，并在检验合格后报监理项目部查验）			
7	施工	门窗放线	（1）在各层门窗口处划线标记，弹线找直。 （2）门窗的位置是否符合内外墙砖的排版要求	隐蔽验收记录		/
8		门窗固定及配件安装	（1）与墙体永久性固定，连接件与预埋钢板焊接。 （2）焊接部位防腐到位。 （3）门窗接地规范。 （4）门窗框埋件数量、位置、埋设方式、与框的连接方式符合设计要求，表面完好洁净无划痕。 （5）特种门的性能应符合设计和产品标准要求；特种门安装中的节能措施，应符合设计要求	隐蔽验收记录		/
9		填缝密封	门窗框与墙体缝隙填嵌	隐蔽验收记录		/
10		门窗收边	门窗封口严密，接缝处用密封胶进行封堵，平整顺直	隐蔽验收记录		/
11	验收	实测实量	门窗垂直度偏差≤3mm、框与扇平整度偏差≤2mm、门窗横框水平度宽度为1.5～2.5mm、门扇对口留缝偏差宽度为1.5～2.5mm、门槽口对角线偏差≤2mm	实测实量记录		/
12		资料验收	各项验评资料、施工记录，归档资料齐全并签字盖章	验评记录、隐蔽验收记录、三级自检记录		

（二）金属门窗安装施工工艺流程控制卡

序号	项目	作业内容	控制要点及标准	检查结果	施工		监理
					作业负责人	质检员	
1	方案的编写及交底	方案编写	方案编制包含金属门窗安装技术措施、质量控制措施、安全注意事项及防护措施等				
		交底对象	所有作业人员				
		交底内容	工程概况与特点、作业程序、操作要领、注意事项、质量控制措施、质量通病、标准工艺、安全风险防控、应急预案等				
2	洞口结构质量检查	洞口结构质量及垂直度检查	（1）洞口尺寸进行复查、洞口尺寸不得小于金属门窗框尺寸。 （2）混凝土结构表面平整、无空鼓、无蜂窝麻面。 （3）钢结构安装稳固，横平竖直无锈蚀				
3	作业面交接	工种交接作业面	上道工序已完成并经验收				
4	材料进场检验	金属门窗进场检查	规格、尺寸、型号、颜色及外观质量符合设计及规范要求				
5		见证金属门窗“五性”送检	气密性、水密性、抗风压性能、传热系数、隔声性能，经过试验室检测，出具检测合格报告				
6	金属门窗放线	金属门窗找正	外墙金属门窗在顶层找出金属门窗口位置后，以其金属门窗边线为标准，用大线坠将金属门窗边线下引，在各层金属门窗口处划线标记，弹线找直。一个房间应保持窗下皮标高一致。顶层金属门窗口位置找出后，分别用经纬仪将窗两侧直线打到墙上。金属门窗标高统一，横平竖直				

续表

序号	项目	作业内容	控制要点及标准	检查结果	施工		监理
					作业负责人	质检员	
7	结构洞口处理	金属门窗洞口的处理	（1）对洞口结构上的凹凸物进行处理；此外墙厚度有偏差时，以同一房间的窗台板外露宽度一致为准。 （2）门窗框安装固定前应对预留墙洞尺寸进行复核，用防水砂浆刮糙处理，然后实施外框固定。固定后的外框与墙体应根据饰面材料预留5～8mm间隙。 （3）保持洞口结构平整，墙体宽窄一致				
		墙厚方向的安装位置	（1）根据外墙节点图和窗台板的宽度确定铝合金窗在墙厚方向的安装位置，设置相应数量埋件。 （2）定位符合设计要求，埋件设置牢固，位置数量准确				
8	防腐处理	金属门窗框防腐	金属门窗框两侧的防腐处理如设计有要求时，按设计要求执行。如设计无要求时，涂刷防腐材料，如橡胶型的防腐材料或涂刷聚丙烯树脂保护装饰膜，也可粘贴塑料薄膜进行保护，避免水泥砂浆直接与铝合金金属门窗表面接触，产生电化学反应，腐蚀金属门窗				
		金属门窗框连接件防腐	金属门窗安装时若采用连接铁件进行固定时，应进行防腐处理，防止产生电化学反应，腐蚀铝合金金属门窗，一般涂刷防锈漆				
9	金属门窗固定及配件安装	临时固定	根据找正定位，安装铝合金金属门窗，并及时将其吊直找平，用木楔临时固定				
		与墙体永久性固定	（1）连接件与预埋钢板焊接。 （2）门窗安装应采用镀锌铁片连接固定，镀锌铁片厚度不小于1.5mm。固定点间距：门窗拼接转角处180mm，框边处不大于500mm。严禁用长脚膨胀螺栓穿透型材固定门窗框				

续表

序号	项目	作业内容	控制要点及标准	检查结果	施工		监理
					作业负责人	质检员	
9	金属门窗固定及配件安装	门窗接地	应在洞口施工考虑接地线预埋，窗户安装完成后设置明显接地，并涂刷接地标识				
		金属门窗扇及配件安装	金属门窗扇及五金配件安装牢固，位置数量正确，使用灵活				
10	填缝密封	★金属门窗框与墙体缝隙填嵌	（1）按设计要求处理窗框与墙体缝隙，若设计未规定填塞材料，应采用泡沫胶填充剂填充。门窗洞口应干净、干燥后施打发泡剂，发泡剂应连续施打、一次成型、充填饱满，溢出门窗框外的发泡剂应在结膜前塞入缝隙内，防止发泡剂外膜破损。 （2）填嵌饱满密实，表面平整、光滑、无缝隙，填塞材料、方法符合设计要求				
		金属门窗密封条及毛刷	密封胶条安装牢固，位置数量正确				
11	金属门窗收边安装	收边	（1）收边安装通常设置丁基胶带，必须采用拉通线或者水准仪进行测量，确保平整顺直，窗洞封口严格按照要求加工和安装，接缝处用密封胶进行封堵。 （2）打胶面应干净，干燥后施打密封胶，且应采用中性硅酮密封胶。严禁在涂料面层上打密封胶				
12	金属门窗安装质量控制	金属门窗安装及埋件	金属门窗框的安装，埋件数量、位置、埋设方式、与框的连接方式，表面完好洁净无划痕				
		金属门窗垂直度	偏差≤3mm				
		框与扇平整度	偏差≤2mm				

续表

序号	项目	作业内容	控制要点及标准	检查结果	施工		监理
					作业负责人	质检员	
12	金属门窗安装质量控制	金属门窗横框水平度	偏差≤3mm				
		门扇对口留缝	宽度为 1.5～2.5mm				
		门槽口对角线偏差	偏差≤2mm				
13	金属门窗使用性能检查	配件安装及功能	配件安装齐全，位置、数量正确，功能完好、使用灵活				
14	通病防治	金属门窗框埋件未设置	应在金属门窗洞口砌筑过程中，提前将混凝土预埋件（或防腐木砖）放在规定位置				
		接地引下线未与主网连接	在装饰装修前，应在金属门窗洞口预留接地引下线，与建筑物接地主网连接				
15		金属门窗框与结构缝隙未填嵌密实、金属门窗闭合不严实、密封条脱槽	（1）金属门窗防腐处理后，门窗框与预留洞口间的间隙应采用弹性材料填嵌饱满密实，表面应用密封胶密封。 （2）针对防火门，需在填缝前采用水泥砂浆对门框填充密实。门扇与门框间密封条安装牢固。 （3）填嵌饱满密实，表面平整、光滑、无缝隙，填塞材料、方法符合设计要求，密封条安装牢固不得托槽				
16		窗户与窗口/窗台渗水	（1）窗台下设置不小于 80mm 厚现浇钢筋混凝土带，窗上口设置不小于 200mm 厚钢筋混凝土过梁。内窗台应较外窗台高 10mm，外窗底框下沿与窗台间应留有 10mm 的槽口。 （2）门窗框外侧应留 5mm 宽、6mm 深的打胶槽口；外墙面层为粉刷层时，宜贴"⊥"形塑料条做槽口。 （3）发泡剂应连续施打、一次成型、充填饱满，溢出门窗框外的发泡剂应在结膜前塞入缝隙内，防止发泡剂外膜破损				

续表

序号	项目	作业内容	控制要点及标准	检查结果	施工		监理
					作业负责人	质检员	
16	通病防治	窗户渗水	（1）门窗安装前应进行三项性能的见证取样检测，安装完毕后应委托有资质的第三方检测机构进行现场检验。 （2）组合窗中拼缝应采用专用密封材料进行防水处理。 （3）窗框下部应设置泄水孔				
17		玻璃门不满足要求	全玻璃门应选用安全玻璃，并应设防撞提示标识				
		卫生间门不满足要求	卫生间应有通风装置（进、出风口），门框与墙地面连接处应打防水封闭胶。卫生间门下部应有防潮措施				
		门窗安装不规范	（1）门窗应开启灵活，无走扇、变形、反弹等现象。 （2）在安装木门的合页时必须在门扇、门框上剔槽安装，不应将合页直接安装在门扇和门框的表面。 （3）铝合金门窗与墙体及抹灰面不应直接接触，并采用密封胶密封。 （4）空心木门的上下冒头均应有不少于2个排气孔。 （5）木门的油漆应完整，上、下冒头均应有完整的油漆				

五、屋面施工关键工序管控表、工艺流程控制卡

（一）屋面施工关键工序管控表

序号	阶段	管理内容	管控要点	管理资料	监理	业主
1	准备	施工图审查	（1）根据《关于印发特高压变电（换流）站工程全站色彩及土建统一配置方案（2023版）的通知》（国网特高压变电〔2023〕7号）要求统一全站色彩方案，特高压1000kV变电站、特高压±800kV换流站全站整体色彩方案应充分	图纸预检记录、设计图纸交底纪要、施工图会检纪要		

续表

序号	阶段	管理内容	管控要点	管理资料	监理	业主
1	准备	施工图审查	体现现代工业化简洁明快、协调统一的特点，主色彩采用薄荷蓝绿色、灰色，整体色系上站内尽量不出现超过三种颜色。色标全部采用 RAL 劳尔色卡—K7 系列。 （2）屋面压型钢板的固定满足相关抗风技术要求。 （3）屋面檩条布置合理，满足自攻螺钉固定要求。 （4）屋面防水做法合理，符合当地气候条件。 （5）压型金属板搭接部位、各连接节点部位应密封完整、连续，防水满足要求。 （6）屋面屋脊处，屋面与墙面的交界处细部处理方案，满足不漏风、不漏光的封闭要求。 （7）屋面外板应尽量不打孔，打孔处的防水措施应到位，外板内外结构的支撑应牢靠	图纸预检记录、设计图纸交底纪要、施工图会检纪要		
2		方案审查	（1）压型钢板各施工分层密封措施到位。 （2）涉及影响安全及使用功能的材料见证取样。 （3）屋面整体做法满足设计及技术规范要求。 （4）檐口、屋脊、走道、避雷线塔、变形缝等位置细部防水措施到位。 （5）变形缝处理措施到位，确保建筑物自由伸缩及防水。 （6）屋面系统抗风揭性能参数满足设计要求。 （7）屋面外板板与板连接处打胶密闭措施应可靠，确保打胶工艺连续饱满	方案审查记录、方案报审表、专项方案审查纪要		
3		实测实量	（1）实测实量实施方案通过审批。 （2）实测实量验收项目包含基建安质〔2021〕27 号文件规定项目清单。 （3）实测实量仪器（靠尺、卷尺）准备到位	实测实量实施方案、测试测量记录表		/

续表

序号	阶段	管理内容	管控要点	管理资料	监理	业主
4	准备	标准工艺实施	（1）执行《国家电网有限公司输变电工程标准工艺　变电工程土建分册》“屋面和地面工程—卷材防水”要求。 （2）标准工艺方案通过审批	标准工艺方案、标准工艺应用记录		
5		人员交底	所有作业人员均完成技术交底并签字	人员培训交底记录		/
6		材料进场	（1）压型钢板屋面施工使用材料包括高频焊檩条、压型钢板、玻璃丝棉、岩棉、防水透气膜、隔汽膜、防水卷材。 （2）供应商资质文件（一般包括营业执照、生产许可证、产品/典型产品的检验报告、企业质量管理体系认证或产品质量认证证书等）齐全。 （3）材料质量证明文件（一般包括产品出厂合格证、检验、试验报告等）完整。 （4）复检报告合格（岩棉、防水卷材按有关规定进行取样送检，并在检验合格后报监理项目部查验）	供应商报审表、原材进场报审表、试验检测报告		
7		材料现场加工	（1）压型金属板成型后，其基板不应有裂纹；板面应平直，无明显翘曲；表面应清洁，无油污、无明显划痕、磕伤等；切口应平直，切面整齐，板边无明显翘角、凹凸与波浪形，且不应有皱褶。 （2）涂层、镀层不应有目视可见的裂纹、起皮、剥落和擦痕等缺陷。 （3）泛水板、包角板、屋脊盖板几何尺寸的允许偏差应符合 GB 50205—2020《钢结构工程施工质量验收标准》第12.2.4条的规定			

续表

序号	阶段	管理内容	管控要点	管理资料	监理	业主
8	压型钢板屋面施工	檩条安装	（1）檩条螺栓终拧牢固。 （2）檩条已接地跨接。 （3）漆层破损、焊接部位防腐到位	隐蔽验收记录		/
9	压型钢板屋面施工	下层板安装	（1）压型板扣合方式、搭接长度检查。 （2）自攻螺丝、铆钉等安装位置	隐蔽验收记录		/
10	压型钢板屋面施工	保温棉安装	（1）铺贴密实，上下错缝搭接。 （2）屋面、墙面交接处保温措施要到位	隐蔽验收记录		/
11	压型钢板屋面施工	透气膜隔气膜安装	（1）搭接100mm以上，使用专用胶带满粘连接。 （2）屋面、墙面安装要求形成封闭	隐蔽验收记录		/
12	压型钢板屋面施工	防水卷材	（1）卷材搭接宽度大于80mm，采用连续热风双缝焊。 （2）屋面卷材要求深入墙面、天沟内	隐蔽验收记录		/
13	压型钢板屋面施工	上层板安装	（1）压型板扣合方式、搭接长度检查。 （2）自攻螺丝、铆钉等安装位置	隐蔽验收记录		/
14	压型钢板屋面施工	收边收口	（1）屋脊板、泛水板、封檐板、包角板等封边包角安装美观、牢固、不漏水。 （2）出屋面避雷线塔采取整坡屋面收边	隐蔽验收记录		/
15	钢筋混凝土屋面施工	基层	基层清扫干净，水泥浮浆等已铲除，混凝土裂纹已修复	隐蔽验收记录		/
16	钢筋混凝土屋面施工	找坡层	结构找坡不应小于5%，材料找坡不应少于3%，薄处厚度不宜小于20mm	隐蔽验收记录		/
17	钢筋混凝土屋面施工	保温层	（1）保温层厚度应符合设计要求，其正偏差应不限，负偏差应为5%，且不得大于4mm。	隐蔽验收记录、旁站记录		/

续表

序号	阶段	管理内容	管控要点	管理资料	监理	业主
17	钢筋混凝土屋面施工	保温层	（2）板状保温材料铺设应紧贴基层，应铺平垫稳，拼缝应严密，粘贴应牢固。 （3）板状材料保温层表面平整度的允许偏差为5mm。 （4）板状材料保温层接缝高低差的允许偏差为2mm	隐蔽验收记录、旁站记录		/
18		防水卷材	（1）卷材防水层在檐口、檐沟、天沟、水落口、泛水、变形缝和伸出屋面管道的防水构造高于250mm。 （2）卷材搭接长边宽度为100mm，短边宽度为150mm，宽度的允许偏差为±10mm	隐蔽验收记录、旁站记录		/
19		隔离层	厚度符合图纸要求	隐蔽验收记录		/
20		刚性层	钢筋及保护层符合图纸要求，至少每3m设置一道分格缝，缝宽12～15mm	隐蔽验收记录		/
21	验收	实测实量	（1）压型钢板屋面面层平整度、垂直度。 （2）彩板屋面淋水试验。 （3）屋面系统抗风揭性能检测满足要求。 （4）钢筋混凝土屋面蓄水试验	实测实量记录		/
22		资料验收	各项验评资料、试验报告、施工记录，归档资料齐全并签字盖章	验评记录、隐蔽验收记录、三级自检记录		

（二）屋面施工工艺流程控制卡

序号	项目	作业内容	控制要点及标准	检查结果	施工		监理
					作业负责人	质检员	
1	方案的编写及交底	方案编写	方案编制包含屋面安装技术措施、质量控制措施等				
		交底对象	所有作业人员				

续表

序号	项目	作业内容	控制要点及标准	检查结果	施工		监理
					作业负责人	质检员	
1	方案的编写及交底	交底内容	工程概况与特点、作业程序、操作要领、注意事项、质量控制措施、质量通病、标准工艺、安全风险防控、应急预案等				
2	屋面结构交接检查	屋面钢结构移交前交接检查	根据 GB 50205—2020 对钢结梁距、檩托板间距等相关关键数据进行复测，满足要求后进行移交				
3	材料进场检验	屋面材料进场检查	检测规格、尺寸及颜色外观质量，板材表面无明显凹凸、皱褶，洁净、无划痕，材料包装完好，出厂合格证齐全				
4	材料进场"五性"送检	见证屋面材料送检	(1) 防水卷材送检出具检测合格报告，包含拉力、最大拉力时延伸率、不透水性低温弯折性、梯形撕裂强度、热老化。 (2) 屋面保温材料送检出具检测合格报告，包含密度、体积吸水率、导热系数、燃烧性能。 (3) 屋面样板送检出具检测合格报告，包含屋面抗风揭试验				
5	檩条及次结构安装	屋面檩条安装	(1) 屋面檩条跨接、安装顺直度。 (2) 每根檩条两端均与钢结构檩托板焊接 60mm，与主体钢结构形成屏蔽整体，檩条安装顺直。 (3) 横向搭接不小于 120mm，搭接位置通常设置丁基胶带以保证密封性。 (4) 自攻螺钉水平间距约为 200mm，安装位置一致，松紧适当；水平偏差≤20mm。 (5) 铆钉根据安装实际情况考虑，保证横平竖直或具有一定规律性，外观美观、间距一致以保证屋面内外板的抗风揭性能和密封性能				

续表

序号	项目	作业内容	控制要点及标准	检查结果	施工		监理
					作业负责人	质检员	
6	屋面下层板安装	屋面下层板安装施工	（1）压型板扣合方式、搭接长度检查。 （2）自攻螺丝、铆钉等安装位置、间隔、平直度、安装松紧度、防水胶圈检查				
		内板接地屏蔽施工	（1）接地材料选用35mm²铜绞线进行跨接，铜绞线间距为200mm。 （2）板与板搭接接触面去漆脱脂，保证接地效果良好				
7	保温防水隔汽层施工	保温隔汽层施工	（1）防水透气膜铺设、纤维材料铺设及拼缝。 （2）防水透气膜铺设搭接位置通常粘贴丙烯酸专用胶带并与墙面透气膜搭接连成整体，保温棉双层错缝铺设拼缝严密				
		防水卷材施工	根据屋面防水卷材材质按照相关规范及设计要求进行施工				
8	屋面上层板施工	屋面上层板安装	屋面外板扣合方式符合360°直立缝锁边，锁边处满注丁基胶，顺流水方向屋面外板无搭接，屋面上层板与保温隔汽层同步进行施工				
9	收边安装	收边安装施工	（1）屋脊板、泛水板、封檐板、包角板等封边包角异型板之间的搭接应采用顺水搭接，且搭接方向宜与主导风向一致，搭接长度≥150mm，搭接缝内需设丁基橡胶密封带，板与板的固定采用防水铆钉（封闭型抽芯铆钉）连接，铆钉中距≤100mm。 （2）外露搭接缝均采用聚氨酯耐候密封膏封涂密实；安装美观、牢固、不漏水。				

续表

序号	项目	作业内容	控制要点及标准	检查结果	施工		监理
					作业负责人	质检员	
9	收边安装	收边安装施工	（3）高端阀厅、备品库等屋面无探出物，屋脊收边采用双层屋脊收边。 （4）内层屋脊接触面通常设置丁基胶带或使用密封胶密封，以保证屋面的防水密封性能。 （5）低端阀厅屋脊收边与高端屋脊收边均采用双层泛水收边。 （6）屋脊与出屋面混凝土交接处采用混凝土预留沟槽（20mm×50mm），将收边上端放入沟槽，在混凝土墙面用膨胀防水螺钉进行固定，钉头用耐候密封胶覆盖，最后将沟槽用耐候密封胶填满。 （7）出屋面避雷线塔采取整坡屋面收边。收边将使线塔上方屋面板全部高于其他屋面板波峰，保证避雷线塔上口不存在积水现象。 （8）变形缝处使用专用可张拉收边。确保收边因温度效应等情况所产生的形变不会开裂，以确保密封性能				
10	屋面结构层施工	找坡层	结构找坡不应小于5%，材料找坡不应小于3%，薄处厚度不宜小于20mm				
		保温层	保温层厚度应符合设计要求，其正偏差应不限，负偏差应为5%，且不得大于4mm。板状保温材料铺设应紧贴基层，应铺平垫稳，拼缝应严密，粘贴应牢固。板状材料保温层表面平整度的允许偏差为5mm。板状材料保温层接缝高低差的允许偏差为2mm				

续表

序号	项目	作业内容	控制要点及标准	检查结果	施工		监理
					作业负责人	质检员	
10	屋面结构层施工	防水层	不得有渗漏或积水现象。卷材防水层在檐口、檐沟、天沟、水落口、泛水、变形缝和伸出屋面管道的防水构造高于250mm；卷材搭接宽度的允许偏差为±10mm				
		隔离层	厚度符合图纸要求				
		刚性层	钢筋及保护层符合图纸要求，至少每3m设置一道分格缝，缝宽12mm～15mm				
11	屋面整体验收	★屋面外观检查	外观平整、顺直，板面不应有施工残留物和污物				
		★屋面淋水试验检查	淋水试验雨季观察或引水管至屋面进行淋水（淋水时间＞2h）无渗漏现象				
12	通病防治	屋墙面密封不严密，漏水	屋墙面板拼接严密，密封严实不漏水。为保证室内密闭性能，内外板扣合搭接处必须采用丁基胶在搭接位置涂抹一道，并用专用缝合钉缝合				
		屋面板开孔，密封不严实	屋面板上方不得开洞，确保屋面板整体无孔洞。屋面板禁止开洞，屋面巡视走道板采用YX70－468专用高强度铝合金固定支座固定于屋面板波峰上，保证屋面板设置				
13		泛水高度不足、防水收头不牢固	（1）在进行屋面方案策划时，应考虑屋面结构层各层厚度，必须确保屋面完成层后卷材高度大于250mm。 （2）管道防水卷材收头要采用压条固定牢固，收头上方做好挡雨措施，避免雨水直接从管道壁通过。				

续表

序号	项目	作业内容	控制要点及标准	检查结果	施工		监理
					作业负责人	质检员	
13	通病防治	泛水高度不足、防水收头不牢固	（3）出屋面管道、空调室外机底座、屋顶风机口等在防水层施工前必须按设计要求预留、预埋准确，不得在防水层上打孔、开洞。 （4）屋面水落口、空调室外机底座、出屋面管道、屋顶风机口等在与刚性防水层交接处留20mm×20mm凹槽，嵌填密封材料，并做附加防水卷材增强层处理。 （5）出屋面管道根部直径500mm范围内，找平层应抹成高度不小于30mm的圆锥台。伸出屋面井（烟）道及上屋面楼梯间周边应该同屋面结构一起整浇一道钢筋混凝土防渗圈，高度不小于200mm				
14		屋面桥架洞口、水管洞口处密封不严	对桥架、水管出屋面处找坡，坡度为3%，避免雨水顺桥架、管道倒流入室内；对桥架、水管出屋面处必须按照设计要求做挑檐，滴水线应规范施工；洞口封堵采用弹性体材料封堵严密；桥架底部应做好排水措施				
15		防水层、结构层破坏造成渗漏	（1）穿透屋面现浇板的预埋管必须设有止水环。屋面现浇板下吊灯、吊顶等器具的安装固定应采取预埋，不得事后剔凿或采用膨胀螺栓。 （2）天沟等部位应设置附加层。 （3）应标准设置分隔缝。分格缝应上下贯通，缝内不得有水泥砂浆粘结。在分格缝和周边缝隙干燥后清理干净，用与密封材料相匹配的基层处理剂涂刷，待其表面干燥后立即嵌填防水油膏，密封材料底层应填背衬泡沫棒，分格缝上口粘贴不小于200mm宽的卷材保护层				

六、彩钢板封闭施工关键工序管控表、工艺流程控制卡

（一）彩钢板封闭施工关键工序管控表

序号	阶段	管理内容	管控要点	管理资料	监理	业主
1	准备	施工图审查	（1）根据国网特高压变电〔2023〕7号文件要求统一全站色彩方案，特高压1000kV变电站、特高压±800kV换流站全站整体色彩方案应充分体现现代工业化简洁明快、协调统一的特点，主色彩采用薄荷蓝绿色、灰色，整体色系上站内尽量不出现超过三种颜色。色标全部采用RAL劳尔色卡—K7系列。 （2）设计应优化全站建筑物外墙彩钢板灰色色带宽度，继电器室等平房建筑与阀厅等高建筑采用两种带宽规格。 （3）屋面彩钢板的固定满足相关抗风技术要求。 （4）合理设置落水口位置，雨落管的布置位置与外墙彩钢板相协调，避免采用弯管。 （5）彩钢板檩条布置合理，满足自攻螺钉固定要求。 （6）彩钢板勒脚位置包边高度与勒脚贴砖是否相符	图纸预检记录、设计图纸交底纪要、施工图会检纪要		
2		方案审查	（1）彩钢板各施工分层密封措施到位。 （2）涉及影响安全及使用功能的材料见证取样。 （3）墙面、屋面等整体做法满足设计及技术规范要求。 （4）细部防水措施到位。 （5）变形缝处理措施到位，确保建筑物自由伸缩及防水	方案审查记录、方案报审表、专项方案审查纪要		
3		实测实量	（1）实测实量实施方案通过审批。 （2）实测实量验收项目包含基建安质〔2021〕27号文件规定项目清单。 （3）实测实量仪器（靠尺、卷尺）准备到位	实测实量实施方案、测试测量记录表		/

续表

序号	阶段	管理内容	管控要点	管理资料	监理	业主
4	准备	标准工艺实施	（1）执行《国家电网有限公司输变电工程标准工艺 变电工程土建分册》“屋面和地面工程—卷材防水”要求。 （2）标准工艺方案通过审批	标准工艺方案、标准工艺应用记录		
5		人员交底	所有作业人员均完成技术交底并签字	人员培训交底记录		/
6		材料进场	（1）彩钢板施工使用材料包括高频焊檩条、压型钢板、玻璃丝棉、岩棉、防水透气膜、隔汽膜、防火板、防水卷材。 （2）供应商资质文件（一般包括营业执照、生产许可证、产品/典型产品的检验报告、企业质量管理体系认证或产品质量认证证书等）齐全。 （3）材料质量证明文件（一般包括产品出厂合格证、检验、试验报告等）完整。 （4）复检报告合格（岩棉、防水卷材，按有关规定进行取样送检，并在检验合格后报监理项目部查验）	供应商报审表、原材进场报审表、试验检测报告		
7	施工	檩条安装	（1）檩条螺栓终拧牢固。 （2）檩条已接地跨接。 （3）漆层破损、焊接部位防腐到位	隐蔽验收记录		/
8		保温棉安装	（1）铺贴密实，上下错缝搭接。 （2）屋面、墙面交接处保温措施要到位	隐蔽验收记录		/
9		透气膜隔气膜安装	（1）搭接 100mm 以上，使用专用胶带满粘连接。 （2）屋面、墙面安装要求形成封闭	隐蔽验收记录		/
10		彩钢板安装	（1）屋面彩板横向搭接考虑当地常年风向（逆主导风向安装），竖向顺水搭接，搭接大于 200mm。 （2）彩板垂直度、平整度符合规范要求	隐蔽验收记录		/

续表

序号	阶段	管理内容	管控要点	管理资料	监理	业主
11	施工	防水卷材	（1）卷材搭接宽度大于80mm，采用连续热风双缝焊。 （2）屋面卷材要求深入墙面、天沟内	隐蔽验收记录		/
12		收边收口	（1）屋脊板、泛水板、封檐板、包角板等封边包角安装美观，牢固，不漏水。 （2）门窗洞口收边采用整支无搭接收边，保证门窗洞口防水严密性	隐蔽验收记录		/
13	验收	实测实量	（1）彩钢板面层平整度、垂直度。 （2）屋面、墙面淋水试验	实测实量记录		/
14		资料验收	各项验评资料、施工记录，归档资料齐全并签字盖章	验评记录、隐蔽验收记录、三级自检记录		

（二）彩钢板封闭施工工艺流程控制卡

序号	项目	作业内容	控制要点及标准	检查结果	施工		监理
					作业负责人	质检员	
1	方案的编写及交底	方案编写	方案编制应包含压型钢板施工方法、技术措施、质量控制措施、安全控制措施、施工进度计划等				
		交底对象	所有作业人员				
		交底内容	工程概况与特点、作业程序、操作要领、注意事项、质量控制措施、质量通病、标准工艺、安全风险防控、应急预案等				

续表

序号	项目	作业内容	控制要点及标准	检查结果	施工		监理
					作业负责人	质检员	
2	高频焊檩条进场验收	外形尺寸检查验收	允许偏差：①构件长度±4.0mm；②构件两端最外层安装孔距离±3.0mm；③构件弯曲矢高 1/1000，且不应大于 10.0mm；④截面尺寸−2.0～+5.0mm				
		涂装质量验收	（1）每种涂层系统均是由同一厂家提供的油漆和油漆材料。底漆、中间漆和面漆应互相匹配。 （2）每道漆喷涂的间隔时间以及工艺流程都是按设计文件要求且符合油漆厂商所建议的工艺要求。 （3）涂装工艺采用高压无气喷涂施工。涂装后涂层的颜色一致，色泽鲜明光亮，不起皱皮，不起疙瘩				
3	压型钢板进场验收	规格、尺寸及颜色外观质量验收验收	（1）板型：屋面外板为 468 型，其余板型均为 820 型。 （2）板厚：屋面外板 0.65mm 厚，墙面外板 0.8mm 厚，屋墙面内板 0.6mm 厚。 （3）烤漆：外板为纳米耐候氟碳烤漆（氟碳自洁）；内板为高耐久聚酯烤漆（抗静电）。 （4）颜色：墙面外板 RAL6033、RAL7045，屋面外板 RAL7035，屋墙面内板 RAL9010。 （5）材质：屋墙面内板、墙面外板 Q550，屋面外板 Q300。 （6）外观：板材表面无明显凹凸、皱褶				

续表

<table>
<tr><th rowspan="2">序号</th><th rowspan="2">项目</th><th rowspan="2">作业内容</th><th rowspan="2">控制要点及标准</th><th rowspan="2">检查结果</th><th colspan="2">施工</th><th rowspan="2">监理</th></tr>
<tr><th>作业负责人</th><th>质检员</th></tr>
<tr><td>3</td><td>压型钢板进场验收</td><td>制作允许偏差检查验收</td><td>（1）波高：±1.5mm。
（2）覆盖宽度：+10.0mm～2.0mm。
（3）板长：+9.0mm～0.0mm。
（4）波距：±2.0mm。
（5）横向剪切偏差：1/100 或 6.0mm。
（6）侧向弯曲：在测量长度范围内 20.0mm</td><td></td><td></td><td></td><td></td></tr>
<tr><td rowspan="3">4</td><td rowspan="3">玻璃丝棉进场验收</td><td>规格、尺寸及颜色外观质量检查验收</td><td>（1）容重：24kg/m³。
（2）厚度：75mm。
（3）贴面：玻璃棉室内侧覆 F50 阻燃型铝箔，玻璃棉室外侧覆 W58 阻燃型防潮防腐贴面。
（4）颜色：粉红色</td><td></td><td></td><td></td><td></td></tr>
<tr><td>材料复检</td><td>（1）容重：24kg/m³。
（2）厚度：75mm。
（3）导热系数：≤0.037。
（4）燃烧性能：A 级不燃（进场进行复检）</td><td></td><td></td><td></td><td></td></tr>
<tr><td>规格、尺寸及颜色外观质量检查验收</td><td>（1）容重：24kg/m³、120kg/m³。
（2）厚度：50/75mm。
（3）贴面：玻璃棉室内侧覆 F50 阻燃型铝箔，玻璃棉室外侧覆 W58 阻燃型防潮防腐贴面。
（4）颜色：黄色</td><td></td><td></td><td></td><td></td></tr>
<tr><td>5</td><td>岩棉进场验收</td><td>材料复检验收</td><td>（1）容重：120kg/m³。
（2）厚度：50/75mm。
（3）导热系数：≤0.036。
（4）燃烧性能：A 级不燃（进场进行复检）</td><td></td><td></td><td></td><td></td></tr>
</table>

续表

序号	项目	作业内容	控制要点及标准	检查结果	施工		监理
					作业负责人	质检员	
6	防水透气膜进场验收	物理性能检查验收	（1）厚度≥0.17mm。 （2）面密度：61g/m²。 （3）透水蒸气性≥1000g/m²·24h。 （4）不透水性≥1000mm。 （5）拉伸强度，纵向≥260，横向≥270。 （6）断裂伸长率，纵向≥12%，横向≥12%。 （7）撕裂强度，纵向≥40N，横向≥40N。 （8）热老化（80±2）℃，168h，不透水性保持率≥80%				
7	隔汽膜进场验收	物理性能检查验收	（1）厚度≥0.25mm。 （2）面密度：108g/m²。 （3）透水蒸汽性≥15g/m²·24h。 （4）不透水性≥500mm。 （5）拉伸强度，纵向≥150N，横向≥110N。 （6）断裂伸长率，纵向≥31%，横向≥30%。 （7）撕裂强度，纵向≥200N，横向≥200N				
8	防火板进场验收	规格、尺寸及外观质量、物理性能检查验收	（1）2440mm（长）×1220mm（宽）×9mm（厚）。 （2）燃烧性能：A 级不燃。 （3）表面状况：正面光滑、背面打磨，耐火极限满足 180min（进场进行复检）				
9	防水卷材进场验收	物理性能检查验收	（1）不透水率 0.3MPa，2h 不透水。 （2）低温弯折性−40℃无裂纹（进场进行复检）				

续表

序号	项目	作业内容	控制要点及标准	检查结果	施工		监理
					作业负责人	质检员	
10	化学锚栓进场验收	规格、尺寸及外观质量检查验收	进场材料规格尺寸及质量等符合设计文件及相关规范要求				
11	天沟进场验收	规格、尺寸及外观质量检查验收	检查天沟规格尺寸、厚度，天沟外观无扭曲变形现象				
12	前道工序的移交验收	★钢结构复测交接检查	根据 GB 50205—2020 对钢结构柱距、垂直度、檩托板标高等相关关键数据进行复测，满足要求后进行移交				
		★混凝土复测交接检查	根据 GB 50204—2015《混凝土结构工程施工质量验收规范》对预埋件位置、墙面平整度进行复测				
13	屋墙面檩条安装	檩托安装	（1）严禁在 5 级以上大风雨雪天气露天施工。 （2）混凝土基材表面清理干净后设置锚孔，锚孔孔径、孔深及垂直度满足设计要求及相关规范。 （3）锚孔用压缩空气或手动气筒清除孔内粉屑。 （4）安装完成后按照相关规范要求对其进行拉拔试验				
		檩条安装	螺栓采用一母两垫一弹垫				

续表

序号	项目	作业内容	控制要点及标准	检查结果	施工		监理
					作业负责人	质检员	
13	屋墙面檩条安装	檩条接地	（1）每根檩条两端均与钢结构檩托板焊接 60mm，与主体钢结构形成屏蔽整体，再由钢结构主体连接铜绞线下引至地面与屏蔽网连接，形成整体屏蔽效果。 （2）混凝土砌体结构墙面檩条与土建墙体竖向接地扁铁逐一进行焊接，以保证墙面檩条与地下屏蔽网有效连接				
		拉条安装	拉条采用四母四垫安装。调节拉条保证檩条顺直，保证钉全部打在檩条上				
14	保温棉安装	保温棉铺设	（1）保温棉铺设时，上下错缝搭接。 （2）玻璃棉铺设要密实。搭接处用胶带粘贴。 （3）注意贴面：第一层为玻璃丝绵（带 F50 阻燃型铝箔贴面，且贴面朝室内），第二层为 50mm 玻璃丝绵（带 W58 阻燃型防潮贴面，贴面朝室外）				
15	透气膜、隔汽膜安装	透气膜、隔汽膜铺设	注意搭接长度：隔汽膜、透气膜铺设时，搭接长度为 100mm，且在搭接位置用专用胶带通长满粘连接。屋面与墙面的膜要连在一起，保证室内的密闭性				
16	压型钢板安装（屋面）	压型金属板排版制作	注意压型板长度、排版次序，屋面外板等同屋面长度且须伸入天沟长度不得小于 150mm，排版顺序要求考虑当地常年风向，由风尾方向起铺第一片板				

续表

<table>
<tr><th rowspan="2">序号</th><th rowspan="2">项目</th><th rowspan="2">作业内容</th><th rowspan="2">控制要点及标准</th><th rowspan="2">检查结果</th><th colspan="2">施工</th><th rowspan="2">监理</th></tr>
<tr><th>作业负责人</th><th>质检员</th></tr>
<tr><td rowspan="3">16</td><td rowspan="3">压型钢板安装（屋面）</td><td rowspan="3">屋面内外板安装</td><td>压型板扣合方式、搭接长度检查：
（1）屋面外板扣合方式符合 360°直立缝锁边，顺流水方向屋面外板无搭接。每板屋面外板咬合处要提前注胶，保证屋面的密封性。
（2）墙面板搭接长度≥200mm，内板搭接横向搭接不小于 120mm</td><td></td><td></td><td></td><td></td></tr>
<tr><td>自攻螺丝、铆钉等安装位置、间隔、平直度、安装松紧度检查：
（1）自攻螺钉水平间距约为 200mm，安装位置一致，松紧适当。
（2）水平偏差≤20mm，铆钉根据安装实际情况考虑，保证横平竖直或具有一定规律性，外观美观，间距一致以保证屋面内外板的抗风揭性能和密封性能</td><td></td><td></td><td></td><td></td></tr>
<tr><td>细部节点处理：
（1）屋面檐口使用专用板型压条，对檐口进行压制以保证屋面抗风揭性能。
（2）收边处封堵严实、美观、不漏水。
（3）有屏蔽要求节点达到屏蔽要求。
（4）有防火要求节点达到防火要求。
（5）屋面巡视走道板采用 YX70－468 专用高强度铝合金固定支座固定于屋面板波峰上，保证屋面板设置</td><td></td><td></td><td></td><td></td></tr>
</table>

续表

<table>
<tr><th rowspan="2">序号</th><th rowspan="2">项目</th><th rowspan="2">作业内容</th><th rowspan="2">控制要点及标准</th><th rowspan="2">检查结果</th><th colspan="2">施工</th><th rowspan="2">监理</th></tr>
<tr><th>作业负责人</th><th>质检员</th></tr>
<tr><td>16</td><td>压型钢板安装（屋面）</td><td>屋面内板屏蔽施工</td><td>压型板平行偏差、垂直偏差、板与板错位偏差检查：
（1）波纹线的垂直度偏差不大于压型钢板长度800，且不大于25.0mm。
（2）檐口、屋脊与山墙收边的直线度偏差不大于12mm。
（3）相邻两板的下端错位≤6.0mm
（4）接地材料选用35mm²铜绞线进行跨接，铜绞线间距为200mm。
（5）板与板搭接接触面去漆脱脂，隐蔽前及时申报验收，保证接地效果良好</td><td></td><td></td><td></td><td></td></tr>
<tr><td rowspan="3">17</td><td rowspan="3">压型钢板安装（墙面）</td><td>压型金属板排版制作</td><td>墙面外板要求搭接最少两块板上顶，排版顺序要求考虑当地常年风向，由风尾方向起铺第一片版</td><td></td><td></td><td></td><td></td></tr>
<tr><td rowspan="2">★墙面内外板安装</td><td>压型板扣合方式、搭接长度检查：墙面板扣合搭接长度≥200mm，纵向搭接长度≥120mm，根据檩条的间距对全部墙面板进行预孔，保证各钉各方向成一条直线，墙面板相接处设备丁基胶带，保证密闭性</td><td></td><td></td><td></td><td></td></tr>
<tr><td>自攻螺丝、铆钉等安装位置、间隔、平直度、安装松紧度检查：
（1）自攻螺钉水平间距约为200mm，安装位置一致，松紧适当。</td><td></td><td></td><td></td><td></td></tr>
</table>

续表

序号	项目	作业内容	控制要点及标准	检查结果	施工		监理
					作业负责人	质检员	
17	压型钢板安装（墙面）	★墙面内外板安装	（2）水平偏差≤20mm，铆钉根据安装实际情况，保证横平竖直或具有一定规律性，外观美观，间距一致				
			细部节点检查：封堵严实、美观，不漏水，有屏蔽要求节点达到屏蔽要求，有防火要求节点达到防火要求				
			压型板平行偏差、垂直偏差、板与板错位偏差检查： （1）波纹线的垂直度偏差不大于 $H/800$，且不大于25.0mm。 （2）相邻两板的下端错位≤6.0mm				
		墙面内板屏蔽施工	接地材料选用35mm² 铜绞线进行跨接，板与板搭接接触面去漆脱脂，墙面内板须深入地面与地面角钢接触面去漆脱脂后用自攻螺钉进行连接，且螺钉间距≤200mm，隐蔽前及时申报验收，保证接地效果良好				
18	防水卷材铺设	卷材铺设	根据屋面防水卷材材质查阅相关规范进行施工				
19	收边施工	屋脊板、泛水板、封檐板、包角板等封边包角异型板常规收边	收边之间的搭接应采用顺水搭接，且搭接方向宜与主导风向一致，搭接长度≥150mm，搭接缝内需设丁基橡胶密封带，板与板的固定采用防水铆钉（封闭型抽芯铆钉）连接，铆钉中距≤100mm，外露板缝均采用聚氨酯耐候密封膏封涂密实；安装美观、牢固、不漏水				

续表

序号	项目	作业内容	控制要点及标准	检查结果	施工		监理
					作业负责人	质检员	
19	收边施工	高端阀厅、备品库等屋面无探出物建筑的屋脊收边	屋脊收边采用双层屋脊收边，屋脊处屋面板进行翻边处理，并用专门的铝合金堵头进行封堵，收边件搭接处要打暗胶，打钉处用胶封堵好，以保证屋面的防水密封性能				
		穿墙套管收边、门窗洞口收边	采用整支无搭接收边，收头处用聚氨酯耐候密封膏封涂密实，以保证门窗洞口的防水密封性能				
		低端阀厅屋脊收边	采用双层泛水收边，屋脊与出屋面混凝土交接处采用混凝土预留沟槽（20mm×50mm），将收边上端放入沟槽后，在混凝土墙面用膨胀防水螺钉进行固定，钉头用耐候密封胶覆盖，最后将沟槽用耐候密封胶填满				
		出屋面避雷线塔处收边	采用整坡屋面收边，收边将使线塔上方屋面板全部高于其他屋面板波峰，保证避雷线塔上口不存在积水现象				
		变形缝处收边	使用专用可张拉收边，因温度效应等情况所产生的变形不会开裂，以确保密封性能				
		收边搭接处和收边收头处的打胶处理	（1）注胶前收边粘结面尘埃、油渍和其他污渍必须清理干净，保持干燥。 （2）收边注胶处须用美纹纸胶带遮蔽粘贴周边，避免污染收边且密封胶表面结皮前须除去美纹纸胶带。 （3）密封胶的胶体必须密实、连续、饱满，胶缝平整光滑				

续表

序号	项目	作业内容	控制要点及标准	检查结果	施工		监理
					作业负责人	质检员	
20	天沟施工	天沟安装	（1）屋面板伸入天沟内部不得小于150mm。 （2）天沟与屋面保温层交接处通常设置一道收边，且收边与天沟接触面及屋面板接触面均须设置丁基胶带一道以确保密封性能（安装完成后做蓄水试验）。 （3）天沟在伸缩缝处必须完全断开，断开位置采用同材质天沟盖板将其固定至一端（此条针对GIS室）。 （4）严格按图纸或规范做好天沟的流水坡度，避免无坡和倒坡。 （5）不锈钢天沟对接的焊接质量符合规范要求				
21	整体验收	资料编写	质量验收文件齐全，数据填写真实				
		★外观质量检查	平整、顺直，板面不应有施工残留物和污物；檐口和墙下端应呈直线，不应有未经处理的错钻孔洞				
		★淋水试验	淋水试验雨季观察或引水管至屋面进行淋水（淋水时间＞2h），无渗漏现象				
		★蓄水试验	蓄水24h无渗漏现象				
		★阀厅微正压试验	配合暖通厂家开展微正压试验，试验数据满足设计及规范要求（一般为5～10Pa）				
		★屋面抗风揭试验	由监理单位见证，送往实验室进行抗风揭实验				

续表

序号	项目	作业内容	控制要点及标准	检查结果	施工		监理
					作业负责人	质检员	
22	通病防治	自攻螺钉安装时安装不整齐	预先对支撑檩条在彩板上的固定点进行测量，在彩板上弹线、预钻孔，安装时自攻螺钉均固定在预钻孔的位置，确保所有安装的自攻螺钉横平竖直				
23		窗洞檩条焊接不满足施工要求	窗洞安装时必须采用水平管、铅锤等工具，确保安装精度，焊工持证上岗，岗前试焊合格后，方可进入现场施工				
24		收边不美观、密封不严实	收边安装必须采用拉通线或者水准仪进行测量，确保平整顺直，窗洞封口严格按照要求加工和安装，接缝处用密封胶进行封堵				
25		屋墙面密封不严密导致漏水	（1）为保证室内密闭性能，内外板扣合搭接处必须采用丁基胶在搭接位置设置一道，并用专用缝合钉缝合。 （2）洞口处收边使用整支收边，收头处用耐候密封胶封涂密实。 （3）板材使用整板避免结构或其他管道等穿板面而过，以保证板面的密封性能				

七、 钢结构及防火涂料施工关键工序管控表、 工艺流程控制卡

（一）钢结构及防火涂料施工关键工序管控表

序号	阶段	管理内容	管控要点	管理资料	监理	业主
1	准备	施工图审查	（1）钢结构标高、轴线与主体及基础施工图的一致性。 （2）钢结构选用的材料应满足相关规范要求。 （3）钢结构节点连接方式，如焊接要注明焊缝型式、焊缝质量等级。 （4）结构体系应符合钢结构设计及抗震的相关要求。 （5）钢结构设计应利于现场安装。 （6）设计总说明应说明注意事项等	图纸预检记录、设计图纸交底纪要、施工图会检纪要		
2		方案审查	（1）钢结构作业工艺及主要技术措施。包括工序安排、吊具选型、质量管理体系及措施等。 （2）施工总平面图布置图。 （3）工期安排合理性。是否有利于保证质量及安全。 （4）钢结构焊接施工要点，钢结构施工安装顺序，防火涂料喷涂施工要点	方案审查记录、方案报审表、专项方案审查纪要		
3		实测实量	（1）实测实量实施方案通过审批。 （2）实测实量验收项目包含基建安质〔2021〕27 号文件规定项目清单。 （3）实测实量仪器（全站仪、经纬仪、测厚仪、扭矩扳手、靠尺、卷尺）准备到位	实测实量实施方案、测试测量记录表		/
4		标准工艺实施	（1）执行《国家电网有限公司输变电工程标准工艺 变电工程土建分册》“主体结构工程—钢结构安装，防火涂料喷涂”要求。 （2）标准工艺方案通过审批	标准工艺方案、标准工艺应用记录		

续表

序号	阶段	管理内容	管控要点	管理资料	监理	业主
5	准备	人员交底	所有作业人员均完成技术交底并签字	人员培训交底记录		/
6		材料进场	（1）钢结构施工使用材料包括钢结构、高强螺栓、普通螺栓、抗滑移试板、防火涂料、防腐涂料、焊剂焊条。 （2）供应商资质文件（一般包括营业执照、生产许可证、产品/典型产品的检验报告、企业质量管理体系认证或产品质量认证证书等）齐全。 （3）材料质量证明文件（一般包括产品出厂合格证、检验、试验报告等）完整。 （4）复检报告合格（高强螺栓、普通螺栓、抗滑移试板、防火涂料、防腐涂料、焊剂焊条，按有关规定进行取样送检，并在检验合格后报监理项目部查验）	供应商报审表、原材进场报审表、试验检测报告		
7	施工	钢柱安装	（1）杯口基础已凿毛找平并清理干净。 （2）钢柱定位、标高、安装垂直度满足图纸要求。 （3）高强螺栓梅花头已终拧脱落。 （4）普通螺栓使用力矩扳手检查合格。 （5）焊缝使用探伤检测	试验检测报告、钢结构验收记录		/
8		屋架安装	（1）屋架标高、挠曲度满足图纸要求。 （2）高强螺栓梅花头已终拧脱落。 （3）普通螺栓使用力矩扳手检查合格。 （4）焊缝使用探伤检测	试验检测报告、钢结构验收记录		/
9		防火涂料喷涂	（1）施工前钢结构焊缝位置已防腐并补漆处理。 （2）施工前钢结构磕碰位置已补漆，表面已清理干净。 （3）防火涂料分层喷涂，厚度满足耐火极限要求	防火涂料验收记录		/

续表

序号	阶段	管理内容	管控要点	管理资料	监理	业主
10	验收	实测实量	（1）普通螺栓力矩检查，高强度螺栓梅花头未拧掉的部位采用转角法和力矩法进行检查。 （2）钢结构轴线、标高、垂直度、挠曲度。 （3）防火涂料厚度。 （4）焊缝探伤检测	实测实量记录		/
11		资料验收	各项验评资料、施工记录、归档资料齐全，并签字盖章	验评记录、隐蔽验收记录、三级自检记录		

（二）钢结构及防火涂料施工工艺流程控制卡

序号	项目	作业内容	控制要点及标准	检查结果	施工		监理	业主
					作业负责人	质检员		
1	方案的编写及交底	方案编写	方案编制包含钢结构拼装施工					/
			方案编制包含钢柱、屋架、巡视步道、阀吊梁等构件吊装					/
			方案编制包含钢结构焊接					/
			方案编制包含防火涂料施工，后期补漆					/
			方案编制应包括施工顺序、施工平面图、施工进度计划					/
		交底对象	所有作业人员					/
		交底内容	工程概况与特点、作业程序、吊装顺序、操作要领、注意事项、质量控制措施、质量通病、标准工艺、安全风险防控、应急预案等					/

续表

序号	项目	作业内容	控制要点及标准	检查结果	施工		监理	业主
					作业负责人	质检员		
2	控制点设置	控制点设置	以全站的测量方格网进行阀厅钢结构定位轴线及高程控制					/
3	构件验收	构件报审验收	构件和附表匹配的各种资料已经报审完毕，如构件和附表的出厂合格证、钢板和各种型钢的质量证明文件及复检报告、钢构件焊缝的检测报告、高强螺栓的质量证明文件和复检报告、摩擦面的摩擦系数检验报告等					/
		构件现场验收	检查构件和附表加工是否按照图纸加工					/
4	基础交接	基础交接验收	阀厅基础施工完毕，基础找平完毕，轴线验收（对角线误差、轴线偏差）完毕，柱边框线（根据轴线弹出柱外框线）验收完毕；钢柱标高线（+1m 线）验收完毕，重心位置已标注明确					/
5	高强螺栓复试	高强螺栓复试	高强螺栓、连接件摩擦系数进场要进行检验和实验。每批随机抽取 8 套连接副进行复验并合格					/
6	焊接准备	焊接工艺评定	首次采用的钢材、焊接材料、焊接方法、接头形式、焊接位置、焊后热处理制度以及焊接工艺参数、预热和后热措施等各种参数的组合条件，应在钢结构构件制作及安装施工之前进行焊接工艺评定且结果合格					/
		焊接母材验收	焊接材料应满足 GB 50661—2011《钢结构焊接规范》中表 7.2.7 的要求					/

续表

序号	项目	作业内容	控制要点及标准	检查结果	施工		监理	业主
					作业负责人	质检员		
7	防火涂料喷涂	室内膨胀型钢结构防火涂料	抗裂性不应出现裂纹					/
			膨胀性能膨胀倍数≥8					/
			外观涂层完整、无漏涂、表面均匀、色泽一致					/
			涂层厚度满足设计要求及检验报告的要求					/
			粘结强度≥0.15MPa					/
8		室内非膨胀型钢结构防火涂料	粘结强度≥0.04MPa					/
			抗压强度≥0.3MPa					/
			干密度≤500kg/m³					/
			热导率≤0.1160W/（m·k）					/
			耐冻融循环性≥15					/
9	取样	防火涂料取样	（1）出厂检验样品应分别从不少于200kg（P类）、500kg（F类）的产品中随机抽取40kg（P类）、100kg（F类）。 （2）型式检验样品应分别从不少于1000kg（P类），3000kg（F类）的产品中随机抽取300kg（P类）、500kg（F类）					/
10	补漆	补漆	防火涂料施工前检查钢柱焊接位置，对其焊接部位补漆防腐					/

续表

序号	项目	作业内容	控制要点及标准	检查结果	施工		监理	业主
					作业负责人	质检员		
11	拼装	尺寸核对	组装人员熟悉施工详图、组装工艺及有关技术文件的要求，检查组装用的零部件的材质、规格、外观、尺寸、数量等均应符合设计要求					
		起拱构件拼装	设计要求起拱的构件，应在拼装时按规定的起拱值进行起拱，起拱允许偏差为起拱值的0%～10%，且不应大于10mm；设计未要求但施工工艺要求起拱的构件，起拱允许偏差不应大于起拱值的±10%，且不应超过±10mm					
		拼装场地及支撑	拼装场地应平整、坚实，所用的临时支撑架、支撑凳或平台经测量准确定位，并应符合工艺文件要求					
		临时固定	拼装时采用不少于螺栓孔20%数量的临时螺栓固定，且不少于2个，不得采用高强螺栓代替临时固定螺栓					
12	高强螺栓安装	★高强螺栓安装	高强螺栓穿放方向符合设计图纸的要求： （1）螺栓紧固应从螺栓群中央向外旋拧。扭剪型高强度螺栓的拧紧应分为初拧、终拧。 （2）高强度螺栓的初拧、终拧应在24h内完成。对于大型节点应分为初拧、复拧、终拧。 （3）初拧扭矩值为0.13×施工预拉力值P_c×螺栓公称直径d的50%左右；使用扭力扳手检查扭矩合格。					/

续表

<table>
<tr><th rowspan="2">序号</th><th rowspan="2">项目</th><th rowspan="2">作业内容</th><th rowspan="2" colspan="2">控制要点及标准</th><th rowspan="2">检查结果</th><th colspan="2">施工</th><th rowspan="2">监理</th><th rowspan="2">业主</th></tr>
<tr><th>作业负责人</th><th>质检员</th></tr>
<tr><td>12</td><td rowspan="2">高强螺栓安装</td><td>★高强螺栓安装</td><td colspan="2">（4）高强螺栓安装终拧后，以露出2～3扣为宜，其中露出1扣或4扣的数量不能超过安装总数的10%。
（5）高强螺栓的终拧值和合格率必须符合设计图纸和规范要求：对每个节点螺栓总数的10%、但不少于一个进行扭矩检查</td><td></td><td></td><td></td><td></td><td>/</td></tr>
<tr><td>13</td><td>★扭剪型终拧</td><td colspan="2">对于扭剪型高强度螺栓连接副，除因构造原因无法使用专用扳手拧掉梅花头者外，螺栓尾部梅花头拧断为终拧结束。未在终拧中拧掉梅花头的螺栓数不应大于该节点螺栓数的5%，对所有梅花头未拧掉的扭剪型高强度螺栓连接副应采用扭矩法或转角法进行终拧并做标记，且应进行终拧质量检查</td><td></td><td></td><td></td><td></td><td>/</td></tr>
<tr><td rowspan="8">14</td><td rowspan="8">焊接施工</td><td rowspan="8">焊接工艺</td><td rowspan="2">焊接电流</td><td>CO_2 气体保护焊：130～150A</td><td rowspan="2"></td><td rowspan="2"></td><td rowspan="2"></td><td rowspan="2"></td><td rowspan="2">/</td></tr>
<tr><td>手工电弧焊：85～90A</td></tr>
<tr><td rowspan="2">焊接电压</td><td>CO_2 气体保护焊：20～22V</td><td rowspan="2"></td><td rowspan="2"></td><td rowspan="2"></td><td rowspan="2"></td><td rowspan="2">/</td></tr>
<tr><td>手工电弧焊：24～26A</td></tr>
<tr><td rowspan="2">焊接速度</td><td>CO_2 气体保护焊：10～14m/s</td><td rowspan="2"></td><td rowspan="2"></td><td rowspan="2"></td><td rowspan="2"></td><td rowspan="2">/</td></tr>
<tr><td>手工电弧焊：3～5m/s</td></tr>
<tr><td>焊层</td><td>每一层焊接完成后及时清理焊渣及飞溅物</td><td></td><td></td><td></td><td></td><td>/</td></tr>
<tr><td>焊道</td><td>焊接材料应满足GB 50661—2011中表7.10.4的要求</td><td></td><td></td><td></td><td></td><td>/</td></tr>
</table>

续表

序号	项目	作业内容	控制要点及标准	检查结果	施工		监理	业主
					作业负责人	质检员		
15	钢柱安装	★位移	柱脚底座中心线对定位轴线的偏移≤5.0，100%全检					/
		★弯曲矢高	弯曲矢高≤构件高度 H/1200 且≤15.0，100%全检					/
		★柱基准点标高	有吊车梁的柱为－5.0～＋3.0m，100%全检					/
			无吊车梁的柱为－8.0～＋5.0m，100%全检					/
		★柱轴线垂直度	单层柱≤H/1000 且≤25.0，100%全检					/
			多节柱≤H/1000 且≤50.0，100%全检					/
16	屋架安装	★标高	梁两端顶面高差 H/100 且≤10mm，100%全检					/
		★垂直度	跨中垂直度≤H/500，100%全检					/
		★挠曲	挠曲（侧向）H/1000 且≤10.0mm，100%全检					/
		连接副	（1）钢结构构件应同一材质、同批制作，采用同一摩擦面处理工艺和具有相同的表面状态，并应采用同一批同一性能等级的高强螺栓连接副，在同一环境下存放，以供抗滑移试验。 （2）连接副喷砂处理连接处不得涂刷防腐材料和防火涂料					/
17	阀吊梁安装	阀吊梁安装	吊点方框范围内不允许喷漆					/
			阀吊梁安装平整度误差不超过±2mm					/

续表

序号	项目	作业内容	控制要点及标准	检查结果	施工		监理	业主
					作业负责人	质检员		
18	接地	钢柱	扁钢及时与区域内接地网进行可靠接地连接，多节钢柱处使用35m² 铜绞线跨接					/
		巡视步道	每一片屏蔽网使用35m² 铜绞线可靠跨接					/
19	膨胀型防火涂料施工	喷涂顺序	喷涂时应自上而下、自左而右，喷涂薄厚均匀，防止污染流淌，喷涂涂层完全闭合					/
		喷涂时间	（1）分层施工，喷涂遍与遍间隔时间宜为6～8h（冬季、雨季环境湿度大，应适当调整）。 （2）粘贴牢固，喷涂厚度至少1.5mm					/
		喷涂环境	（1）施工过程中或涂层干燥固化前，环境温度宜保持在5～38℃，相对湿度按照厂家材料要求具体施工，空气应流通。 （2）操作环境不得有雨水冲淋，当风力＞5m/s，或雨天、天气潮湿、构件表面有结露时，不宜施工，施工后的涂层应避免雨水冲淋					/
		涂层厚度、平整度、颜色	（1）涂层厚度应符合产品防火要求，粘结性能好，无空鼓、无流淌、无明显裂纹，表面基本平整，做到颜色一致。 （2）膨胀型（超薄型、薄涂型）防火涂料、厚涂型防火涂料的涂层厚度及隔热性能应满足国家现行标准有关耐火极限的要求，且不应小于－200μm，平整且颜色一致					/

续表

序号	项目	作业内容	控制要点及标准	检查结果	施工		监理	业主
					作业负责人	质检员		
20	非膨胀型防火涂料施工	涂料混合搅拌	JF-202室内非膨胀型钢结构防火涂料主料为双组分，甲组分为液料，乙组分为粉料；施工时先将甲组分液料搅拌均匀，然后倒入乙组分粉料；根据产品技术说明严格按照配比施工					/
		★分层施工	喷涂应分若干层完成，第一层基本覆盖钢材表面即可，以后每层5～10mm，一般以7mm为宜，在每层干燥或固化方可继续喷涂下一层。在喷涂至11～12mm时挂设玻璃纤维网（阀厅钢柱在15mm时挂钢丝网，30mm时再挂一层玻璃纤维网）					/
21	钢柱检查验收	★位移	柱脚底座中心线对定位轴线的偏移≤5.0mm，100%全检					/
		★弯曲矢高	弯曲矢高 $H/1200$ 且≤15.0mm，100%全检					/
		★柱轴线垂直度	单层柱 $H/1000$ 且≤25.0mm，100%全检					/
			多节柱 $H/1000$ 且≤50.0mm，100%全检					/
22	屋架检查验收	★标高	梁两端顶面高差 $L/100$ 且≤10mm，100%全检					/
		★垂直度	跨中垂直度≤$H/500$mm，100%全检					/
		★挠曲	挠曲（侧向）$L/1000$ 且≤10.0mm，100%全检					/

续表

序号	项目	作业内容	控制要点及标准	检查结果	施工		监理	业主
					作业负责人	质检员		
23	焊接检查验收	★焊缝外观与尺寸检查	（1）焊缝光滑平整、焊缝高度符合图纸要求，裂缝检查采用5倍放大镜检查，必要时采用着色剂。 （2）不允许出现裂纹、表面气孔、表面夹渣					/
		★焊缝无损检测	一级焊缝100%检测、二级焊缝不低于20%，三级焊缝根据图纸要求检测					/
24	高强螺栓紧固验收	★露丝检查	终拧后外露丝扣应为2～3扣，其中允许有10%的螺栓丝扣外露1扣或4扣；100%全检					/
		节点检查	检查每个节点螺栓数的10%，但不少于1个					/
25	扭剪型高强螺栓验收	★梅花头检查	目视确认螺栓梅花卡头被专用扳手拧掉，即判定合格；对于无法采用专用扳手的梅花头，应采用转角法及扭矩法进行终拧质量检查；100%全检					/
26	防火涂料检查	底涂层检查	表面除锈用铲刀检查。底漆涂装用干漆膜测厚仪检查，每个构件检测5处，每处的数值为3个相距50mm测点涂层干漆膜厚度的平均值					/
		厚度检查	用涂层厚度测量仪、测针和钢尺检查。测量方法应符合国家现行标准T/CECS 24—2020《钢结构防火涂料应用技术规程》的规定及附录F；厚涂型防火涂料涂层的厚度，80%及以上面积应符合有关耐火极限的设计要求，且最薄处厚度不应低于设计要求的85%。按同类构件数抽查10%，且均不应少于3件					/

续表

序号	项目	作业内容	控制要点及标准	检查结果	施工		监理	业主
					作业负责人	质检员		
26	防火涂料检查	裂纹检查	（1）薄涂型防火涂料涂层表面裂纹宽度≤0.5mm。 （2）厚涂型防火涂料涂层表面裂纹宽度≤1mm。 （3）按同类构件数抽查10%，且均不应少于3件					/
		外观检查	防火涂料不应有误涂、漏涂，涂层应闭合无脱层、空鼓、明显凹陷、粉化松散和浮浆等外观缺陷，乳突已剔除；100%全检					/
27	通病防治	钢柱安装方向错误	核实图纸构件尺寸，对其编号，并对其安装方向标注					/
28		钢柱安装标高超差	在钢柱1m处标记，每次吊装固定前校正					/
29		钢柱安装轴线位移超差	在基础边弹出框架轴线，找出钢柱的中心线，轴线位移≤5mm，安装固定前校正					/
30		钢柱安装偏斜	钢柱安装固定前校正。多节柱垂直度≤H/1000且≤50					/
31		防火涂料颜色不一致	严格按照重量比调配，注意施工环境，保持涂料颜色一致					/
32		防火涂料脱落开裂	严格按照GB 14907—2018《钢结构防火涂料》喷涂上一层时对下一层含水率检测验收，确保无脱落开裂					/

续表

序号	项目	作业内容	控制要点及标准	检查结果	施工		监理	业主
					作业负责人	质检员		
33	通病防治	连接板使用电焊扩孔	当出现连接副与螺栓孔不对应时应采用专业铣刀进行扩孔，不得使用电焊随意扩孔					/
34		高强螺栓终拧	高强螺栓安装终拧后，以露出2～3扣为宜，其中露出1扣或4扣的数量不能超过安装总数的10%；当出现超丝情况更换或增加垫片					/

八、自流平地面施工关键工序管控表、工艺流程控制卡

（一）自流平地面施工关键工序管控表

序号	阶段	管理内容	管控要点	管理资料	监理	业主
1	准备	施工图审查	（1）各构造层做法是否合理。 （2）分隔缝设置长度、宽度是否满足要求。 （3）面层材料是否满足相关防静电、防火相关要求。 （4）针对阀厅地面，彩钢板与室内地面交接处做法是否合理。 （5）防静电地面与主接地网连接要求是否合理	图纸预检记录、设计图纸交底纪要、施工图会检纪要		
2		方案审查	（1）自流平地面施工工艺符合标准工艺要求。 （2）各构造层做法满足相关技术规范、质量通病的防治要求，如基层处理除尘措施、基层裂缝及分隔缝处理到位等。 （3）方案中施工环境温度、湿度是否满足施工需求。 （4）方案中应明确材料配比要求，各施工层干燥固化及养护时间	方案审查记录、方案报审表、专项方案审查纪要		

续表

序号	阶段	管理内容	管控要点	管理资料	监理	业主
3	准备	实测实量	（1）实测实量实施方案通过审批。 （2）实测实量验收项目包含基建安质〔2021〕27号文件规定项目清单。 （3）实测实量仪器（水准仪、靠尺、卷尺）准备到位	实测实量实施方案、测试测量记录表		/
4		标准工艺实施	（1）执行《国家电网有限公司输变电工程标准工艺　变电工程土建分册》“屋面和地面工程—地面基层，自流平面层”要求。 （2）标准工艺方案通过审批	标准工艺方案、标准工艺应用记录		
5		人员交底	所有作业人员均完成技术交底并签字	人员培训交底记录		/
6		材料进场	（1）自流平地面施工使用材料包括环氧自流平、聚氨酯等。 （2）供应商资质文件（一般包括营业执照、生产许可证、产品/典型产品的检验报告、企业质量管理体系认证或产品质量认证证书等）齐全。 （3）材料质量证明文件（一般包括产品出厂合格证、检验、试验报告等）完整。 （4）复检报告合格（自流平地面涂料，按有关规定进行取样送检，并在检验合格后报监理项目部查验）	供应商报审表、原材进场报审表、试验检测报告		
7		样板确认	（1）样板制作符合标准工艺要求。 （2）各分层平整度达标，面层颜色一致、无裂缝、起皮、气泡等	样板确认清单		

续表

序号	阶段	管理内容	管控要点	管理资料	监理	业主
8	施工	基层处理	（1）基层含水率小于8%。 （2）平整度满足2m靠尺测量，允许偏差在3mm以内。 （3）表面无起砂、起壳、空鼓、脱皮、疏松、麻面、油脂、灰层、裂纹等缺陷。基层清灰干燥要彻底。 （4）基层裂缝切上口20mm，深20mm的V形槽	施工记录		/
9		底涂施工	（1）连续成膜无漏涂。 （2）表面干燥时间小于3h，实际干燥时间小于24h。 （3）均匀、平整、光滑、无起泡、无发白、无软化	施工记录		/
10		中涂施工	（1）厚度0.5～1.5mm。 （2）表面干燥时间小于8h，实际干燥时间小于48h。 （3）密实、均匀、平整、无开裂、无起壳、无渗出物	施工记录		/
11		面涂施工	（1）厚度0.5～1.5mm。 （2）表面干燥时间小于8h，实际干燥时间小于48h。 （3）平整光滑、色泽均匀、无针孔气泡	施工记录		/
12		养护要求	（1）温度（23±2)℃，时间不小于7天。 （2）采取防水、防污染措施。 （3）禁止人员踩踏	施工记录		/
13	验收	实测实量	（1）低于30m^2抽取4处，大于30m^2每10m^2抽取1处。 （2）面层平整度偏差小于1.5mm/2m。 （3）分格缝平直，小于2mm/5m。 （4）接缝高差小于1mm。 （5）合格点大于80%，且不合格点不影响后期使用	实测实量记录		/
14		资料验收	各项验评资料、施工记录，归档资料齐全并签字盖章	验评记录、隐蔽验收记录、三级自检记录		

(二)自流平地面施工工艺流程控制卡

序号	项目	作业内容	控制要点及标准	检查结果	施工		监理
					作业负责人	质检员	
1	方案的编写及交底	方案编写	(1)方案编制包含环氧自流平施工。 (2)方案编制应体现材料组分的配比。 (3)方案编制应包括施工顺序、施工平面图、施工进度计划				
		交底对象	所有作业人员				
		交底内容	工程概况与特点、作业程序、操作要领、注意事项、质量控制措施、质量通病、标准工艺、安全风险防控、应急预案等				
2	控制点设置	控制点设置	架设水准仪对施工地面抄平，检测其平整度，并设置间距为1m的地面的控制点				
3	环氧自流平施工前检查	基层检查	(1)在流平地面施工前，应对基层外观、强度(抗压强度及表面抗拉强度)。 (2)基层地面应打磨平整，无起砂现象，混凝土抗拉拔的强度宜大于1.5MPa				
4		施工环境	(1)应符合产品技术要求，一般环境温度宜为15～30℃，湿度不宜大于85%。 (2)明亮通风、无交叉施工				
5		环氧砂浆层及环氧中涂层材料配比	无溶剂环氧中涂A组、固化剂B组需要经复检合格方可使用。环氧中涂、固化剂材料A∶B=20∶5				
		面漆洗面层材料配比	无溶剂环氧面漆A组、固化剂B组需要经复检合格方可使用。环氧面漆、固化剂材料A∶B=20∶5				

续表

序号	项目	作业内容	控制要点及标准	检查结果	施工		监理
					作业负责人	质检员	
6	基层处理及清理	基层清理	将基层的尘土、剥落的混凝土表层、油脂、水泥浆或腻子以及可能影响粘结强度的杂质等清理干净。 （1）对基层采用磨光机打磨，使基层密实，表面无松动、杂物，对经打磨后仍有油渍的部位用低浓度碱液清洗干净。 （2）基层打磨后所产生的浮土，必须用真空吸尘器吸干净。 （3）对所留的伸缩缝，经清洗后向伸缩缝内注入发泡胶，胶表面低于伸缩缝表面约20mm。 （4）涂刷界面剂，干燥后用拌好的自流平砂浆抹平堵严				
7		★基层处理	（1）对破损和不平的基层，应清除杂质，并涂刷界面剂，用砂浆/强度高的混凝土修补平整，待达到充分的强度后方可进行下道工序。 （2）对出现软弱层的基层应先剔除软弱层。 （3）保持地面含水率8%以下；土地平整、坚固、不起沙；地面高低差2mm/2m以下；地面无油污和渗油情况				
8	自流平施工	★材料搅拌	（1）环氧树脂底漆材料混合前，必须先充分搅拌环氧底漆A组分，然后将固化剂B组分全部加入，直到A组分与B组分混合均匀。用专用涂料搅拌机全面搅拌1min左右。 （2）环氧砂浆层及中涂层材料混合前，必须先充分搅拌无溶剂环氧中涂A组分，然后将固化剂B组分全部加入，加入适量粗石英砂（40～70目）用专用涂料搅拌机全面搅拌3min左右，直到A组分、B组分和石英砂混合均匀。				

续表

序号	项目	作业内容	控制要点及标准	检查结果	施工		监理
					作业负责人	质检员	
8	自流平施工	★材料搅拌	（3）无溶剂环氧面漆洗面层材料混合前，必须先充分搅拌无溶剂环氧面漆A组分，然后将固化剂B组分全部加入，用专用涂料搅拌机全面搅拌2min左右，直到A组分与B组分混合均匀				
9		★环氧树脂渗透底漆施工	（1）每层施工应满足涂装间隔，底涂间隔5h；中涂完成6h；批补完成4h；面涂间隔6h。 （2）将搅拌均匀的环氧底漆适量倒入地面，用环氧地坪施工专用镘刀披刮涂装，在适当时候进行补涂。涂装时要做到薄而均，披刮后有光泽，无光泽处（粗糙之水泥地面），施工完成后，用小锤轻击地面，确保面层与下层粘结牢固，无空鼓				
10		★环氧砂浆层施工	（1）将搅拌均匀的环氧砂浆涂料适量倒入地面，用环氧地坪施工专用镘刀披刮涂装，再用细石英砂按上述涂装工艺披挂一遍。 （2）涂装时要做到均匀、严实、平整，披刮后平整、无砂孔				
11		★环氧中涂封闭层施工	（1）将搅拌均匀的环氧中涂涂料适量倒入地面，用环氧地坪施工专用镘刀披刮涂装。 （2）涂装时要做到均匀、严实、平整，披刮后平整、无砂孔				
12		★面漆洗面层施工	（1）将搅拌均匀的无溶剂环氧面漆适量倒入地面，用环氧地坪施工专用平头镘刀流刮涂装。 （2）涂装时要做到平整均匀，表面平整度≤2mm。 （3）表面清洁无色差，无裂纹、脱皮麻面、起砂等				

续表

序号	项目	作业内容	控制要点及标准	检查结果	施工		监理
					作业负责人	质检员	
13	自流平施工	★无溶剂环氧自流平面漆施工	将搅拌均匀的无溶剂环氧面漆适量倒入地面，用环氧地坪施工专用锯齿馒刀流刮涂装，涂装时要做到平整均匀。踢脚线与墙壁结合紧密高度一致				
14		★防静电自流平施工	(1) 基层处理对混凝土基材的含水率进行测定，对含水率超标的部位，可采用喷灯烘干。基层含水率应低于8%。 (2) 对高低不平处可进行打磨，达到适当的表面粗糙度，增强与基面的结合力。基层平整度偏差应小于2mm。 (3) 表面应无油污、杂物，无明显渗漏，若局部基层存在裂缝，可用环氧树脂对地面的空隙进行修补。 (4) 涂刷底涂层按照配方配制底涂料，使用专用工具进行刮涂。涂刷底层厚度不宜过厚，要满涂不露底，使底涂涂料充分浸润基材，一般底涂需要刮涂2～3道，以增加强度。 (5) 铺设铜箔网和接地待底涂层固化后，铺设导电铜箔网。铜箔粘贴应平整牢固，需与室内接地端子连接。 (6) 涂刮环氧树脂中涂层将配料搅拌均匀。刮涂多遍达到所需厚度，刮涂时应先里后外，逐层退至房间出口处，干燥后打磨平整。 (7) 辊涂防静电环氧面层涂料中层涂层干燥约8h后进行面涂层施工。按配方配制面层涂料，面涂一般采用辊涂，也可采用喷涂。施工后注意保持现场清洁，以保证涂层的外观效果，且面涂施工完成后2～3天内不能载重				

续表

序号	项目	作业内容	控制要点及标准	检查结果	施工		监理
					作业负责人	质检员	
15	环氧自流平验收检查	外观检查	（1）距表面1m处垂直观察，至少95%的表面垂直观察无缺陷。 （2）自流平表面应平整、坚硬、密实、光洁，无油脂及其他杂质。 （3）环氧类或聚氨酯类的地坪应平整、光滑，表面无气泡、泛花、流挂、裂纹、砂眼、镘刀纹，无色花、分色、油花、缩孔等缺陷				
16		色差及光泽	（1）距表面1m处垂直观察或采用仪器测试，至少95%的表面垂直观察无肉眼可见的差异。 （2）自流平表面颜色及光泽颜色符合设计要求，应均匀一致，无肉眼可见的差异。色差计测定色差不能超过3.0；光泽度的差异不能超过10个光泽单位				
17		结构性	用小锤轻击检查，面层与下一层应结合牢固、无空鼓及裂纹。空鼓面积不应大于300cm^2/处，每50m^2不得超过2处				
18		表面坡度	采用目视观察和泼水或坡度尺检查，面层表面的坡度要求应符合设计要求，不得有倒返水和积水现象。坡度偏差不大于房间相应尺寸的2‰，最大偏差不大于30mm				

续表

序号	项目	作业内容	控制要点及标准	检查结果	施工		监理
					作业负责人	质检员	
19	通病防治	基础与地面裂缝	（1）自流平地面施工完成后应平整、光洁，无裂缝、色差、起皮等质量问题，达到镜面观感。 （2）由于GIS基础为不规则形状，与室内地面无法保证整体沉降一致，容易导致在基础与地面连接处产生裂纹。在地面施工后，地面混凝土达到初凝强度时及时安排施工人员对基础周围及施工缝位置进行割缝处理，割缝完成后，在缝隙处表面剔除3mm深梯形凹槽，在凹槽内均匀涂抹膨胀型柔性材料并刮平				
20		起鼓、爆皮	由于原始地面起砂，打磨不完全，有界面剂涂抹未覆盖的地方；自流平施工完成后，表面气泡过多，导致观感质量下降，严重的会引起起鼓、爆皮等现象。在自流平施工前，要对原始地面进行细致的地面平整度检查，检查完成后应将凹陷部位补齐，并将起鼓部位磨平，完成后应对地面进行细致打磨，直至地面无砂点、表面光滑为止；涂抹界面剂时一定要保证整个地面全面覆盖，尤其注意室内地面边线及与设备基础相接的边角处				
21		涂层厚薄不均	环氧树脂涂料主剂沉淀，未充分搅拌均匀；倒料在地面上，与前接缝处之接触时间过久；涂层厚薄不均；施工中途断料；采用不同批号面漆。施工前主剂应先充分搅拌均匀；避免与前接缝处接触间隔太久，尽可能整个操作线一起施工；尽量使用固定工具及加强施工人员施工熟练度；涂料须一次备足，防止断料；尽可能使用同一批号涂料				

九、 场地回填及平整施工关键工序管控表、 工艺流程控制卡

（一）场地回填及平整施工关键工序管控表

序号	阶段	管理内容	管控要点	管理资料	监理	业主
1	准备	施工图审查	（1）明确回填土石方粒径要求。 （2）明确各部位、各层回填土压实系数要求	图纸预检记录、设计图纸交底纪要、施工图会检纪要		
2		方案审查	（1）回填压实机械选择是否合理。 （2）回填分层碾压工艺是否满足要求。 （3）回填压实试验检测。 （4）薄弱部位回填压实措施。 （5）相关工艺参数选择依据，是否进行了碾压试验	方案审查记录、方案报审表、专项方案审查纪要		
3		实测实量	（1）实测实量实施方案通过审批。 （2）实测实量验收项目包含基建安质〔2021〕27 号文件规定项目清单。 （3）实测实量仪器（卷尺、水准仪、环刀取土器）准备到位	实测实量实施方案、测试测量记录表		/
4		标准工艺实施	（1）执行《国家电网有限公司输变电工程标准工艺 变电工程土建分册》“工程测量与土石方工程—土石方回填与压实”要求。 （2）标准工艺方案通过审批	标准工艺方案、标准工艺应用记录		
5		人员交底	所有作业人员	人员培训交底记录		/

续表

序号	阶段	管理内容	管控要点	管理资料	监理	业主
6	施工	土方回填	（1）填土应从场地最低处开始，由低一端向高一端自下而上分层铺填。 （2）回填土较深、面积较大时，应对原自然土、坑穴进行处理，将有机物杂质清理干净。 （3）管道两侧及正上方500mm范围内用人工夯实，管道500mm以上可用机械夯实。 （4）回填高度、碾压遍数符合工艺参数要求。 （5）每层回填完成通知监理见证压实度检测，合格后方可进行下道工序施工。 （6）针对管沟边、检查井边、基础边、地梁底部、电缆沟边、集中埋管处等部位，在回填前应进行相关孔洞、缝的隐蔽验收，同时在回填时应进行成品保护措施	见证取样记录、试验检测报告、隐蔽验收记录		/
7	验收	实测实量	回填土分层夯实厚度、碾压遍数、压实度检测	试验检测报告、实测实量记录		/
		资料验收	各项验评资料、施工记录，归档资料齐全并签字盖章	验评记录、隐蔽验收记录、三级自检记录		

（二）场地回填及平整施工工艺流程控制卡

序号	项目	作业内容	控制要点及标准	检查结果	施工		监理
					作业负责人	质检员	
1	方案的编写及交底	方案编写	方案编制包含回填土种类、分层厚度、施工机具及实验方法等				
		交底对象	所有作业人员				
		交底内容	工程概况与特点、回填方式、分层厚度、夯实方式及遍数、薄弱点控制				

续表

序号	项目	作业内容	控制要点及标准	检查结果	施工		监理
					作业负责人	质检员	
2	回填土料准备	回填土料选择	一般情况下，用于站区回填的土方来自站内场坪阶段开挖土方、基坑余土				
3	击实试验	轻型击实试验	确定最大干密度及最优含水量。峰值对应的干密度及含水量即为最大干密度及最优含水量				
4	碾压试验	确定工艺参数	影响回填土施工质量的主要因素有回填土料、虚铺厚度、含水率、压实机具、碾压遍数等。在正式回填施工前，必须在施工现场选择试验块开展土方回填试验，确定相关施工参数及施工控制指标				
5	回填前检查	基底处理	土方回填工作正式开始前应对回填区域基底进行处理。 （1）基底上的树墩及主根应拔除，排干水田、水库、鱼塘等的积水，对软土进行处理。 （2）设计标高 500mm 以内的草皮、垃圾及软土应清除。 （3）坡度大于 1∶5 时，应将基底挖成台阶，台阶面内倾，台阶高宽比为 1∶2，台阶高度不大于 1m。 （4）当坡面有渗水时，应设置盲沟将渗水引出填筑体外				
6	含水量控制	★含水量控制	（1）若含水率偏高，可采用翻松、晾晒或均匀掺入干土等措施。 （2）若含水率偏低，可采用洒水润湿等措施。 （3）场地平整填方时最优含水率为±4%；柱基、基坑、基槽、管沟、地（路）面填方时最优含水率为±2%				

续表

序号	项目	作业内容	控制要点及标准	检查结果	施工		监理
					作业负责人	质检员	
7	肥槽回填	肥槽回填	（1）基础墙体达到一定强度方可回填，基础四周应同时均匀回填，避免单侧堆放重物或行走重型机械设备。 （2）分层铺土，每层铺土厚度应根据土质、密实度要求和机具性能确定。各层铺土厚度都应找平，与坑边壁上的标高相等，或用尺、标准杆检查。 （3）长宽比较大时，回填长度每 15m 为一段，每层接缝处做成阶梯形，错缝距离不小于 1m				
8	房心回填	房心回填	夯打密实：夯压的遍数不少于 3 次。打夯应一夯压半夯、夯夯相连、行行相连、纵横交叉。严禁用水浇使土下沉的“水夯法”				
9	基础回填	基础回填	（1）回填土较深、面积较大时，应对原自然土、坑穴进行处理，将有机物杂质清理干净。 （2）深浅基坑相连时，应先填夯深基坑，填至浅基坑标高时，再与浅基坑一起填夯。如必须分段填夯时，交界处应填成阶梯形，梯形高度 25cm。上下层错缝距离不小于 1m				
10	管沟回填	管沟回填	（1）用手推车或小型挖掘机送土，以人工用铁锹、耙、锄等工具进行回填；管道两侧及正上方 500mm 范围内用人工夯实，管道 500mm 以上可用机械夯实。 （2）填土应从场地最低处开始，由低一端向高一端自下而上分层铺填。 （3）每层虚铺厚度在人工夯实时不大于 200mm，柴油打夯时分层宜为 200～250mm。 （4）回填时应在管道两侧用中砂填充缝隙（有设计按设计要求）并均匀回填、夯实				

续表

序号	项目	作业内容	控制要点及标准	检查结果	施工		监理
					作业负责人	质检员	
11	斜坡回填	斜坡回填	（1）当天然地面坡度大于20%，应采取防止压实填土可能沿坡面滑动的措施，并应避免雨水沿斜坡排泄。 （2）当压实填土阻碍原地表水畅通排泄时，应根据地形修筑雨水截水沟，或设置其他排水设施。 （3）当填土场地地面陡于1/5时，应先将斜坡挖成阶梯形，阶高0.2～0.3m，阶宽大于1m，然后分层填土，以利接合和防止滑动				
12	特殊土施工	特殊土回填	（1）湿陷性黄土：在满塘开挖的基坑内，宜设排水沟和集水井；基础施工完毕应及时用素土分层回填，夯实至散水垫层底，如设计无要求时，压实系数不宜小于0.93，并应形成排水坡度。 （2）膨胀土：使用弱膨胀土的回填区域，设计无要求时，边坡外缘或回填面层300～500mm范围应用透水性弱的非膨胀土外包。对于浅填区域（填高不足1m的区域）应挖去地表300～500mm的膨胀土，换填透水性弱的非膨胀土，并按设计要求压实。当使用机械回填时，应根据膨胀土自由膨胀率大小，选用工作质量适宜的碾压机具，虚铺厚度宜小于300mm；土块应击碎至粒径小于50mm				
13	冬期施工	回填土方	（1）回填每层铺料压实厚度应比常温施工时减少20%～25%。 （2）回填前应清除基底上的冰雪和保温材料；回填边坡表层1m以内，不得以冻土填筑。				

续表

序号	项目	作业内容	控制要点及标准	检查结果	施工		监理
					作业负责人	质检员	
13	冬期施工	回填土方	(3) 回填上层应用未冻的、不冻胀的或透水性好的填料填筑，其厚度应符合设计要求。 (4) 室外的基槽（坑）或管沟可采用含有冻土块的土回填，冻土块粒径不得大于150mm，含量不得超过15%，且应均匀分布。管沟底以上500mm范围内不得用含有冻土块的土回填。 (5) 室内的基槽（坑）或管沟不得采用含有冻土块的土回填，施工应连续进行并应夯实。当采用人工夯实时，每层铺土厚度不得超过200mm，夯实厚度宜为100～150mm				
14	薄弱部位施工	回填土方	(1) 针对管沟边、检查井边、基础边、地梁底部、电缆沟边、集中埋管处等部位，在回填前应进行相关孔洞、缝的隐蔽验收，同时在回填时应进行成品保护措施。 (2) 对于梁底回填，应参照管道两侧及底部的回填方式，采用人工挤压回填。 (3) 对于检查井边、电缆沟边、基础边，机械作用不到位的部位，需采取人工夯填方式回填。 (4) 对于集中管道处，预应在管道顶部及两侧100mm以内采用细沙回填，回填质量以用水冲刷不再下沉为宜				
15	回填后检验	★压实度检验	压实度检验应分层进行：一般情况下可采用环刀法、灌水法、灌砂法，当采用环刀法取样时，场地平整回填每层按400～900m^{2}取样一组，每层不少于1组，取样部位应在每层压实后的下半部。采用灌砂（或灌水）法取样时，取样数量可较环刀法适当减少，但每层不少于1组				

续表

序号	项目	作业内容	控制要点及标准	检查结果	施工		监理
					作业负责人	质检员	
16	标高测量	★水准仪测量	（1）应采用水准仪每 $400m^2$ 测 1 点，至少测 5 点。 （2）场坪：±50mm；其他：0～50mm				
17	表面平整度测量	★靠尺及塞尺测量	（1）应用 2m 靠尺和塞尺每 $400m^2$ 测 1 点，至少测 5 点。 （2）场坪：30mm；其他：20mm				
18	通病防治	回填区域沉降	（1）施工前制定完整的施工方案，特殊部位应加强处理。 （2）对参与土方施工的所有作业人员进行交底。 （3）严格过程控制，施工技术员应对薄弱环节、关键部分实施全程跟踪管理。 （4）不同回填区域，回填料及含水率必须满足要求。 （5）落实检测制度，不合格处返工处理				

十、 地下水池施工关键工序管控表、 工艺流程控制卡

（一）地下水池施工关键工序管控表

序号	阶段	管理内容	管控要点	管理资料	监理	业主
1	准备	施工图审查	（1）水池大小、容量、防水等级满足现场使用需求。 （2）水池预埋套管大小、位置应满足给水、排水管道安装要求。 （3）水池裂缝控制应满足规范要求。 （4）施工缝留设部位构造防水措施。 （5）迎水面钢筋保护层厚度满足规范要求。 （6）节点部位钢筋布置满足锚固要求	图纸预检记录、设计图纸交底纪要、施工图会检纪要		

续表

序号	阶段	管理内容	管控要点	管理资料	监理	业主
2	准备	方案审查	（1）预埋件、埋管的安装定位措施及固定方式满足要求。 （2）水池模板应具有足够的承载能力、刚度和稳定性，能可靠地承受浇筑混凝土的重量、侧压力以及施工荷载，配合计算书及受力图说明。 （3）水池水平施工缝距离底板顶部高度≥300mm，施工缝处理措施到位。 （4）水池内外防水施工措施应满足设计及规范要求。 （5）水池混凝土浇筑方式及顺序是否有利于质量保证。 （6）水池满水试验实施方案是否满足规范要求	方案审查记录、方案报审表、专项方案审查纪要		
3		实测实量	（1）实测实量实施方案通过审批。 （2）实测实量验收项目包含基建安质〔2021〕27号文件规定项目清单。 （3）实测实量仪器（全站仪、水准仪、靠尺、卷尺、回弹仪等）准备到位	实测实量实施方案、测试测量记录表		/
4		标准工艺实施	（1）执行《国家电网有限公司输变电工程标准工艺　变电工程土建分册》“主体结构工程—地下结构防水”要求。 （2）标准工艺方案通过审批	标准工艺方案、标准工艺应用记录		
5		人员交底	所有作业人员均完成技术交底并签字	人员培训交底记录		/
6		材料进场	（1）地下水池施工使用材料包括钢筋、混凝土、预埋套管、止水钢板或橡胶止水带、止水对拉螺杆、防水涂料、防水卷材。 （2）供应商资质文件（一般包括营业执照、生产许可证、产品/典型产品的检验报告、企业质量管理体系认证或产品质量认证证书等）齐全。	供应商报审表、原材进场报审表、试验检测报告		

续表

序号	阶段	管理内容	管控要点	管理资料	监理	业主
6	准备	材料进场	（3）材料质量证明文件（一般包括产品出厂合格证、检验、试验报告等）完整。 （4）复检报告合格（钢筋、混凝土、止水钢板或橡胶止水带、防水涂料、防水卷材，按有关规定进行取样送检，并在检验合格后报监理项目部查验）	供应商报审表、原材进场报审表、试验检测报告		
7	施工	钢筋工程	（1）钢筋已按要求见证取样（每种型号、每进场批次60t取一组）。 （2）开展钢筋隐蔽工程验收（①纵向受力钢筋的牌号、规格、数量、位置；②钢筋的连接方式、接头位置、接头质量、接头面积百分率、搭接长度、锚固方式及锚固长度；③箍筋、横向钢筋的牌号、规格、数量、间距、位置，箍筋弯钩的弯折角度及平直段长度；④预埋件的规格、数量和位置；⑤钢筋接头位置满足规范要求，钢筋保护层垫块设置合理，无贴模板钢筋）。 （3）止水钢板或橡胶止水带位置设置准确，固定牢固	见证取样记录、试验检测报告、钢筋工程验收记录		/
8	施工	模板安装	模板安装验收合格（模板拼缝严密，支撑体系牢固）	模板验收记录		/
9	施工	混凝土浇筑	（1）施工前钢筋模板验收合格并提交浇筑申请。 （2）混凝土配合比进行检查。 （3）监理单位进行旁站监理。 （4）浇筑过程中对混凝土进行试块制作见证（抗压试块每100m³取一组，抗渗试块每500m³取一组），坍落度检查（180±20mm）	浇筑申请单、浇筑施工记录、监理旁站记录、试块试压报告		/
10	施工	模板拆除	（1）模板拆除前混凝土强度满足拆模要求，拆模不造成混凝土磕碰，不缺棱掉角。 （2）拆模后进行实测实量检查，外观质量、表面平整度、垂直度、尺寸满足图纸要求	实测实量检查记录、混凝土养护记录、混凝土测温记录		/

续表

序号	阶段	管理内容	管控要点	管理资料	监理	业主
11	施工	防水工程	（1）水池满水试验通过，裂纹渗水部位已处理。 （2）对拉螺杆已切除并修补，表面缺陷已处理。 （3）水池内壁满刷防水涂料。 （4）防水卷材铺贴方向及方式、搭接宽度满足规范要求	防水涂料施工记录、卷材施工记录		/
12	验收	实体检测	钢筋间距、保护层厚度、混凝土强度	实体检测报告		/
13		实测实量	（1）水池混凝土面层平整度、垂直度。 （2）套管标高、水平位置。 （3）满水试验	实测实量记录		/
14		资料验收	各项验评资料、施工记录，归档资料齐全并签字盖章	验评记录、隐蔽验收记录、三级自检记录		

（二）地下水池施工工艺流程控制卡

序号	项目	作业内容	控制要点及标准	检查结果	施工		监理
					作业负责人	质检员	
1	方案的编写及交底	方案编写	（1）方案编制包含防水层及防水混凝土施工。 （2）方案编制包含模板安装拆除，预埋件安装。 （3）方案编制应包括施工顺序、施工平面图、施工进度计划				
		交底对象	所有作业人员				
		交底内容	工程概况与特点、作业程序、操作要领、注意事项、质量控制措施、质量通病、标准工艺、安全风险防控、应急预案等				

续表

序号	项目	作业内容	控制要点及标准	检查结果	施工		监理
					作业负责人	质检员	
2	控制点设置	控制点设置	以全站的测量方格网进行地下水池防水工程定位轴线及高程控制				
3	模板加工	模板加工验收	木模板在木工制作厂集中制作。模板应严格按配板图的要求制作，表面平整光滑、拼缝紧密、加固牢靠、尺寸准确，由运输车运到施工现场，进行分片组装，拼缝拼接使用15mm宽双面胶条，以保证拼缝严密平整。经验收合格后方可出场				
4	钢筋加工	钢筋加工验收	钢筋的品种、规格、成分应符合国家现行标准和设计规定，应具有生产厂的牌号、炉号、检验报告和合格证，并经复试（含见证取样）合格。钢筋不得有锈蚀、裂纹断伤和刻痕等缺陷				
5	防水混凝土原材料准备	水泥	（1）所用水泥强度等级应与混凝土设计强度等级相适应。 （2）采用同一厂家、同一品种、同一强度的普通硅酸盐水泥				
		碎石	（1）宜选用坚固耐久、粒形良好的洁净石子，连续级配，不得使用碱活性骨料。 （2）粒径宜为5～25mm，石子的针片状含量≤15%，含泥量≤1.0%，泥块含量＜0.5%				
		砂	（1）宜选用坚硬、抗风化性强、洁净的中粗砂，不宜使用海砂。 （2）细度模数＞2.3，砂含泥量＜3.0%，泥块含量＜1.0%				
		外加剂及掺合料	（1）工程选用的矿物掺合料及外加剂品种、用量应经试配确定。 （2）选用粉煤灰时，不低于Ⅱ级，烧失量不应大于5%				

续表

序号	项目	作业内容	控制要点及标准	检查结果	施工		监理
					作业负责人	质检员	
6	试配准备	★确定防水抗渗等级	（1）应按照设计要求进行试配，确定混凝土防水抗渗等级。 （2）试配要求的抗渗水压值应比设计值提高0.2MPa				
		外加剂	（1）应按照混凝土原材料试验结果确定外加剂型号和用量。 （2）应对所用外加剂进行试验（不可使用含氯盐的外加剂）				
		耐久性	（1）应考虑工程所处环境，根据抗碳化、抗冻害、抗硫酸盐、抗盐害和抑制碱骨料反应等对混凝土耐久性产生影响的因素，进行配合比设计。 （2）满足耐久性要求（涉及寒带地区可按规程要求掺入适当的防冻早强剂）				
		掺合料	配制防水混凝土时，应采用矿物掺合料。Ⅱ级粉煤灰掺量（为胶凝材料总量的20%～30%）				
7	参数配比验收	混凝土配比参数	（1）混凝土水胶比≤0.45。 （2）商用混凝土坍落度：120～160mm。 （3）经时坍落度损失：每小时损失值不应大于20mm，总损失值不应大于40mm。 （4）初凝时间6～8h				

续表

序号	项目	作业内容	控制要点及标准	检查结果	施工		监理
					作业负责人	质检员	
8	混凝土施工检查	★模板工程	水池模板支护固定方式通常采用对拉止水螺杆，在模板拆除后应及时对螺杆进行防腐、保护。外漏螺杆剔除并刷防腐漆，再用成品防水砂浆封堵				
		防水混凝土结构检查	防水混凝土结构厚度应满足设计要求，并不得小于250mm，其允许偏差应为+8mm、−5mm				
			主体结构迎水面钢筋保护层厚度不应小于50mm，其允许偏差应为±5mm				
		振捣检查	混凝土布料与振捣需同步，避免振捣棒直接与钢筋和模板接触。振捣棒各插点的间距不得大于振捣半径的1.5倍，回振时间间隔1h左右。穿墙套管底部必须灌满混凝土且密实				
		混凝土施工缝	（1）防水混凝土应连续浇筑，宜少留置施工缝。当需留置施工缝时，底板、顶板不宜留施工缝，底拱、顶拱不宜留纵向施工缝。墙体不应留垂直施工缝。水平施工缝不应留在剪力与弯矩最大处或底板与侧墙交接处，应留在高出底板表面不小于300mm的墙体上。当墙体有孔洞时，施工缝距孔洞边缘不应小于300mm。拱墙结合的水平施工缝，宜留在拱（板）墙接缝线以下150～300mm处，先拱后墙的施工缝可留在起拱线处，但必须注意加强防水措施。缝的迎水面采取外贴防水止水带、外涂抹防水涂料和砂浆等做法。承受动力作用的设备基础不应留置施工缝。				

续表

序号	项目	作业内容	控制要点及标准	检查结果	施工		监理
					作业负责人	质检员	
8	混凝土施工检查	混凝土施工缝	（2）已浇筑的混凝土，其抗压强度不应小于1.2MPa；在已硬化的混凝土表面上，应清除水泥薄膜和松动石子以及软弱混凝土层，并进行充分湿润和冲洗干净，且不得积水。即要做到：去掉乳皮，微露粗砂，表面粗糙；浇筑前，水平施工缝宜先铺上10～15mm厚的一层水泥砂浆，其配合比与混凝土内的砂浆成分相同				
		后浇带防水设置	（1）后浇带两侧的接缝表面应清理干净，后浇带应采用补偿收缩混凝土浇筑，其抗渗和抗压强度等级不应低于两侧混凝土。 （2）后浇混凝土的浇筑时间应符合设计要求。后浇带混凝土应一次浇筑，间隔时间应根据现场情况来确定，不得少于14天				
		★穿墙管、埋设件设置	（1）套管内表面应清理干净，穿墙管与套管之间应用密封材料和橡胶密封圈进行密封处理，密封材料嵌填应密实、连续、饱满。穿墙管的套管与止水环及翼环应连续满焊，并做好防腐处理。 （2）埋设件应位置准确，固定牢靠，埋设件应进行防腐处理。埋设件端部或预留孔、槽底部的混凝土厚度不得小于250mm，当混凝土厚度小于250mm时，应局部加厚或采取其他防水措施				
		★止水钢板的设置	止水钢板位置设置准确，固定牢靠。应设置在底板300～500mm。搭接长度不宜小于100mm，采用双面满焊				

续表

序号	项目	作业内容	控制要点及标准	检查结果	施工		监理
					作业负责人	质检员	
8	混凝土施工检查	★橡胶止水带的设置	（1）防止混凝土内的材料尖角对止水带造成破坏，在止水带定位和混凝土浇捣过程中，应注意定位方法和浇捣压力，以免止水带被刺破，影响止水效果。 （2）止水带不得长时间露天暴晒，防止雨淋，勿与污染性强的化学物质接触。 （3）施工过程中，止水带必须可靠固定，避免在浇筑过程时发生位移，保证止水带在混凝土中的正确位置；利用附加钢筋固定、专用卡具固定、铅丝和模板固定等。 （4）在定位橡胶止水带时，一定要使其界面部位保持平衡，更不能让止水带翻滚、扭结。 （5）混凝土振捣时必须充分振捣，避免止水带和混凝土结合不良，影响止水效果				
		★卷材防水层施工	基层施工： （1）池体第一次满水试验完成并合格，表面质量缺陷已修补完成。 （2）裂缝及渗漏水部位等缺陷已处理完成。 （3）模板拉杆已割除，并已修补。 （4）混凝土表面尖锐部位已打磨或清除、基层表面平整度已满足规范要求。 （5）基层应干净、干燥，并涂刷基层处理剂，含水率应小于9%				

续表

序号	项目	作业内容	控制要点及标准	检查结果	施工		监理
					作业负责人	质检员	
8	混凝土施工检查	★卷材防水层施工	铺贴施工： （1）铺贴方法应与施工方案一致，结构底板垫层部位采用空铺法或点粘法，侧墙及顶板采用满粘法。 （2）粘贴要均匀，不可漏熔或漏涂，应有少量多余的热熔沥青或冷粘剂，挤出并形成条状。 （3）卷材接缝搭接长边接缝为100mm，短边为120mm。相邻短边接缝应错开1m以上，水平转角处（墙面与墙面或墙面与地面的夹角）与接缝距转角距离大于0.3m，附加层接缝必须与防水层接缝错开0.3m以上。地下防水中接缝应置于距转角0.6m以上。采用盖条方式，盖条宽度为100mm；外墙底层±0标高覆土部位应做防水加强处理，防水层上口高出覆土面不小于200mm				
		★内墙防水涂料施工	（1）基面进行打磨处理，确保基面坚固、洁净、平整、无粉尘、无油渍、无脱模剂等。 （2）施工时用毛刷或滚刷粘上灰浆，向饱水后的基面上涂刷，4～8h涂刷第二遍。 （3）施工后的防水层待其表面干燥后，应进行洒水或喷雾养护，养护时间不低于48h。 （4）防水涂料干涸后，不应出现空鼓、起皮、气泡等现象				
9	水池检查验收	轴线位移检查	水池侧壁≤5mm				
		截面尺寸检查	水池侧壁≤±3mm				
		标高检查	水池顶面≤±5mm				

续表

序号	项目	作业内容	控制要点及标准	检查结果	施工		监理
					作业负责人	质检员	
9	水池检查验收	外观检查	外观平整光滑、色泽一致，不得有蜂窝、麻面，不得有明显裂缝				
		结构检查	防水混凝土结构的施工缝、变形缝、后浇带、穿墙管、埋设件等设置和构造				
		防水层	确保防水面无鼓泡、皱褶、脱落和大的起壳现象，做到平整、美观				
		交接面、细部节点	交接面部位做防水加强处理				
		★水池满水（闭水）试验	（1）在蓄水时要确保底板和侧壁间的施工缝无明显侧漏。向水池内分3次注水，每次注水深度不宜超过设计深度的1/3。 （2）无盖的水池，满水试验的蒸发量按国家标准GB 50141—2008《给水排水构筑物工程施工及验收规范》的相关规定进行。 （3）检查底板和侧壁间的施工缝无明显侧漏。注水时水位上升速度不宜超过2m/d。 （4）相邻两次注水间隔时间不小于24h。止水至设计深度后，获得水位初读数，获得初读数与末读数间隔时间不超24h。 （5）满水试验完成后，如没有渗水现象，应满足钢筋混凝土水池渗水标准：每天$2L/m^2d$				

续表

序号	项目	作业内容	控制要点及标准	检查结果	施工		监理
					作业负责人	质检员	
10	通病防治	止水钢板或柔性止水带设置比例不规范	注意止水钢板的搭接以及设置位置，应设置在底板顶标高300～500mm处。搭接长度不宜小于100mm，采用双面满焊				
		水池底板与墙体接缝处防水铺贴不密实	水池底板与墙体的施工缝应先清理干净再填充密封材料，最后采用防水卷材补贴，水池内外均要考虑。同时防水卷材上端延伸至墙体大于300mm				
		水池内外混凝土墙面有灰尘导致防水卷材铺贴存在结构性空鼓、胶体涂刷不到位或卷材搭接不规范	混凝土墙体界面的处理干净、整洁、无灰尘，表面均匀、满刷防水粘结剂				
		穿墙套管或埋件封堵填充不密实	密封材料嵌填应密实、连续、饱满，粘结牢固				
		水池施工缝处渗漏水	施工缝留设位置正确，缝内的杂物及时清除并凿毛清理干净，板墙高度大于2m时使用溜槽等防止混凝土离析，细致振捣，避免过振和漏振，确保施工缝处不渗水、漏水				

十一、搬运轨道及广场施工关键工序管控表、工艺流程控制卡

（一）搬运轨道及广场施工关键工序管控表

序号	阶段	管理内容	管控要点	管理资料	监理	业主
1	准备	施工图审查	（1）运输轨道钢轨材质不差于 QU80。 （2）合理规划换流变压器广场区域布置，应尽量减少换流变压器广场上牵引环、雨水井、排油井的数量，事故油池等设施不应放置在广场区域。 （3）搬运轨道基础埋件、埋管的规格大小、数量满足后续轨道及电气施工要求。 （4）合理确定换流变压器广场的坡度，既要满足换流变压器安装、检修要求，又要能及时排掉场地的雨水。 （5）考虑地基承载力，场地发生不均匀沉降导致混凝土广场裂缝，合理设置换流变压器广场伸缩缝，兼顾广场观感和防开裂要求	图纸预检记录、设计图纸交底纪要、施工图会检纪要		
2		方案审查	（1）大体积混凝土施工工艺符合标准工艺要求。 （2）预埋件安装定位措施及固定方式满足要求。 （3）大体积混凝土模板应具有足够的承载能力、刚度和稳定性，能可靠地承受浇筑混凝土的重量、侧压力以及施工荷载，配合计算书及图片说明。 （4）钢轨道安装有专项措施，满足轴线、标高精度要求。 （5）混凝土广场面层切缝排版合理，养护措施满足要求。 （6）大体积防裂措施是否到位及测温方案是否合理。 （7）轨道焊接时，预防焊缝及母材裂缝措施	方案审查记录、方案报审表、专项方案审查纪要		
3		实测实量	（1）实测实量实施方案通过审批。 （2）实测实量验收项目包含基建安质〔2021〕27 号文件规定项目清单。 （3）实测实量仪器（全站仪、水准仪、靠尺、卷尺、回弹仪等）准备到位	实测实量实施方案、测试测量记录表		/

续表

序号	阶段	管理内容	管控要点	管理资料	监理	业主
4	准备	标准工艺实施	（1）执行《国家电网有限公司输变电工程标准工艺　变电工程电气分册》“室外工程—混凝土广场”要求。 （2）标准工艺方案通过审批	标准工艺方案、标准工艺应用记录		
5		人员交底	所有作业人员均完成技术交底并签字	人员培训交底记录		/
6		材料进场	（1）搬运轨道及广场施工使用材料包括钢轨道、钢筋、混凝土、预埋件、防腐涂料、镀锌埋管、灌浆料、打胶材料。 （2）供应商资质文件（一般包括营业执照、生产许可证、产品/典型产品的检验报告、企业质量管理体系认证或产品质量认证证书等）齐全。 （3）材料质量证明文件（一般包括产品出厂合格证、检验、试验报告等）完整。 （4）复检报告合格（钢筋、混凝土、预埋件、防腐涂料、灌浆料，按有关规定进行取样送检，并在检验合格后报监理项目部查验）	供应商报审表、原材进场报审表、试验检测报告		
7		样板确认	（1）样板制作符合标准工艺要求。 （2）混凝土广场面层颜色均匀，无气孔裂纹，平整度达标。 （3）广场切缝顺直，打胶饱满美观	样板确认清单		
8	施工	钢筋工程	（1）钢筋已按要求见证取样（每种型号、每进场批次60t取一组）。 （2）直螺纹接头已按要求取样（每种型号500个接头取一组）。 （3）开展钢筋隐蔽工程验收：①纵向受力钢筋的牌号、规格、数量、位置；②钢筋的连接方式、接头位置、接头质量、接头面积百分率、搭接长度、锚固方式及锚固长度；③箍筋、横向钢筋的牌号、规格、数量、间距、位置，箍筋弯钩的弯折角度及平直段长度；④预埋件的规格、数量和位置；⑤钢筋接头位置满足规范要求，钢筋保护层垫块设置合理，无贴模板钢筋	见证取样记录、试验检测报告、钢筋工程验收记录		/

续表

序号	阶段	管理内容	管控要点	管理资料	监理	业主
9	施工	模板安装	模板安装验收合格（模板拼缝严密，支撑体系牢固）	模板验收记录		/
10		混凝土浇筑	（1）施工前钢筋模板验收合格并提交浇筑申请。 （2）混凝土配合比检查。 （3）监理进行监理旁站。 （4）浇筑过程中对混凝土进行试块制作见证（轨道基础每次至少 10 组；广场每 100m³ 取一组），坍落度检查（180mm±20mm）	浇筑申请单、浇筑施工记录、监理旁站记录、试块试压报告		/
11		模板拆除	（1）模板拆除前混凝土强度满足拆模要求，拆模不造成混凝土磕碰，不缺棱掉角。 （2）拆模后进行实测实量检查，外观质量、表面平整度、垂直度、尺寸满足图纸要求。 （3）混凝土保温保湿养护按要求执行	实测实量检查记录、混凝土养护记录、混凝土测温记录		/
12		轨道安装	（1）轨道安装前预埋件标高验收通过，问题部位已处理。 （2）轨道安装轴线、标高、间距满足要求。 （3）轨道焊接、接地跨接、防腐处理到位。 （4）轨道底部灌浆密实。 （5）轨道外侧角钢安装到位，并有防止车轮碰坏的相应措施	轨道安装施工记录		/
13		切缝打胶	（1）广场面层切缝安排版图执行，深度宽度满足需求。 （2）切缝处、伸缩缝处等部位打胶饱满顺直	广场面层施工记录		/
14	验收	实体检测	钢筋间距、保护层厚度、混凝土强度	实体检测报告		/
15		实测实量	（1）广场面层平整度。 （2）轨道安装轴线、标高、垂直度	实测实量记录		/
16		资料验收	各项验评资料、施工记录，归档资料齐全并签字盖章	验评记录、隐蔽验收记录、三级自检记录		

（二）搬运轨道及广场施工工艺流程控制卡

序号	项目	作业内容	控制要点及标准	检查结果	施工		监理
					作业负责人	质检员	
1	方案的编写及交底	方案编写	（1）方案编制包含大体积混凝土施工。 （2）方案编制包含钢轨安装。 （3）方案编制包含广场地面施工。 （4）方案编制包括施工顺序、施工平面图、施工进度计划、搬运轨道后浇带设置、钢轨排版图与广场地面切缝排版图				
		方案交底对象	所有作业人员				
		交底内容	主要交底内容为：工程概况与特点、作业程序、操作要领、注意事项、质量控制措施、质量通病、标准工艺、安全风险防控、应急预案等				
2	控制点设置	控制点设置	以全站的测量方格网进行钢轨测量定位轴线及高程控制				
3	混凝土配合比	大体积混凝土配合比检查	3天水化热不宜大于250kJ/kg，7天水化热不宜大于280kJ/kg；当选用52.5强度等级水泥时，7天水化热宜小于300kJ/kg；水泥在搅拌站的入机温度不宜高于60℃				
4	大体积混凝土原材准备	水泥	所用水泥强度等级应与混凝土设计强度等级相适应，宜采用普通硅酸盐低热水泥（同一厂家、同一品种、同一强度）				
		粗骨料	（1）应质地坚硬、清洁、级配良好、空隙率较小、热膨胀系数小。 （2）粒径5～31.5mm，石子的针片状含量≤15%，含泥量≤1.0%，泥块含量<0.5%				

续表

序号	项目	作业内容	控制要点及标准	检查结果	施工		监理
					作业负责人	质检员	
4	大体积混凝土原材准备	细骨料	（1）采用中、粗砂，质量应符合相关标准。 （2）细度模数≥2.3，砂含泥量＜3.0%，泥块含量＜1.0%				
		掺合料	粉煤灰选用磨细低钙粉煤灰优质灰，Ⅱ级粉煤灰				
5	机械检查	锯床	（1）液压传动系统检查正常。 （2）润滑系统检查正常。 （3）锯条传动系统检查正常。 （4）锯梁升降系统检查正常				
6	钢轨检查	质量证明文件	检查钢轨质量证明文件				
		变形检查	目测检查钢轨是否变形				
7	预埋件检查	常规检查	预埋件到场后见证取样，埋件 T 形焊质量。试件的钢筋长度≥200mm，钢板的长度和宽度均应≥60mm				
		埋件平整度检查	边长偏差－3mm，锚筋长度偏差±5mm，排气孔直径及中心线偏差±3mm，T 形焊焊缝表面不得有气孔、夹渣及肉眼可见的裂缝				
		见证取样复试	以 300 件同类型预埋件作为一批。一周内连续焊接时，可累计计算。当不足 300 件时，亦应按一批计算。每批预埋件中随机切取 3 个接头做拉伸试验				

续表

序号	项目	作业内容	控制要点及标准	检查结果	施工		监理
					作业负责人	质检员	
8	钢筋到场验收	钢筋取样送检： 第一批____t，取样____根； 第二批____t，取样____根； 第三批____t，取样____根	（1）钢筋的进场检验应按照规定的组批规则、取样数量和方法进行检验，检验结果应符合现行国家标准GB 1499—2017《钢筋混凝土用钢 第1部分：热轧光圆钢筋》、GB 1499—2018《钢筋混凝土用钢 第2部分：热轧带肋钢筋》有关要求。 （2）一般钢筋检验断后伸长率即可，牌号带E的钢筋检验最大力下的总伸长率。钢筋的质量证明文件主要为产品合格证和出厂检验报告				
9	样板施工	样板确认	广场面层施工平整度、排水坡度、表面观感质量				
10	混凝土作业	大体积施工	（1）大体积混凝土模板支撑应经过承载力、稳定性、刚度验算。 （2）混凝土浇筑应分层浇筑，分层厚度不大于300～500mm。 （3）大体积混凝土采用保温保湿养护，混凝土中心温度和混凝土表面温度不应大于25℃，表面与外界温差不大于20℃，14d养护				
11	埋件安装	★埋件平整度	（1）埋件平整度≤3mm，施工单位100%全检。 （2）相邻埋件高差≤2mm，施工单位100%全检				
		★埋件轴线位移	埋件轴线位移偏差≤2mm，施工单位100%全检				

续表

序号	项目	作业内容	控制要点及标准	检查结果	施工		监理
					作业负责人	质检员	
12	钢轨安装	★钢轨标高控制	钢轨安装就位后利用垫板将钢轨垫至设计标高，并焊接牢固，标高偏差±2mm；100%全检				
		★钢轨轴线位移控制	（1）轨道轴线≤2mm；100%全检。 （2）钢轨对接间距≤2mm；100%全检				
		★两轨之间标高位移控制	（1）轨道两钢轨间标高≤1mm；100%全检。 （2）轨道两钢轨间净距≤2mm；100%全检				
		两轨之间跨接处理	相邻两根钢轨之间接地采用跨接，焊接接地扁铁，100%全检				
		防腐	钢轨与埋件焊接处、接地跨接焊接处焊口防腐刷丹红底漆；涂刷前清除焊渣。100%全检				
		★钢轨交接处理	钢轨交叉处切45°，轨道与轨道间距6mm控制。100%全检				
13	焊接	轨道焊接	焊缝高度、焊条与母材匹配				
14	灌浆	★钢轨底部灌浆	采用灌浆料使钢轨底部密实，100%全检。灌浆料见证取样				
15	混凝土作业	★标高控制	标高控制点应密集，控制点间距不得超出刮杠的宽度；振捣和人员走动时不得触碰标高控制点，混凝土完成面≤2m；平整度≤3mm				
		收面压光	随浇随振捣，初凝前使用工具找平，初凝后使用机械压出水泥浆磨平砂眼等坑洼处，在水泥终凝前使用机械压光，通常压光2遍以上，直至反光为止				

续表

序号	项目	作业内容	控制要点及标准	检查结果	施工		监理
					作业负责人	质检员	
15	混凝土作业	★交界面处理	(1) 钢轨侧混凝土面标高控制：距钢轨30cm范围内，向钢轨侧做相应坡度，使其低于钢轨6mm。100%全检。 (2) 广场面层与基础、钢轨、角钢之间使用油毡隔离				
		基础、洞口边缘处理	广场地面与防火墙、端子箱基础、井口周边使用10mm聚苯板隔离，后续打胶处理，同时在防火墙阴阳角、井周围混凝土易开裂位置增加抗裂钢筋				
		钢筋网片排版	提前根据切缝大小绑扎钢筋网片，在切缝与伸缩缝处钢筋完全断开				
		★坍落度控制	混凝土现场坍落度110～140mm，现场随机抽检				
16	养护	保温保湿养护	混凝土面层终凝后进行喷雾养护，并覆盖保温材料				
		养护时间	混凝土终凝后立即保温保湿养护，7天养护				
17	切缝	切缝	(1) 切缝前按照排版图在地面弹线切割。 (2) 混凝土终凝后以不崩边、不出现裂缝为准，尽量靠前切割。 (3) 保持切缝顺直美观				
18	打胶	清理	打胶前清理干净切缝内杂物				
		美纹纸粘贴	在切缝两边粘贴美纹纸，保证顺直				
		样板制作	先做样板，确认后再大面积施工				
19	混凝土尺寸测量	★混凝土结构尺寸	标高偏差≤±5mm，表面平整度偏差≤3mm				
		混凝土外观尺寸	颜色基本一致、无明显色差；无气泡、起砂				
		广场面平整度	广场面排水坡度正确，无积水				

续表

序号	项目	作业内容	控制要点及标准	检查结果	施工		监理
					作业负责人	质检员	
20	钢轨检测	★钢轨顺直度	钢轨轴线位移≤2mm				
		★钢轨平整度	钢轨平整度偏差≤2mm，两轨之间平整度偏差≤1mm				
21	通病防治	大体积混凝土开裂	（1）控制混凝土水化热。 （2）混凝土浇筑完成后及时做好保温保湿养护				
22		表面不平整	（1）标高控制点应密集，灰饼或冲筋控制点间距不得超出刮杠的宽度；振捣和人员走动时不得触碰标高控制点。 （2）混凝土完成面≤2m；平整度≤3mm，收面过程中采用水准仪和刮杠二次细部找平。 （3）区域之间中间找坡，坡向钢轨凹槽与油坑				
23		面层开裂	（1）2～3d 后及时切缝，切缝宽度不大于 6m。 （2）与基础、洞口周边隔离并增加抗裂网。 （3）钢轨、角钢之间使用油毡完全隔离。 （4）墙根及基础边缘处切缝使用手持切割机				
24		埋件安装不平整	埋件加固措施具备可操作性，且能保证浇筑过程中埋件不变形				
25		钢轨安装不平整	钢轨安装标高应保持高度一致，埋件有问题处使用垫板焊接				
26		钢轨底部灌浆不实	（1）灌浆时在钢轨两侧支设模板。 （2）灌浆料流动性控制				
27		切缝不顺直	切缝前按照排版图弹线，专业人士操作，切缝设备可调节				
28		切缝宽度不一致	切缝前宽度保持一致				

十二、防火墙施工关键工序管控表、工艺流程控制卡

（一）防火墙施工关键工序管控表

序号	阶段	管理内容	管控要点	管理资料	监理	业主
1	准备	施工图审查	（1）阀厅纵向钢筋混凝土墙较长，应按要求设置后浇带。 （2）换流变压器防火墙的沉降观测设置是否合理。 （3）消防管道、电气埋管在防火墙上的路径、固定方式。 （4）设计应明确防火墙混凝土保护液涂刷部位及质量要求。 （5）防火墙上埋件、埋管、开孔的规格大小、数量、位置满足后续电气施工要求	图纸预检记录、设计图纸交底纪要、施工图会检纪要		
2	准备	方案审查	（1）清水混凝土施工工艺符合标准工艺要求。 （2）预埋件、埋管的安装定位措施及固定方式满足要求。 （3）钢模板的排版设计，选用的模板应具有足够的承载能力、刚度和稳定性，能可靠地承受浇筑混凝土的重量、侧压力以及施工荷载，配合计算书及图片说明。 （4）明确模板制作、加工、存放、维护的要求，主要技术参数及质量标准。 （5）详细说明不同部位的模板的安装拆除顺序及技术要点。 （6）施工缝留设位置是否合理及施工缝处理是否满足清水混凝土要求。 （7）后浇带的处理方案。 （8）混凝土养护措施是否合理	方案审查记录、方案报审表、专项方案审查纪要		
3	准备	实测实量	（1）实测实量实施方案通过审批。 （2）实测实量验收项目包含基建安质〔2021〕27号文件规定项目清单。 （3）实测实量仪器（全站仪、水准仪、靠尺、卷尺、回弹仪等）准备到位	实测实量实施方案、测试测量记录表		/

续表

序号	阶段	管理内容	管控要点	管理资料	监理	业主
4	准备	标准工艺实施	（1）执行《国家电网有限公司输变电工程标准工艺　变电工程电气分册》“室外工程—现浇混凝土防火墙”要求。 （2）标准工艺方案通过审批	标准工艺方案、标准工艺应用记录		
5	准备	人员交底	所有作业人员均完成技术交底并签字	人员培训交底记录		/
6	准备	材料进场	（1）防火墙施工使用材料包括钢模板、钢筋、混凝土、预埋件、防腐涂料、镀锌埋管、保护液。 （2）供应商资质文件（一般包括营业执照、生产许可证、产品/典型产品的检验报告、企业质量管理体系认证或产品质量认证证书等）齐全。 （3）材料质量证明文件（一般包括产品出厂合格证、检验、试验报告等）完整。 （4）复检报告合格（钢筋、混凝土、预埋件、防腐涂料，按有关规定进行取样送检，并在检验合格后报监理项目部查验）	供应商报审表、原材进场报审表、试验检测报告		
7	准备	样板确认	（1）样板制作符合标准工艺要求。 （2）保护液涂刷均匀颜色一致	样板确认清单		
8	施工	钢筋工程	（1）钢筋已按要求见证取样（每种型号、每进场批次60t取一组）。 （2）直螺纹接头已按要求取样（每种型号500个接头取一组）。 （3）开展钢筋隐蔽工程验收：①纵向受力钢筋的牌号、规格、数量、位置；②钢筋的连接方式、接头位置、接头质量、接头面积百分率、搭接长度、锚固方式及锚固长度；③箍筋、横向钢筋的牌号、规格、数量、间距、位置，箍筋弯钩的弯折角度及平直段长度；④预埋件的规格、数量和位置；⑤钢筋接头位置满足规范要求，钢筋保护层垫块设置合理，无贴模板钢筋	见证取样记录、试验检测报告、钢筋工程验收记录		/

续表

序号	阶段	管理内容	管控要点	管理资料	监理	业主
9	施工	模板安装	（1）模板预拼装并验收（模板接缝平整、清理干净并涂刷脱模剂）。 （2）模板安装验收合格（单块垂直度偏差小于 H/1000mm，整体垂直度偏差小于 30mm 要求，模板拼缝严密）	模板验收记录		/
10		混凝土浇筑	（1）施工前钢筋模板验收合格并提交浇筑申请。 （2）混凝土配合比检查。 （3）监理单位进行监理旁站。 （4）浇筑过程中对混凝土进行试块制作见证（每 100m^3 取一组），坍落度检查（180mm±20mm）	浇筑申请单、浇筑施工记录、监理旁站记录、试块试压报告		/
11		模板拆除	（1）模板拆除前混凝土强度满足拆模要求，拆模不造成混凝土磕碰，不缺棱掉角。 （2）模板拆除后堆放指定位置，专人负责表面清理。 （3）拆模后进行实测实量检查，外观质量、表面平整度、垂直度、尺寸满足图纸要求。 （4）混凝土养护按要求执行	实测实量检查记录、混凝土养护记录		/
12		保护液施工	（1）混凝土基层缺陷已处理。 （2）与样板施工工艺及颜色一致	保护液施工记录		/
13	验收	实体检测	钢筋间距、保护层厚度、混凝土强度	实体检测报告		/
14		实测实量	防火墙垂直度、平整度、厚度	实测实量记录		/
15		资料验收	各项验评资料、施工记录，归档资料齐全并签字盖章	验评记录、隐蔽验收记录、三级自检记录		

（二）防火墙施工工艺流程控制卡

<table>
<tr><th rowspan="2">序号</th><th rowspan="2">项目</th><th rowspan="2">作业内容</th><th rowspan="2">控制要点及标准</th><th rowspan="2">检查结果</th><th colspan="2">施工</th><th rowspan="2">监理</th></tr>
<tr><th>作业负责人</th><th>质检员</th></tr>
<tr><td rowspan="3">1</td><td rowspan="3">方案的编写及交底</td><td>方案编写</td><td>（1）方案编制包含清水混凝土施工。
（2）方案编制包含模板安装拆除，预埋件安装。
（3）方案编制应包括施工顺序、施工平面图、施工进度计划、钢模板排版图</td><td></td><td></td><td></td><td></td></tr>
<tr><td>交底对象</td><td>所有作业人员</td><td></td><td></td><td></td><td></td></tr>
<tr><td>交底内容</td><td>工程概况与特点、作业程序、操作要领、注意事项、质量控制措施、质量通病、标准工艺、安全风险防控、应急预案等</td><td></td><td></td><td></td><td></td></tr>
<tr><td>2</td><td>控制点设置</td><td>控制点设置</td><td>以全站的测量方格网进行防火墙定位轴线及高程控制</td><td></td><td></td><td></td><td></td></tr>
<tr><td>3</td><td rowspan="3">钢模板排版设计</td><td>面板规格</td><td>模板面板宜选用6mm厚热轧板，单片面板规格为2500mm×3000mm，少量特种规格按实际尺寸裁割</td><td></td><td></td><td></td><td></td></tr>
<tr><td>4</td><td>龙骨规格</td><td>模板内龙骨宜选用纵肋和边框为8号槽钢@300mm，背肋为双14号槽钢@500mm</td><td></td><td></td><td></td><td></td></tr>
<tr><td>5</td><td>对拉螺栓</td><td>（1）端头处设制中间带有直线段的调节孔，供对拉螺栓通过，水平间距宜为@500mm。
（2）对拉螺栓采用ϕ20HPB235级成品对拉螺杆，水平间距同外龙骨，垂直最大间距为2500mm</td><td></td><td></td><td></td><td></td></tr>
<tr><td>6</td><td rowspan="2">钢模板加工</td><td>模板加工验收</td><td>（1）模板的切割采用等离子切割，进料时匀速，以提高切割精度。
（2）切割后的面板表面洁净、边缘顺直、面层平整。
（3）为减少焊接产生的变形，模板采用冷板制作</td><td></td><td></td><td></td><td></td></tr>
<tr><td>7</td><td>模板编号</td><td>模板制作加工完毕，对组拼件或散件按翻样图使用部位进行编号</td><td></td><td></td><td></td><td></td></tr>
</table>

续表

序号	项目	作业内容	控制要点及标准	检查结果	施工		监理
					作业负责人	质检员	
8	钢模板到场检查	钢模板尺寸检查	（1）检查钢模板尺寸是否符合图纸设计要求。 （2）检查钢模板是否方正，对角拉线偏差不超过3mm				
		焊口检测	检查钢模板焊口是否满足要求，有足够的刚度，焊缝高度6mm				
		钢板厚度检查	检查钢模板厚度是否符合图纸设计				
		线槽检查	检查钢线槽螺栓孔大小及间距				
		划痕检查	检查钢模板表面是否有划痕				
		模板平整度检查	靠尺检查钢模板表面平整度，偏差不超过2mm				
9	清水混凝土原材准备	水泥	（1）所用水泥强度等级应与混凝土设计强度等级相适应。 （2）采用同一厂家、同一品种、同一强度的普通硅酸盐水泥				
		碎石	（1）粗骨料应采用连续料级，颜色均匀，表面洁净，符合JGJ 169—2009《清水混凝土应用技术规程》中表5.2.3.1的规定。 （2）粒径5～25mm，石子的针片状含量≤15%，含泥量≤1.0%，泥块含量<0.5%				
		砂	（1）细骨料采用中、粗砂，质量应符合JGJ 169—2009中表5.2.3.2的规定。 （2）细度模数≥2.3，砂含泥量<3.0%，泥块含量<1.0%				
		外加剂	掺和料用粉煤灰选用磨细低钙粉煤灰优质灰，Ⅱ级粉煤灰				

续表

序号	项目	作业内容	控制要点及标准	检查结果	施工		监理
					作业负责人	质检员	
10	混凝土试配准备	混凝土配合比原材	清水混凝土配合比设计应符合国家现行标准 GB 50204—2015，JGJ 169 的规定				
		试配颜色	应按照设计要求进行试配，确定混凝土表面颜色				
		外加剂	应按照混凝土原材料试验结果确定外加剂型号和用量				
11		耐久性	应考虑工程所处环境，根据抗碳化、抗冻害、抗硫酸盐、抗盐害和抑制碱骨料反应等对混凝土耐久性产生影响的因素进行配合比设计				
12		掺合料	配制清水混凝土时，应采用矿物掺合料，Ⅱ级粉煤灰				
13	参数配比验收	混凝土配比参数	（1）混凝土水胶比≤0.45。 （2）坍落度 160mm±20mm。 （3）90min 的坍落度损失值宜小于 30mm/h。 （4）初凝时间 2.5～3h（到现场后）				
14	现场预拼装	钢模板预拼装	（1）在平地搭设好拼装平台，需稳固、平整。拼缝≤0.8mm。 （2）拼装时拉好横向、竖向控制线。高低差≤0.5mm				
15	样板施工	样板施工	（1）选择一块场地作为样板区域。 （2）样板必须生根坐落在基础上，保证样板有足够的防倾倒能力				
		清水混凝土样板确认	样板最终要经过实测实量，裂缝宽度<0.2mm，表面平整度偏差≤4mm，阴阳角偏差≤4mm，垂直度偏差 $H/1000$，且不大于 30mm；清水混凝土颜色与方案一致				
		保护液样板确认	样板最终面层涂保护液，分层施工样板展示				

续表

序号	项目	作业内容	控制要点及标准	检查结果	施工		监理
					作业负责人	质检员	
16	钢筋安装	机械连接检查	全数检查钢筋机械接头，按JGJ 107—2016《钢筋机械连接技术规程》、JGJ 18—2012《钢筋焊接及验收规程》的规定确定				
17		接头取样	（1）接头试件应现场截取。 （2）检查钢筋接头100%全检。 （3）接头的现场检验按验收批次进行，同一施工条件下采用同一批材料的同等级、同型式、同规格的接头，每500个为一验收批，不足500个接头也按一验收批计。每批随机切取3个试件进行拉伸试验，长度500mm，对于A级接头，另取2条钢筋作为母材抗拉试验				
18		钢筋隐蔽检查	检查钢筋数量、规格、型号，确保按图施工。纵向受力钢筋的锚固方式和锚固长度应符合设计要求。允许负偏差不大于20mm。100%全检				
19		钢筋绑扎	钢筋绑扎材料宜选用20～22号无锈绑扎钢丝，绑丝向内				
20		★钢筋保护层检查	（1）保护层垫块应有足够的强度、刚度、颜色应与清水混凝土的颜色接近；垫块梅花形布置，固定可靠，检查钢筋保护层，确保混凝土结构质量。100%全检。 （2）保护垫块满足要求，设置偏差暗柱：±5mm，板：±3mm，受力钢筋保护层厚度偏差不大于3mm				

续表

序号	项目	作业内容	控制要点及标准	检查结果	施工		监理
					作业负责人	质检员	
21	模板安装	模板清理打磨检查	模板清理打磨、并刷均匀隔离剂				
22		模板拼缝检查	（1）模板与模板之间企口处粘贴海绵条，保证拼缝严密。拼装时拉好横向、竖向控制线。 （2）拼缝≤0.8mm；高低差≤0.5mm				
23		★垂直度、标高	（1）模板加固校正，横向竖向拉设控制线。100%全检。 （2）模板垂直度控制在±4mm 以内，标高控制在±5mm 以内				
24		端头、洞口模板检查	端头模板拼缝严密不得出现错台；洞口模板加固要有一定的刚度和稳定性				
25		★隔墙顶部检查	隔墙顶部预埋螺栓孔固定隐蔽验收，螺栓孔水平位移不超过±2mm；隔墙顶部安装支架位置处厚度验收，不得出现+2mm 以上误差。100%全检				
26	★预埋件	墙体预埋件	预埋件安装平整、紧贴模板，埋件与墙体钢筋焊接牢固，位置准确；100%全检				
		设备支架预埋套管	隔墙顶部一组预埋套管应焊接为一个整体，再与钢筋焊接固定，预埋套管两端紧贴模板				
		牛腿预埋件	（1）加固措施稳固，以浇筑混凝土时不产生位移为宜，表面平整位置准确。 （2）加固措施牢靠、平面位置准确偏差≤4mm				

续表

序号	项目	作业内容	控制要点及标准	检查结果	施工		监理
					作业负责人	质检员	
27	模板拆除	拆模	应适当延长拆模时间，确保拆除时无缺棱掉角				
28		修复	模板拆除后应及时清理、修复				
29		二次清理刷油	模板污染处及时清理打磨，并二次涂刷隔离剂				
30	混凝土施工检查	保护检查	混凝土浇筑前，对底部防火墙采用塑料薄膜包裹保护				
31		振捣检查	混凝土布料与振捣需同步。避免振捣棒直接与钢筋和模板接触。振捣棒的插点布置不得大于振捣半径的1.5倍，回振时间间隔1h左右				
32		施工缝处理检查	施工缝凿毛处理，凿毛率不应低于90%。凿毛深度通常在5～10mm，以表面露出1/3粗骨料为宜				
33		养护检查	混凝土拆模后及时养护，浇水养护连续7d				
34	保护液施工检查	★基层处理	(1) 对于混凝土表面缺陷，原则上应尽量减少修补数量和部位，确实需要时可根据不同缺陷采用不同的修补方法。 (2) 所有修补工艺应尽量保持混凝土原貌，无明显处理痕迹，修补完成后墙体平整度误差不大于±2mm。 (3) 2m范围内靠尺检查				
35		底涂	(1) 工具为滚筒、油漆喷枪、毛刷等；喷枪喷出量为600～1000mL/min，幅宽25～30cm，材料用量为0.1～0.13kg/m²。采用滚或喷涂方式，滚喷涂均匀，不得有漏涂、流坠，滚喷涂间隔时间超过60min，保证第2次涂装时墙面已干透。 (2) 色差调整采用修补材，施工前先确定需进行色差调整的部位、面积及所需材料的颜色、配比和数量				

续表

序号	项目	作业内容	控制要点及标准	检查结果	施工		监理
					作业负责人	质检员	
36	保护液施工检查	面涂	确认基底是否干燥、具备涂装条件，基面必须干燥良好，使其含水率降低到10%以下，pH值达到10以下；确认基底是否已处理平整，如用腻子修补等部位。同时施工前检查保护液的耐候性等是否符合规范或设计要求				
37	结构尺寸检查	★轴线位移检查	墙、柱、梁偏差≤5mm				
		★截面尺寸检查	墙、梁偏差≤±3mm				
		★标高检查	（1）层高偏差≤±5m。 （2）全高偏差≤±30mm				
		★垂直度偏差检查	（1）层高偏差≤5mm。 （2）全高偏差 $H/1000$，且≤30mm				
		★表面平整度检查	偏差≤3mm				
		★蝉缝错台检查	偏差≤2mm				
38	外观检查	保护液颜色	颜色基本一致、无明显色差；无气泡、起砂、漏浆				
		光洁度	无明显漏浆、流淌及冲刷痕迹				
39	预埋件检查	预埋件检查	中心位移≤3mm，墙面埋件紧贴模板，当锚筋直径小于20mm时宜采用压力埋弧焊，当锚筋直径大于20mm时宜采用穿孔塞焊，浇筑完成后与墙体无错台				
		预埋螺栓检查	中心位移≤3mm，标高偏差≤5mm				

续表

序号	项目	作业内容	控制要点及标准	检查结果	施工		监理
					作业负责人	质检员	
40	混凝土强度检查	混凝土强度检查	（1）浇筑时制作同条件试块，待同条件养护600℃·d时抗压强度检测。 （2）浇筑完28d后开展现场回弹检测				
41	通病防治	洞口涨模、歪斜	洞口内壁使用对拉螺栓及钢管支撑系统，有足够的刚度和稳定性				
42		端头破损	注意保护端头处拆模磕碰；拆除端头时，无缺棱掉角后再拆除模板				
43		保护液色差	基层修补要平整；保护液调色使用量要一致；墙体含水率下降至10%以下				
44		洞口处开裂	阴阳角处增加抗裂钢筋				
45		浇筑完成后墙面色差	安装模板前，将模板上的油渍、锈迹等完全打磨清理干净				

十三、换流变压器及主变压器基础施工关键工序管控表、工艺流程控制卡

（一）换流变压器及主变压器基础施工关键工序管控表

序号	阶段	管理内容	管控要点	管理资料	监理	业主
1	准备	施工图审查	（1）变压器基础标高、大小满足后期设备安装需求。 （2）变压器基础埋件、埋管的规格大小、数量满足后期电气施工要求。 （3）变压器基础牵引孔位置满足换流变压器就位需求。 （4）基础位置与洞口位置满足穿墙套管安装需求。 （5）换流变压器基础沉降观测点布置位置要便于观测	图纸预检记录、设计图纸交底纪要、施工图会检纪要		

续表

序号	阶段	管理内容	管控要点	管理资料	监理	业主
2	准备	方案审查	（1）大体积混凝土施工工艺符合标准工艺要求。 （2）预埋件、埋管的安装定位措施及固定方式满足要求。 （3）大体积混凝土模板应具有足够的承载能力、刚度和稳定性，能可靠地承受浇筑混凝土的重量、侧压力以及施工荷载，配合计算书及图片说明。 （4）测温方案是否合理	方案审查记录、方案报审表、专项方案审查纪要		
3		实测实量	（1）实测实量实施方案通过审批。 （2）实测实量验收项目包含基建安质〔2021〕27 号文件规定项目清单。 （3）实测实量仪器（全站仪、水准仪、靠尺、卷尺、回弹仪等）准备到位	实测实量实施方案、测试测量记录表		/
4		标准工艺实施	（1）执行《国家电网有限公司输变电工程标准工艺　变电工程土建分册》“基础工程—大体积混凝土施工”要求。 （2）标准工艺方案通过审批	标准工艺方案、标准工艺应用记录		
5		人员交底	所有作业人员均完成技术交底并签字	人员培训交底记录		/
6		材料进场	（1）换流变压器基础施工使用材料包括钢筋、混凝土、预埋件、钢格栅及支架、鹅卵石、镀锌埋管。 （2）供应商资质文件（一般包括营业执照、生产许可证、产品/典型产品的检验报告、企业质量管理体系认证或产品质量认证证书等）齐全。 （3）材料质量证明文件（一般包括产品出厂合格证、检验、试验报告等）完整。 （4）复检报告合格（钢筋、混凝土、预埋件，按有关规定进行取样送检，并在检验合格后报监理项目部查验）	供应商报审表、原材进场报审表、试验检测报告		
7		样板确认	（1）样板制作符合标准工艺要求。 （2）混凝土基础倒角顺直，宽度符合创优要求	样板确认清单		

续表

序号	阶段	管理内容	管控要点	管理资料	监理	业主
8	施工	钢筋工程	（1）钢筋已按要求见证取样（每种型号、每进场批次 60t 取一组）。 （2）直螺纹接头已按要求取样（每种型号 500 个接头取一组）。 （3）开展钢筋隐蔽工程验收：①纵向受力钢筋的牌号、规格、数量、位置；②钢筋的连接方式、接头位置、接头质量、接头面积百分率、搭接长度、锚固方式及锚固长度；③箍筋、横向钢筋的牌号、规格、数量、间距、位置，箍筋弯钩的弯折角度及平直段长度；④预埋件的规格、数量和位置；⑤钢筋接头位置满足规范要求，钢筋保护层垫块设置合理，无贴模板钢筋	见证取样记录、试验检测报告、钢筋工程验收记录		/
9	施工	模板安装	模板安装验收合格（模板拼缝严密，支撑体系牢固）	模板验收记录		/
10	施工	混凝土浇筑	（1）施工前钢筋模板验收合格并提交浇筑申请。 （2）混凝土配合比检查。 （3）监理单位进行监理旁站。 （4）浇筑过程中对混凝土进行试块制作见证（每次取样至少 10 组标样试块），坍落度检查（180mm±20mm）。 （5）大体积混凝土测温导线应至少布置表层、底层、中心温度监测点，距离不宜大于 500mm	浇筑申请单、浇筑施工记录、监理旁站记录、试块试压报告		/
11	施工	模板拆除	（1）模板拆除前混凝土强度满足拆模要求，拆模不造成混凝土磕碰，不缺棱掉角。 （2）拆模后进行实测实量检查，外观质量、表面平整度、垂直度、尺寸满足图纸要求。 （3）混凝土保温保湿养护按要求执行	实测实量检查记录、混凝土养护记录、混凝土测温记录		/
12	施工	钢格栅及支架安装	（1）支架焊接牢固，防腐到位。 （2）钢格栅铺设平整，四边都放置在支架上。 （3）接地跨接到位	安装施工记录		/
13	施工	鹅卵石铺设	（1）鹅卵石大小均匀，清洗干净，粒径在 5～8cm 之内。 （2）鹅卵石按要求人工分层铺设	铺设施工记录		/

续表

序号	阶段	管理内容	管控要点	管理资料	监理	业主
14	验收	实体检测	钢筋间距、保护层厚度、混凝土强度	实体检测报告		/
15		实测实量	（1）基础平整度、垂直度、尺寸大小。 （2）埋件安装轴线、间距、标高、平整度	实测实量记录		/
16		资料验收	各项验评资料、施工记录，归档资料齐全并签字盖章	验评记录、隐蔽验收记录、三级自检记录		

（二）换流变压器及主变压器基础施工工艺流程控制卡

序号	项目	作业内容	控制要点及标准	检查结果	施工		监理
					作业负责人	质检员	
1	方案的编写及交底	方案编写	（1）方案编制包含混凝土施工。 （2）方案编制包含模板安装拆除，预埋件安装。 （3）方案编制应包括施工顺序、施工平面图、施工进度计划、施工顺序				
		交底对象	所有作业人员				
		交底内容	工程概况与特点、作业程序、操作要领、注意事项、质量控制措施、质量通病、标准工艺、安全风险防控、应急预案等				
2	控制点设置	★控制点设置	以全站的测量方格网进行换流变压器及主变压器基础定位轴线及高程控制				
3	混凝土浇筑顺序	混凝土浇筑顺序	混凝土的浇筑方向、浇筑厚度、浇筑方式等				

续表

序号	项目	作业内容	控制要点及标准	检查结果	施工		监理
					作业负责人	质检员	
4	混凝土原材准备	水泥	（1）应选用水化热低的通用硅酸盐水泥。3d水化热不宜大于250kJ/kg、7d水化热不宜大于280kJ/kg；当选用52.5强度等级水泥时，7d水化热宜小于300kJ/kg。 （2）采用同一厂家、同一品种、同一强度的普通硅酸盐水泥				
		碎石	（1）应质地坚硬、清洁、级配良好、孔隙率较小、热膨胀系数小；粒径5～31.5mm，石子的针片状含量≤15%，含泥量≤1.0%，泥块含量<0.5%。 （2）应选用非碱活性的粗骨料，粒径5～31.5mm并应连续级配，含泥量≤1.0%				
		砂	（1）细骨料采用中砂，质量应符合JGJ 169—2009中表5.2.3.2的规定。 （2）细度模数宜大于2.3，砂含泥量≤3.0%，泥块含量≤1.0%				
		掺和料	（1）掺和料用粉煤灰选用磨细低钙粉煤灰优质灰。 （2）粉煤灰掺量不宜大于胶凝材料的50%				
5	钢筋进场	钢筋进场复试	（1）钢筋进场质量证明文件。 （2）抗拉强度、屈服强度、强屈比、超区比、伸长率、重量偏差等				
6	预埋件检查	尺寸、外观检查	边长偏差－3mm，锚筋长度偏差±5mm，排气孔直径及中心线偏差±3mm，T形焊焊缝表面不得有气孔、夹渣及肉眼可见的裂缝				
		T形焊复试	抗拉强度、断裂特征及断裂位置				

续表

<table>
<tr><th rowspan="2">序号</th><th rowspan="2">项目</th><th rowspan="2">作业内容</th><th rowspan="2">控制要点及标准</th><th rowspan="2">检查结果</th><th colspan="2">施工</th><th rowspan="2">监理</th></tr>
<tr><th>作业负责人</th><th>质检员</th></tr>
<tr><td rowspan="4">7</td><td rowspan="4">混凝土配合比验收</td><td>混凝土配合比原材</td><td>执行 JGJ 169—2009 中 8.1 规定及 GB 50496—2018《大体积混凝土施工标准》中 4.3 规定</td><td></td><td></td><td></td><td></td></tr>
<tr><td>外加剂</td><td>应按照混凝土原材料试验结果确定外加剂型号和用量</td><td></td><td></td><td></td><td></td></tr>
<tr><td>耐久性</td><td>应考虑工程所处环境，根据抗碳化、抗冻害、抗硫酸盐、抗盐害和抑制碱骨料反应等对混凝土耐久性产生影响的因素进行配合比设计</td><td></td><td></td><td></td><td></td></tr>
<tr><td>掺合料</td><td>配制混凝土时，应采用矿物掺合料，Ⅱ级粉煤灰</td><td></td><td></td><td></td><td></td></tr>
<tr><td>8</td><td>参数配比验收</td><td>混凝土配比参数</td><td>（1）混凝土水胶比≤0.45。
（2）坍落度不宜大于180mm，实际坍落度符合配合比报告要求。
（3）90min的坍落度经时损失不宜大于30mm/h。
（4）初凝时间：≥45min；若有凝结要求需增加相关外加剂并根据实验确定</td><td></td><td></td><td></td><td></td></tr>
<tr><td rowspan="2">9</td><td rowspan="2">模板安装</td><td>模板拼缝检查</td><td>（1）模板与模板之间企口处粘贴海绵条，保证拼缝严密。拼装时拉好横向、竖向控制线。
（2）拼缝≤0.8mm，高低差≤0.5mm</td><td></td><td></td><td></td><td></td></tr>
<tr><td>★垂直度、标高</td><td>（1）模板加固校正，横向竖向拉设控制线。
（2）模板垂直度控制在3mm以内，水平位移控制在±3mm以内</td><td></td><td></td><td></td><td></td></tr>
</table>

续表

序号	项目	作业内容	控制要点及标准	检查结果	施工		监理
					作业负责人	质检员	
9	模板安装	倒角	（1）基础四周及顶面做圆弧倒角时，宜使用专业工具或塑料角线。 （2）混凝土浇筑振捣时观察倒角条，发生位移时及时校核复原。 （3）倒角条安装应牢固，顺直，倒角方式及大小满足现场创优要求				
10	混凝土施工	混凝土分层	混凝土浇筑应分层浇筑，分层厚度为300～500mm				
		施工缝	（1）结合面无污物、浮浆、松动的石子及软弱混凝土层。 （2）应用水充分湿润新旧混凝土结合面，但不得有积水。 （3）应涂刷混凝土界面剂。 （4）在浇筑混凝土前铺设一层与混凝土浆液成分相同的水泥砂浆，厚度0～30mm				
		伸缩缝	内填沥青麻丝和柏油刨花板或其他柔性填充材料，表面宜采用中性硅酮耐候密封胶嵌填				
		★收面和压光	（1）基础表面用铁抹子并用原浆压光，应在初凝前抹平，终凝前压光，至少擀压三遍完成。 （2）混凝土浇筑完成后，按所弹标高线整体找平，其次刮杠精平；初凝前第一次收面，终凝前第二次收面（收面时间应根据浇筑气候与环境温度来调节）。 （3）平整度≤3mm				
		混凝土养护	（1）保湿养护持续时间不宜少于14d，应经常检查塑料薄膜或养护剂涂层的完整情况，并应保持混凝土表面湿润。 （2）保温覆盖层拆除应分层、逐步进行，当混凝土表面温度与环境最大温差小于20℃时，可全部拆除				

续表

序号	项目	作业内容	控制要点及标准	检查结果	施工		监理
					作业负责人	质检员	
11	埋件安装	★埋件平整度	(1)埋件安装用专用安装支架固定,安装支架要牢固可靠。 (2)为防止埋件下空鼓,埋件钢板必须按要求设置排气孔。 (3)埋件与混凝土结合部留置2～4mm宽的变形缝,深度与埋件厚度一致,并采用硅酮耐候胶封闭,防止设备安装焊接过程中,因埋件变形引起的混凝土面层裂缝。 (4)外露埋件采用热镀锌件(锚筋部分不应镀锌),表面洁净无锈蚀。 (5)预埋件安装高度宜高出基础顶面3～5mm。 (6)埋件平整度≤3mm。 (7)相邻埋件高差≤2mm。 (8)中心线位移<3mm				
12	混凝土施工	伸缩缝	(1)油池壁每侧宜设置1～2道伸缩缝,留置位置与底板对缝,缝内填充沥青麻丝,采用硅酮耐候胶封闭。 (2)油池壁与相邻设备基础沟道应设变形缝				
		混凝土压顶	对缝处应采用沥青麻丝填充后用硅酮耐候胶封闭,缝宽控制在8～10mm				
13	油池卵石	油池铺设	油池内干铺干净卵石,粒径为50～80mm,铺设厚度≥250mm				
14	钢格栅安装	★格栅安装	(1)支承宽度≥20mm、板间间隙≤10mm、平整度≤2mm。 (2)格栅采用专用卡具固定牢固。 (3)根据进货实际尺寸进行排版合理、美观。 (4)钢格栅之间应跨接接地				

续表

序号	项目	作业内容	控制要点及标准	检查结果	施工		监理
					作业负责人	质检员	
15	★混凝土外观及尺寸	★平整度	平整度≤4mm，100%全检				
		★倾斜度	垂直度≤8mm，100%全检				
		★轴线位移	轴线位移≤6mm，100%全检				
16	★埋件安装	★埋件安装	（1）相邻埋件高差≤2mm，100%全检。 （2）整体水平偏差≤5mm，100%全检				
17	★混凝土强度	★混凝土强度	试块抗压强度、现场回弹强度，100%全检				
18	通病防治	大体积混凝土开裂	（1）根据现场实际温度变化采取相应养护措施。 （2）在覆盖养护或带模养护阶段，混凝土浇筑体表面以内40～100mm位置处的温度与混凝土浇筑体表面温度差值不应大于25℃；结束覆盖养护或拆模后，混凝土浇筑体表面以内40～100mm位置处的温度与环境温度差值不应大于25℃				
19		★表面整体平整度	（1）标高控制点应密集，控制点间距不得超出刮杠的宽度。 （2）混凝土布料时要尽量均匀。 （3）混凝土振捣过后用刮杠进行刮平后，拉线对混凝土表面平整度控制，指派工艺较好的技工对平整度进行控制。 （4）工人在收面过程中，随时用水平尺进行平整度检查，平整度≤3mm				

续表

序号	项目	作业内容	控制要点及标准	检查结果	施工		监理
					作业负责人	质检员	
20	通病防治	混凝土表面气泡过多、蜂窝麻面	（1）混凝土振捣时不应漏振、过振。 （2）振捣棒应垂直于混凝土表面并快插慢拔均匀振捣。 （3）当混凝土表面无明显塌陷、有水泥浆出现、不再冒气泡时，应结束该部位振捣。 （4）采用二次振捣工艺				
21		★埋件安装不平整	（1）埋件的累计误差较大，埋件安装前先复核控制轴线、控制点标高，每个场地内统一采用一个控制点。 （2）浇筑过程中随时检查校核的位置，如发生位移，应立即进行调整。 （3）相邻埋件高差≤2mm。 （4）整体水平偏差≤5mm				

十四、GIS基础施工关键工序管控表、工艺流程控制卡

（一）GIS基础施工关键工序管控表

序号	阶段	管理内容	管控要点	管理资料	监理	业主
1	准备	施工图审查	（1）GIS室宜采用整板基础设计，通过电缆支沟进行分割即可有效防止裂纹。避免电缆沟、设备基础单独施工造成分隔缝区域不均匀沉降裂缝。 （2）GIS基础埋件、埋管、接地块、接地扁钢的规格大小、数量满足后期电气施工要求。基础埋件应采用热浸镀锌处理，不得采用普通铁件。 （3）GIS基础内电缆沟出户与户外电缆沟轴线、标高、大小匹配。 （4）伸缩缝留设数量、位置合理	图纸预检记录、设计图纸交底纪要、施工图会检纪要		

续表

序号	阶段	管理内容	管控要点	管理资料	监理	业主
2	准备	方案审查	（1）大体积混凝土施工工艺符合标准工艺要求。 （2）预埋件、埋管的安装定位措施及固定方式满足要求。 （3）大体积混凝土模板应具有足够的承载能力、刚度和稳定性，能可靠地承受浇筑混凝土的重量、侧压力以及施工荷载，配合计算书及图片说明。 （4）GIS基础分段浇筑顺序，施工缝处理措施到位。 （5）混凝土防抗裂措施及养护措施是否合理。 （6）测温方案是否合理	方案审查记录、方案报审表、专项方案审查纪要		
3		实测实量	（1）实测实量实施方案通过审批。 （2）实测实量验收项目包含基建安质〔2021〕27号文件规定项目清单。 （3）实测实量仪器（全站仪、水准仪、靠尺、卷尺、回弹仪等）准备到位	实测实量实施方案、测试测量记录表		/
4		标准工艺实施	（1）执行《国家电网有限公司输变电工程标准工艺　变电工程土建分册》“基础工程—大体积混凝土施工，筏形基础”要求。 （2）标准工艺方案通过审批	标准工艺方案、标准工艺应用记录		
5		人员交底	所有作业人员均完成技术交底并签字	人员培训交底记录		/
6		材料进场	（1）GIS基础施工使用材料包括钢筋、混凝土、预埋件、接地块、接地扁钢、镀锌埋管。 （2）供应商资质文件（一般包括营业执照、生产许可证、产品/典型产品的检验报告、企业质量管理体系认证或产品质量认证证书等）齐全。 （3）材料质量证明文件（一般包括产品出厂合格证、检验、试验报告等）完整。 （4）复检报告合格（钢筋、混凝土、预埋件、接地块、接地扁钢，按有关规定进行取样送检，并在检验合格后报监理项目部查验）	供应商报审表、原材进场报审表、试验检测报告		

续表

序号	阶段	管理内容	管控要点	管理资料	监理	业主
7	施工	钢筋工程	（1）钢筋已按要求见证取样（每种型号、每进场批次 60t 取一组）。 （2）直螺纹接头已按要求取样（每种型号 500 个接头取一组）。 （3）开展钢筋隐蔽工程验收：①纵向受力钢筋的牌号、规格、数量、位置；②钢筋的连接方式、接头位置、接头质量、接头面积百分率、搭接长度、锚固方式及锚固长度；③箍筋、横向钢筋的牌号、规格、数量、间距、位置，箍筋弯钩的弯折角度及平直段长度；④预埋件的规格、数量和位置；⑤钢筋接头位置满足规范要求，钢筋保护层垫块设置合理，无贴模板钢筋	见证取样记录、试验检测报告、钢筋工程验收记录		/
8	施工	模板安装	模板安装验收合格（模板拼缝严密，支撑体系牢固）	模板验收记录		/
9	施工	混凝土浇筑	（1）施工前钢筋模板验收合格并提交浇筑申请。 （2）混凝土配合比检查。 （3）监理单位进行监理旁站。 （4）浇筑过程中对混凝土进行试块制作见证（一次性浇筑不大于 1000m^3，至少 10 组；一次性浇筑 1000～5000m^3，每增加 500m^3 取样一组，不足 500m^3，取样一组），坍落度检查（180mm±20mm）。 （5）大体积混凝土测温导线应至少布置表层、底层、中心温度监测点，距离不宜大于 500mm	浇筑申请单、浇筑施工记录、监理旁站记录、试块试压报告		/
10	施工	模板拆除	（1）模板拆除前混凝土强度满足拆模要求，拆模不造成混凝土磕碰，不缺棱掉角。 （2）拆模后进行实测实量检查，外观质量、表面平整度、垂直度、尺寸满足图纸要求。 （3）混凝土保温保湿养护按要求执行	实测实量检查记录、混凝土养护记录、混凝土测温记录		/
11	施工	埋件及接地块安装	（1）埋件及接地块位置、数量、标高符合设计要求。 （2）监理、电气施工单位 100%进行验收	安装施工记录		/

续表

序号	阶段	管理内容	管控要点	管理资料	监理	业主
12	验收	实体检测	钢筋间距、保护层厚度、混凝土强度	实体检测报告		/
13		实测实量	（1）基础平整度、垂直度、尺寸大小。 （2）埋件及接地块安装轴线、间距、标高、平整度	实测实量记录		/
14		资料验收	各项验评资料、施工记录，归档资料齐全并签字盖章	验评记录、隐蔽验收记录、三级自检记录		

（二）GIS基础施工工艺流程控制卡

序号	项目	作业内容	控制要点及标准	检查结果	施工		监理
					作业负责人	质检员	
1	方案的编写及交底	方案编写	（1）方案编制包含混凝土施工。 （2）方案编制包含模板安装拆除，预埋件安装、接地块安装。 （3）方案编制应包括施工顺序、施工平面图、施工进度计划、施工顺序				
		交底对象	所有作业人员				
		交底内容	工程概况与特点、作业程序、操作要领、注意事项、质量控制措施、质量通病、标准工艺、安全风险防控、应急预案等				
2	控制点设置	控制点设置	以全站的测量方格网进行GIS基础定位轴线及高程控制				
3	混凝土浇筑	混凝土浇筑顺序	混凝土的浇筑方向、浇筑厚度、浇筑方式等				

续表

序号	项目	作业内容	控制要点及标准	检查结果	施工		监理
					作业负责人	质检员	
4	混凝土原材准备	水泥选用	（1）应选用水化热低的通用硅酸盐水泥。3d 水化热不宜大于 250kJ/kg；5d 水化热不宜大于 280kJ/kg；当选用 52.5 强度等级水泥时，7d 水化热宜小于 300kJ/kg。 （2）采用同一厂家、同一品种、同一强度的普通硅酸盐水泥				
		碎石选用	应质地坚硬、清洁、级配良好、空隙率较小、热膨胀系数小的非碱活性的粗骨料；粒径 5～31.5mm，并应连续级配，石子的针片状含量≤15%，含泥量≤1.0%，泥块含量<0.5%				
		砂选用	（1）细骨料采用中砂，质量应符合 JGJ 169—2009 中表 5.2.3.2 的规定。 （2）细度模数宜大于 2.3，砂含泥量≤3.0%，泥块含量≤1.0%				
		掺和料	（1）掺和料用粉煤灰选用磨细低钙粉煤灰优质灰。 （2）粉煤灰掺量不宜大于胶凝材料的 50%				
5	钢筋进场	钢筋进场复试	钢筋进场质量证明文件；抗拉强度、屈服强度、强屈比、超区比、伸长率、重量偏差等				
6	预埋件检查	尺寸、外观检查	边长偏差−3mm，锚筋长度偏差±5mm，排气孔直径及中心线偏差±3mm，T 形焊焊缝表面不得有气孔、夹渣及肉眼可见的裂缝				
		T 形焊复试	抗拉强度、断裂特征及断裂位置				

续表

<table>
<tr><th rowspan="2">序号</th><th rowspan="2">项目</th><th rowspan="2">作业内容</th><th rowspan="2">控制要点及标准</th><th rowspan="2">检查结果</th><th colspan="2">施工</th><th rowspan="2">监理</th></tr>
<tr><th>作业负责人</th><th>质检员</th></tr>
<tr><td rowspan="4">7</td><td rowspan="4">混凝土配合比验收</td><td>混凝土配合比原材</td><td>GB 50496—2018 第 4.3 规定</td><td></td><td></td><td></td><td></td></tr>
<tr><td>外加剂</td><td>应按照混凝土原材料试验结果确定外加剂型号和用量</td><td></td><td></td><td></td><td></td></tr>
<tr><td>耐久性</td><td>应考虑工程所处环境，根据抗碳化、抗冻害、抗硫酸盐、抗盐害和抑制碱骨料反应等对混凝土耐久性产生影响的因素进行配合比设计</td><td></td><td></td><td></td><td></td></tr>
<tr><td>掺和料</td><td>配制混凝土时，应采用矿物掺合料。Ⅱ级粉煤灰</td><td></td><td></td><td></td><td></td></tr>
<tr><td>8</td><td>参数配比验收</td><td>混凝土配比参数</td><td>(1) 混凝土基准水胶比≤0.45。
(2) 坍落度不宜大于 180mm，实际坍落度符合配合比报告要求。
(3) 90min 的坍落度损失不宜大于 30mm/h。
(4) 初凝时间≥45min；若有凝结要求需增加相关外加剂并根据实验确定</td><td></td><td></td><td></td><td></td></tr>
<tr><td>9</td><td rowspan="2">模板安装</td><td>模板拼缝检查</td><td>(1) 模板与模板之间企口处粘贴海绵条，保证拼缝严密。拼装时拉好横向、竖向控制线。
(2) 拼缝≤2.5mm，高低差≤2mm</td><td></td><td></td><td></td><td></td></tr>
<tr><td>10</td><td>★垂直度、标高</td><td>模板加固校正，横向竖向拉设控制线。模板垂直度控制在 8mm 以内。平整度控制在 5mm 以内</td><td></td><td></td><td></td><td></td></tr>
</table>

续表

序号	项目	作业内容	控制要点及标准	检查结果	施工		监理
					作业负责人	质检员	
11	混凝土施工	混凝土分层	混凝土浇筑应分层浇筑，分层厚度不大于300～500mm				
		施工缝	（1）结合面无污物、浮浆、松动的石子及软弱混凝土层。 （2）应用水充分湿润新旧混凝土结合面，但不得有积水。 （3）应涂刷混凝土界面剂。 （4）在浇筑混凝土前铺设一层与混凝土浆液成分相同的水泥砂浆，厚度 0～30mm				
		伸缩缝	内填沥青麻丝和柏油刨花板或其他柔性填充材料，表面宜采用中性硅酮耐候密封胶嵌填				
		后浇带	后浇带处钢筋整体绑扎，不断开；在两侧混凝土龄期达到 14d 后浇筑比原混凝土高一级的补偿收缩混凝土				
		混凝土养护	（1）保湿养护持续时间不宜少于 14d，应经常检查塑料薄膜或养护剂涂层的完整情况，并应保持混凝土表面湿润。 （2）保温覆盖层拆除应分层逐步进行，当混凝土表面温度与环境最大温差小于 20℃，可全部拆除				
12	埋件安装	★埋件平整度	（1）埋件安装用专用安装支架固定，安装支架要牢固可靠。 （2）为防止埋件下空鼓，埋件钢板必须按要求设置排气孔。 （3）埋件与混凝土结合部留置 2～4mm 宽的变形缝，深度与埋件厚度一致，并采用硅酮耐候胶封闭，防止设备安装焊接过程中，因埋件变形引起的混凝土面层裂缝。				

续表

序号	项目	作业内容	控制要点及标准	检查结果	施工		监理
					作业负责人	质检员	
12	埋件安装	★埋件平整度	（4）外露埋件采用热镀锌件（锚筋部分不应镀锌），表面洁净无锈蚀。 （5）预埋件安装高度宜高出基础顶面 3～5mm。 （6）埋件平整度≤3mm。 （7）相邻埋件高差≤2mm。 （8）中心线位移小于 3mm				
13	接地块安装	★接地块平整度	（1）接地块安装用专用安装支架，安装支架要牢固可靠。 （2）为防止接地块下空鼓，埋件钢板必须按要求设置排气孔。 （3）接地块与混凝土结合部留置 2～4mm 宽的变形缝，深度与接地块厚度一致，并采用硅酮耐候胶封闭。 （4）接地导通实验。 （5）外露接地块表面洁净无锈蚀。 （6）接地块安装高度宜高出基础顶面 3～5mm。 （7）接地块平整度≤3mm。 （8）相邻埋件高差≤2mm				
14	孔洞处理	孔洞处理	（1）模板应采取加固措施。 （2）中心位移≤10mm，截面尺寸偏差 0～10mm				
15	埋管安装	埋管安装	管道严禁使用对口熔焊连接				
		管道清理	管道安装前应清理管道内的杂物				
		管道防腐	金属导管内外壁应进行防腐处理；埋设于混凝土内的导管内壁应进行防腐处理，外壁可不做防腐处理				

续表

序号	项目	作业内容	控制要点及标准	检查结果	施工		监理
					作业负责人	质检员	
15	埋管安装	管道弯曲半径	导管的弯曲半径不应小于电缆最小允许弯曲半径，且不应小于管外径的 6 倍；明敷导管当有两个接线盒间只有一个弯曲时，其弯曲半径不应小于管外径的 4 倍；暗敷导管埋入混凝土内平面敷设时，其弯曲半径不应小于管外径的 10 倍				
16	结构尺寸检测	★混凝土平整度	（1）平面水平度（每 m）5mm，100%全检。 （2）平面水平度（全长）10mm，100%全检				
17	埋件精度检测	★埋件安装	（1）施工单位全检相邻埋件高差≤2mm，100%全检。 （2）整体水平偏差≤5mm，100%全检				
18	接地块精度检测	★接地块安装	（1）相邻接地块高差≤2mm，100%全检。 （2）整体水平偏差≤5mm，100%全检。 （3）中心偏差≤5mm，100%全检				
19	混凝土强度验收	★混凝土强度	试块抗压强度、现场回弹强度，100%全检				
20	通病防治	大体积混凝土开裂	（1）根据现场实际温度变化采取相应养护措施。 （2）在覆盖养护或带模养护阶段，混凝土浇筑体表面以内 40～100mm 位置处的温度与混凝土浇筑体表面温度差值不应大于 25℃；结束覆盖养护或拆模后，混凝土浇筑体表面以内 40～100mm 位置处的温度与环境温度差值不应大于 25℃。 （3）优先选用低水化热的矿渣水泥拌制混凝土，并适当使用缓凝减水剂。 （4）避免不出现裂缝，若有裂缝，裂缝宽度小于 0.2m				

续表

序号	项目	作业内容	控制要点及标准	检查结果	施工		监理
					作业负责人	质检员	
21	通病防治	埋件安装不平整	（1）埋件的累计误差较大，埋件安装前先复核控制轴线，控制点标高，每个场地内统一采用一个控制点。 （2）浇筑过程中随时检查埋件的位置，如发生位移，应立即恢复原位。 （3）相邻埋件高差≤2mm。 （4）整体水平偏差≤5mm。 （5）中心偏差≤5mm				

十五、消防系统基础施工关键工序管控表、工艺流程控制卡

（一）消防系统基础施工关键工序管控表

序号	阶段	管理内容	管控要点	管理资料	监理	业主
1	准备	施工图审查	（1）消防系统设计参数、系统组成、设备选型与控制方式是否合理。 （2）系统材料及设备选型满足设计规范及国家电网相关规定。 （3）系统相关参数满足相关技术规范要求，如工作压力、流量等。 （4）管道设计合理，是否有利于安全运行、后期检修的要求。 （5）系统启动的逻辑合理等	图纸预检记录、设计图纸交底纪要、施工图会检纪要		
2	准备	方案审查	（1）施工作业流程、工艺及质量措施。如管道重点检查焊缝质量的保证措施。 （2）相关功能性试验及系统调试是否包含所有内容，测试操作方案是否合理	方案审查记录、方案报审表、专项方案审查纪要		

续表

序号	阶段	管理内容	管控要点	管理资料	监理	业主
3	准备	实测实量	（1）实测实量实施方案通过审批。 （2）实测实量验收项目包含基建安质〔2021〕27 号文件规定项目清单。 （3）实测实量仪器（全站仪、水准仪、靠尺、卷尺、回弹仪等）准备到位	实测实量实施方案、测试测量记录表		/
4	准备	标准工艺实施	（1）执行《国家电网有限公司输变电工程标准工艺　变电工程土建分册》“室外工程—消防给水”和《国家电网有限公司输变电工程标准工艺　变电工程电气分册》“视频监控及火灾报警系统”要求。 （2）标准工艺方案通过审批	标准工艺方案、标准工艺应用记录		
5	准备	人员交底	所有作业人员均完成技术交底并签字	人员培训交底记录		/
6	准备	材料进场	（1）消防系统施工使用材料包括管道、阀门、紧固件、CAFS 设备、控制屏柜等。 （2）供应商资质文件（一般包括营业执照、生产许可证、产品/典型产品的检验报告、企业质量管理体系认证或产品质量认证证书等）齐全。 （3）材料质量证明文件（一般包括产品出厂合格证、检验、试验报告等）完整。 （4）复检报告合格（阀门、紧固件，按有关规定进行取样送检，并在检验合格后报监理项目部查验）	供应商报审表、原材进场报审表、试验检测报告		

续表

序号	阶段	管理内容	管控要点	管理资料	监理	业主
7	施工	管道及连接件的安装	（1）管道排水坡度满足设计及规范要求。 （2）管道应按要求进行无损检测，分段进行强度试验、冲洗、严密性试验。 （3）检查管道最低处排空措施满足设计要求。 （4）管道保温措施满足设计要求。 （5）管道防腐、防火应满足设计要求，防火涂料应采用室外膨胀型涂料，厚度大于2mm。 （6）直埋管段防止沉降措施应满足设计要求，管道支墩设置合理	施工记录		/
8		消防设备的安装	（1）消防水泵：当消防水泵和消防水池位于独立的两个基础上且相互为刚性连接时，吸水管上应加设柔性连接管；吸水管水平管段上不应有气囊和漏气现象。变径连接时，应采用偏心异径管件并应采用管顶平接；消防水泵出水管上应安装消声止回阀、控制阀和压力表；系统的总出水管上还应安装压力表和压力开关；安装压力表时应加设缓冲装置。压力表和缓冲装置之间应安装旋塞；压力表量程在没有设计要求时，应为系统工作压力的2～2.5倍。 （2）室外消火栓：地下式消火栓顶部进水口或顶部出水口应正对井口。顶部进水口或顶部出水口与消防井盖底面的距离不应大于0.4m，井内应有足够的操作空间，并应做好防水措施。 （3）消火栓箱： 1）栓口出水方向宜向下或与设置消火栓的墙面成90°角，栓口不应安装在门轴侧。 2）栓口中心距地面应为1.1m，但每栋建筑物应一致，允许偏差±20mm。 3）阀门的设置位置应便于操作使用，阀门的中心距箱侧面为140mm，距箱后内表面为100mm，允许偏差±5mm。 4）消火栓箱门的开启角度不应小于160°。	施工记录		/

续表

序号	阶段	管理内容	管控要点	管理资料	监理	业主
8	施工	消防设备的安装	（4）雨淋阀组： 1）报警阀组的安装应在供水管网试压、冲洗合格后进行。 2）报警阀组应安装在便于操作的明显位置，距室内地面高度宜为 1.2m；两侧与墙的距离不应小于 0.5m；正面与墙的距离不应小于 1.2m；报警阀组凸出部位之间的距离不应小于 0.5m。 3）安装报警阀组的室内地面应有排水设施，排水能力应满足报警阀调试、验收和利用试水阀门泄空系统管道的要求。排水采取间接排水方式。 （5）CAFS 系统安装： 1）安装方式及位置应符合设计要求。 2）与管道连接处的安装应严密、牢固。 3）安全泄压装置的泄压口不应朝向操作面，且不应对人身和设备造成损害。 4）水、泡沫液、压缩气体的进口管道上的压力表应安装在便于观测的位置。 5）与火灾自动报警系统的联动试验，应符合现行国家标准 GB 50166《火灾自动报警系统施工及验收标准》的有关规定。 6）调试后，应用清水冲洗后放空、复原系统。 （6）探测器类设备： 1）点型感烟、感温火灾探测器：探测器至墙壁、梁边的水平距离不应小于 0.5m；探测器周围水平距离 0.5m 内不应有遮挡物；探测器至空调送风口最近边的水平距离不应小于 1.5m，至多孔送风顶棚孔口的水平距离不应小于 0.5m；在宽度小于 3m 的内走道顶棚上安装探测器时宜居中安装，点型感温火灾探测器的安装间距不应超过 10m，点型感烟火灾探测器的安装间距不应超过 15m，探测器至端墙的距离不应大于安装间距的一半；探测器宜水平安装，当确需倾斜安装时，倾斜角不应大于 45°。	施工记录		/

续表

序号	阶段	管理内容	管控要点	管理资料	监理	业主
8	施工	消防设备的安装	2）线型火灾探测器：线型光束感烟火灾探测器光束轴线至顶棚的垂直距离宜为0.3～1.0m，发射器和接收器（反射式探测器的探测器和反射板）之间的距离不宜超过100m，相邻两组探测器光束轴线的水平距离不应大于14m，探测器光束轴线至侧墙水平距离不应大于7m，且不应小于0.5m。 （7）控制器类设备：安装在轻质墙上时，应采取加固措施；落地安装时，其底边宜高出地（楼）面100～200mm	施工记录		/
9		控制系统	（1）消防泵的启动、停泵：应具备手动启动（控制柜、后台）、压力开关连锁启动、火灾报警系统联动启动、机械应急启动，不应设置自动停泵功能。 （2）稳压泵的启动与停止：具备低启高停功能，启泵压力应较消防泵启动压力宜大0.07～0.1MPa，每小时启动次数不应超过15次。 （3）水喷雾灭火系统：应具备手动（可通过雨淋阀控制箱手动开启按钮及后台多线制直接启动）、自动（火灾报警系统联动）、机械应急启动。 （4）CAFS系统：应具备手动（可通过雨淋阀控制箱手动开启按钮及后台多线制直接启动）、自动（火灾报警系统联动）、机械应急启动	调试记录		/
10	验收	实测实量	消防系统整体功能性联动验收及现场试喷需在必要环节拍摄照片及视频，记录验收结果及过程，并由监理项目部负责留存，分类清晰。 （1）管网强度及严密性试验。 （2）末端压力检测。 （3）系统流量检测。 （4）管道防火涂料检测。 （5）联动功能验证。 （6）现场试喷	试验及调试记录、试喷环境影像资料		/

续表

序号	阶段	管理内容	管控要点	管理资料	监理	业主
11	验收	资料验收	（1）各项验评资料、施工记录，归档资料齐全并签字盖章。 （2）现场试喷及联动功能验证时，必要的视频、照片等记录齐全，分类清晰	验评记录、隐蔽验收记录、三级自检记录视频及照片记录		

（二）消防系统基础施工施工工艺流程控制卡

序号	项目	作业内容	控制要点及标准	检查结果	施工		监理
					作业负责人	质检员	
1	方案的编写及交底	方案编写	方案编制包含压力管道焊接、CAFS系统安装、消防炮系统安装、水喷雾系统安装；应包括施工顺序、施工平面图、施工进度计划、管道安装、设备安装、管网打压、系统调试等				
		交底对象	所有作业人员				
		交底内容	工程概况与特点、作业程序、操作要领、注意事项、质量控制措施、质量通病、标准工艺、安全风险防控、应急预案等				
2	控制点设置	控制点设置	以全站的测量方格网进行管道安装定位轴线及高程控制				
3	管道、阀门进场检验	进场检验	（1）管道、管件、阀门、紧固件质量证明书、制造厂商资质证明文件。 （2）阀门见证取样，并送检；强度和严密性试验应采用清水进行，强度试验压力为公称压力的1.5倍；严密性试验压力为公称压力的1.1倍；试验压力在试验持续时间内应保持不变，且壳体填料和阀瓣密封面无渗漏				

续表

序号	项目	作业内容	控制要点及标准	检查结果	施工		监理
					作业负责人	质检员	
4	CAFS设备检查	压缩空气泡沫产生装置（含流量仪表、供水装置、供气装置）	（1）应无变形及其他机械性损伤。 （2）外露非机械加工表面保护涂层应完好。 （3）无保护涂层的机械加工表面应无锈蚀。 （4）所有外露接口无损伤，堵、盖等保护物应包封良好。 （5）铭牌标记应清晰、牢固。 （6）检查出厂检验报告、型式检验报告、合格证齐全，参数配置应符合设计要求				
		压缩空气泡沫释放装置（含喷淋管、消防炮）	材质应为不锈钢材质，消防炮口径，喷淋管口径及开孔应符合设计要求				
		控制屏柜	内外包装应完好，无破损，包装箱上部无承载重物情况				
5	泡沫液留存查验，泡沫液取样	泡沫液留存查验	（1）留存泡沫液的贮存条件应符合现行国家标准GB 15308《泡沫灭火剂》的相关规定。为保证后期在需要时能够进行泡沫液质量检测，在留存量要考虑日后检测需要量，一般情况下，3％型泡沫液留存50kg、6％型泡沫液留存100kg、100％型泡沫液留存400kg。 （2）送检泡沫液主要对其泡沫性和灭火性能进行检测，检测内容主要包括发泡倍数、析液时间、灭火时间和抗烧时间。 （3）观察检查和检查泡沫液的自愿性认证或检验的有效证明文件、产品出厂合格证				

续表

序号	项目	作业内容	控制要点及标准	检查结果	施工		监理
					作业负责人	质检员	
6	管道安装	支架安装	管道支架应牢固稳定，管道固定支架位置及要求应符合图纸及施工规范的有关规，支架焊接标高一致				
		管道切割	采用机械切割，切割面不得有飞边、毛刺，螺纹连接的密封填料应均匀附着在管道的螺纹部分，拧紧螺纹时，不得将填料挤入管道内，连接后应将连接处外部清理干净				
		管道对口焊接	（1）管道打磨V形坡口焊接。 （2）管道焊接面应均匀光滑，不得有砂眼、漏焊。应能满足管道压力试验的要求。焊接作业执行现行国家标准的有关规定。 （3）管道无损探伤。二级焊缝检测比例20%				
		防腐	（1）现场管道防腐应在管道试验完成后进行。 （2）地埋管道外防腐层厚度应满足设计要求，接茬处应粘贴牢固、严密				
		放空阀	在管网或系统最低点设置手动放空阀，准工作状态管道为干式管道的系统，在试喷或者灭火完成后应将管网的残水放空并关闭阀门，防止存水冬季冻裂				
7	消火栓安装	室外消火栓	（1）室外消火栓应沿道路设置。当道路宽度大于60m时，宜在道路两边设置消火栓，并宜靠近十字路口。 （2）室外消火栓的间距不应大于120m。 （3）室外消火栓的保护半径不应大于150m。 （4）寒冷地区设置的室外消火栓应有防冻措施。 （5）消火栓距路边不应大于2m，距房屋外墙不宜小于5m				

续表

序号	项目	作业内容	控制要点及标准	检查结果	施工		监理
					作业负责人	质检员	
7	消火栓安装	室内消火栓、消火栓箱	（1）栓口出水方向宜向下或与设置消火栓的墙面成90°角，栓口不应安装在门轴侧。 （2）栓口中心距地面应为1.1m，但每栋建筑物应一致，允许偏差±20mm。 （3）阀门的设置位置应便于操作使用，阀门的中心距箱侧面为140mm，距箱后内表面为100mm，允许偏差±5mm。 （4）消火栓箱门的开启角度不应小于160°				
8	阀门安装	阀门安装	（1）阀门的型号、安装位置和方向应符合设计文件的规定。 （2）阀门的安装位置、进出口方向应正确，连接应牢固、紧密，启闭应灵活，阀杆、手轮等朝向应合理				
		安全阀	（1）在设备或管道上的安全阀一般应直立安装。 （2）安全阀的安装应尽量靠近被保护的设备或管道，如不能靠近布置，则要求从被保护的设备管口到安全阀入口之间管道的压力降不超过该阀定压值的3%。 （3）安全阀不应安装在长的水平管道的死端，防止死端积聚固体或液体物料，以免影响安全阀的正常工作。 （4）安全阀应安装在易于检修和调节之处，周围要有足够的工作空间。对于大直径的安全阀，在布置时要考虑安全阀拆卸后吊装的可能，必要时设吊杆。安全阀入口管道应采用长半径弯头。 （5）检查管网达到调定的压力值，管网应泄压，小于调定值，确认阀门自动关闭				

续表

序号	项目	作业内容	控制要点及标准	检查结果	施工		监理
					作业负责人	质检员	
8	阀门安装	减压阀	（1）安装位置处的减压阀的型号、规格、压力、流量应符合设计要求。 （2）减压阀安装应在供水管网试压、冲洗合格后进行。 （3）减压阀水流方向应与供水管网水流方向一致。 （4）减压阀前应有过滤器。 （5）减压阀前后应安装压力表。 （6）减压阀处应有压力试验用排水设施。 （7）核实设计图、核对产品的性能检验报告、直观检查。观测阀前阀后阀后压力值				
9	管网试压	介质选用	宜采用生活用水作为水压试验介质				
		强度严密性试验	（1）试压用的压力表不应少于 2 只。 （2）精度不应低于 1.5 级，量程为试验压力值的 1.5～2 倍。 （3）对不能参与试压的设备、仪表、阀门及附表要加以隔离或拆除				
			（1）加设的临时盲板应具有凸出于法兰的边耳，且应做明显标志，并记录临时盲板的数量。 （2）系统试压过程中，当出现泄漏时，要停止试压，并放空管网中的试验介质，消除缺陷后，重新再试，直至打压试验合格。 （3）水压强度试验：测试点应设在系统管网的最低点。对管网注水时，应将管网内的空气排净，并缓慢升压，达到试验压力后，稳压 30min 后，管网应无泄漏、无变形，且压力降不大于 0.05MPa。 （4）水压严密性试验：在水压强度试验和管网冲洗合格后进行。试验压力应为系统设计工作压力，稳压 24h，应无泄漏				

续表

序号	项目	作业内容	控制要点及标准	检查结果	施工		监理
					作业负责人	质检员	
10	冲洗验收	冲洗	（1）宜采用生活用水作为冲洗介质。 （2）冲洗顺序应先室外、后室内，先地下、后地上；室内部分的冲洗应按配水干管、配水管、配水支管的顺序进行。 （3）冲洗前，应对系统的仪表采取保护措施，对管道防晃支吊架等进行检查，必要时应采取加固措施。 （4）对不能经受冲洗的设备和冲洗后可能存留脏物、杂物的管段，应进行清理。 （5）冲洗管道直径大于 DN100mm 时，应对其死角和底部进行敲打，但不得损伤管道				
11	点式感烟火灾报警系统安装	烟雾、温度火灾探测器安装	采用专用的检测仪器模拟火灾，逐个检查每只火灾探测器的报警功能是否正常，检查报警灯位置是否正确				
12	吸气式烟雾火灾报警系统安装	吸气式感烟探测器安装	（1）在空气采样管道末端堵头孔口处，吹入烟雾来检测，是否正常报警。 （2）检查电源与主机连接情况，备用电池是否可用。 （3）断开探测器相应空气开关，相应探测器断电，后台是否发出相应报警信息				
13	火焰探测报警系统安装	紫外、紫红外火焰探测器的安装	（1）在探测器镜头前方用紫外灯设备或点火来检测，是否正常报警。 （2）检查电源与主机连接情况，备用电池是否可用。 （3）断开探测器相应空气开关，相应探测器断电，后台是否发出相应报警信息				

续表

序号	项目	作业内容	控制要点及标准	检查结果	施工		监理
					作业负责人	质检员	
14	线缆式感温火灾报警系统安装	85℃、105℃感温电缆	（1）敷设工艺满足S弯，接线处预留测试米数。 （2）检查感温电缆无松动、断裂、无折叠和外皮脱落。 （3）接口模块箱无报警，指示灯正确。 （4）模拟火警，检查感温电缆报警功能是否正常				
15	消防报警模块安装	手动报警按钮、声光报警器	（1）模拟信号逐个检查每个模块的报警功能正常，检查报警灯功能正确。 （2）声光讯响器功能检查正常，闪光和音响正确				
16	光束型火灾报警系统安装	红外光束感烟探测器	（1）使用火灾模拟按键与光束遮挡两种方式，逐个检查每只火灾探测器的报警功能，检查报警灯位置正确。 （2）每条回路安装的红外光束感烟探测器不超过10个				
17	火灾报警主机调试	单点测试	（1）主控屏显示功能正确。 （2）外部探测器、模块与控制器之间的通信正常。 （3）基本功能（包括报警功能、联动控制功能、运行记录存储功能、火警优先功能等）检查正确。 （4）机器对外接报警回路总线正常；存在故障，需要进行维修或更换。 （5）检测报警主机接地电阻符合设计要求。 （6）声光报警器、消防泵启停自动/手动、空调通风系统联动功能正确。 （7）控制器的主电源应有明显的永久性标志，并应直接与消防电源连接，严禁使用电源插头。控制器与其外接备用电源之间应直接连接。 （8）控制器的接地应牢固，并有明显的永久性标志				

续表

序号	项目	作业内容	控制要点及标准	检查结果	施工		监理
					作业负责人	质检员	
18	联动控制系统调试	联动调试	（1）火灾自动报警系统的联动试验，应符合现行国家标准GB 50166的有关规定。 （2）主控楼、综合楼、辅控楼等建筑物内联动逻辑：任意层两点报警（两探测器或探测器加手报），启动主控楼所有声光及消防广播，声光广播交替动作。切断报警层非消防电源和暖通强切，停止报警层轴流风机，打开报警层排烟阀，启动屋顶排烟风机及排烟总阀。联动电梯归底释放门禁系统。 （3）消防泵联动逻辑：任意层两点报警（两探测器或探测器加手报），手动启动消火栓按钮，消防泵自动启动。 （4）阀厅联动逻辑：两点报警（两探测器或探测器加手报），启动阀厅声光。切断阀厅空调，关闭新风口及回风口风阀，灾后视情况手动打开阀厅排烟阀启动阀厅排烟风机。 （5）CAFS联动逻辑：换流变压器每相有三个复合探测器及两套测温电缆，这三个复合探测器及两套105℃感温电缆任意两个报警后切断本区域BOX-IN风机，两点火警信号上传至CAFS，由CAFS装置判断逻辑，启动水炮及水喷淋（启动水炮及水喷淋装置，除两点火警信号外，变压器满足断电信号）。 （6）雨淋阀联动逻辑：两点报警（两探测器或探测器加手报），启动雨淋阀室声光，广播，打开电磁阀，压力开关动作，启动雨淋阀。（启动雨淋阀装置，除两点火警信号外，主变压器满足断电信号）。 （7）联动测试后，主机复位，第三方如空调、暖通、照明、动力、广播等非消防电恢复至正常状态				

续表

序号	项目	作业内容	控制要点及标准	检查结果	施工		监理
					作业负责人	质检员	
19	消防炮系统安装	炮体安装	消防炮固定牢固且旋转半径内应无任何遮挡物，且炮体安装应在消防炮管道冲洗完成后进行				
20	喷淋系统安装	喷淋释放管道安装	（1）喷淋释放管道应避开BOX-IN板、抗爆门、避雷塔、绝缘子底座。 （2）安装坡度应满足设计要求。 （3）喷淋释放管安装高度符合设计要求，释放时应能全覆盖变压器本体				
21	CAFS设备安装	压缩空气泡沫产生装置的安装	（1）安装方式及位置应符合设计要求。 （2）与管道连接处的安装应严密、牢固。 （3）安全泄压装置的泄压口不应朝向操作面，且不应对人身和设备造成损害。 （4）水、泡沫液、压缩气体的进口管道上的压力表应安装在便于观测的位置				
22	喷水试验	喷水	（1）当为后台调为手动灭火时，应每个换流变压器以手动控制方式进行一次冷喷试验。 （2）当为后台调为自动灭火时，应每个换流变压器以自动控制方式进行一次冷喷试验。 （3）最高点管道末端喷水压力应符合设计要求或产品要求				
23	CAFS产生装置调试	装置内阀门、水泵、泡沫泵	（1）阀门应能正确开启关闭，且有开关度指示。 （2）水泵相序正确，电机转向正确无杂音，振动幅度符合标准				
24	空压机调试	启动调试	空压机接线正确，供电正常，本地、远程启动正常				

续表

序号	项目	作业内容	控制要点及标准	检查结果	施工		监理
					作业负责人	质检员	
25	分区选择阀调试	动作调试	（1）通过阀门控制柜开启、关闭阀门，阀门正确开启、关闭，且阀门控制柜上有开到位、关到位指示；CAFS后台能收到阀门开闭信号，且能正确显示阀门开闭。 （2）通过联动控制柜远程开启关闭阀门，阀门正确开启关闭，且阀门控制柜上有开到位，关到位指示；CAFS后台能收到阀门开闭信号，且能正确显示阀门开闭。 （3）验证阀门启动时间不大于1min。 （4）验证分区选择阀与每个防火分区一一对应				
26	消防炮调试	动作调试	消防炮用无线遥控器控制（上下左右）正常动作				
		视频调试	（1）消防炮用现场控制柜控制（上下左右）正常动作。 （2）消防炮用消防炮琴台控制（上下左右）正常动作。 （3）消防炮现场控制柜上显示器视频显示清晰；消防炮琴台上显示器视频显示清晰				
27	联动调试	联动调试	（1）与火灾自动报警系统的联动试验，应符合现行国家标准GB 50166的有关规定。 （2）调试后，应用清水冲洗后放空、复原系统。应按照最远或最不利灭火分区的条件，以自动控制方式进行一次喷泡沫试验。 （3）试验时，记录试验数据，验证联动逻辑正确，试喷相关参数满足设计及产品技术要求，系统流量、响应时间、压缩空气泡沫产生装置的工作压力、压缩空气泡沫释放装置工作压力、泡沫液混合比、气液比符合设计要求				

续表

序号	项目	作业内容	控制要点及标准	检查结果	施工		监理
					作业负责人	质检员	
28	喷淋管道安装	支架安装	管道支架应牢固稳定，管道固定支架位置及要求应符合图纸及施工规范的有关规定，支架焊接标高一致				
		法兰连接	（1）法兰中心应与管子的中心同在一条直线上。 （2）法兰连接应采用同一规格螺栓，安装方向一致，即螺母应在同一侧。连接阀门的螺栓、螺母一般应放在阀件一侧。拧紧螺栓时应对称均匀，松紧适度。拧紧后的螺栓露出螺母外的长度不得超过 5mm 或 2～3 扣。 （3）法兰连接处应跨接地				
		防火涂料	管道涂刷≥2mm 防火涂料，耐火极限≥2h，采用室外膨胀型防火涂料，应分层施工，上层未干燥固化不得施工下层				
29	雨淋阀组安装	雨淋阀组安装	（1）报警阀组的安装应在供水管网试压、冲洗合格后进行。 （2）安装时应先安装水源控制阀、报警阀，然后进行报警阀辅助管道的连接。水源控制阀、报警阀与配水干管的连接，应使水流方向一致。 （3）安装报警阀组的室内地面应有排水设施，排水能力应满足报警阀调试、验收和利用试水阀门泄空系统管道的要求				

续表

序号	项目	作业内容	控制要点及标准	检查结果	施工		监理
					作业负责人	质检员	
30	喷头安装	喷头安装	（1）水雾喷头应布置在变压器的周围，不宜布置在变压器的顶部。 （2）保护变压器顶部的水雾不应直接喷向高压套管。 （3）应保证喷雾系统管道对变压器带电部分安全距离。 （4）管道垂直度偏差≤3mm；弯曲度偏差≤3mm。 （5）作用面积内开放的洒水喷头，应在规定时间内按设计选定的喷水强度持续喷水。 （6）喷头洒水时，应均匀分布，且不应受阻挡。 （7）水喷雾喷淋管线应保持平整顺直，采用拉线及经纬仪校准，按工艺标准保证其安全距离。 （8）法兰连接应保持对接螺栓力矩均衡，内部橡胶软垫应保证正确的安装位置。管道法兰连接时应保证其连接可靠性				
31	管道试压、冲洗及带电距离检查	管道试压、冲洗及带电距离检查	（1）按照设计要求，进行管道及附表安装完成后的强度试验及严密性试验，试验结束将管道放空进行冲洗。 （2）按照图纸核查喷淋管道、喷头及附表的绝缘距离是否符合设计要求				
32	联动试喷	功能验收	（1）每个系统应进行模拟灭火功能试验。联动功能正常。主备电源切换；各类阀门及压力开关开启正常，并能反馈信号。 （2）系统应进行冷喷试验，其响应时间、系统压力与流量应符合设计要求，并应检查水雾覆盖保护对象的检查。最高点管道喷头压力不小于0.35MPa				

续表

序号	项目	作业内容	控制要点及标准	检查结果	施工		监理
					作业负责人	质检员	
33	通病防治	方向不正确	安装方向与水流方向一致。一般阀门的阀体上有标志，箭头所指方向即介质向前流通的方向，不得装反				
		螺栓紧固方式不正确	法兰式阀门的安装，必须保证两法兰断面互相平行并在同一轴线上，拧紧螺栓时应十字交叉地进行，使阀门端面受力均匀				
		法兰未关闭连接	法兰与螺纹连接的阀门应在关闭状态下安装				
		阀门受热变形	焊阀门与管道连接时，焊缝底宜采用氩焊施焊，保证内部清洁，焊接时，阀门不宜关闭，防止受热变形				
34		焊口处漏水	（1）焊接完成后检查焊口施工质量，目测使用放大镜检查焊口光滑、无夹渣、无裂缝；必要时使用磁粉检查；如设计有要求时，应采用探伤检查。 （2）压力试验合格后再进行隐蔽				
		室外管道保温措施不到位	寒冷地区管道应设置保温，并将管道敷设在冻土层以下，保温材料性能应满足设计要求				
		沉降	（1）管道底部与顶部回填土压实系数满足设计要求。 （2）管道敷设区域不应出现不均匀沉降。 （3）按照设计要求完成管道基础及管道支墩施工				
		室内消防管冻裂	0℃以下地区室内消防管道需增加保温措施，或增加干式管道排空阀				

续表

序号	项目	作业内容	控制要点及标准	检查结果	施工		监理
					作业负责人	质检员	
35	通病防治	不能进入适应状态	（1）修复或者更换复位装置。 （2）按照安装调试说明书将报警阀组调试到伺应状态（开启隔膜室控制阀、复位球阀）。 （3）将供水控制阀关闭，拆下过滤器的滤网，用清水冲洗干净后，重新安装到位				
		自动滴水阀漏水	（1）开启放水控制阀，排除系统侧管道内的余水。 （2）启动雨淋报警阀，采用洁净水流冲洗遗留在密封面处的杂质				
36		验收不到位	验收内容表格化、必要环节形成照片、视频、记录				

第二节　电气工程

一、主通流回路接头安装关键工序管控表、工艺流程控制卡

（一）主通流回路接头安装关键工序管控表

序号	阶段	管理内容	管控要点	管理资料	监理	业主
1	准备	施工图审查	（1）施工图纸齐全，相关工艺要求明确。 （2）施工图会审内容齐全完整，设计交底内容详实	图纸预检记录、设计图纸交底纪要、施工图会检纪要		
2		方案审查	施工方案齐全完整，技术措施有效，安全措施可靠，具备指导主通流回路施工的能力	方案审查记录、方案报审表、方案审查纪要		

续表

序号	阶段	管理内容	管控要点	管理资料	监理	业主
3	准备	实测实量	（1）实测实量实施方案通过审批。 （2）实测实量验收项目包含基建安质〔2021〕27 号文件规定项目清单。 （3）实测实量仪器（全站仪、水准仪、靠尺、卷尺、回弹仪等）准备到位。 （4）对主通流回路接头进行编号	实测实量实施方案、测试测量记录表		/
4	准备	人员交底	所有作业人员（包括厂家人员）均完成技术交底并签字	人员培训交底记录		/
5	准备	设备进场	（1）供应商资质文件（一般包括营业执照、生产许可证、产品/典型产品的检验报告、企业质量管理体系认证或产品质量认证证书等）齐全。 （2）材料质量证明文件（一般包括产品出厂合格证、检验、试验报告等）完整。 （3）金具到货后应立即进行开箱检查（一般包括金具外观有无破损、软导线与金具熔接质量、金具加工准确度等）。 （4）导电膏乙供材料应报审完毕，产品性能及耐久性满足设计要求	供应商报审表、原材进场报审表、试验检测报告		
6	施工	接头安装	（1）无水酒精清洁接触面。 （2）用刀口尺和塞尺测量平面度。 （3）均匀薄涂导电膏。控制涂抹剂量，用不锈钢尺刮平，再用白洁布擦拭干净，使接线板表面形成一薄层导电膏。 （4）均衡牢固复装。复装时应先对角预紧、再用规定力矩拧紧，保证接线板受力均衡，并用记号笔做标记	施工记录		/

续表

序号	阶段	管理内容	管控要点	管理资料	监理	业主
7	验收	实测实量	按编号逐个开展测量，记录相关数据；检查回路接头力矩、直流电阻	实测实量记录		/
8		资料验收	各项验评资料、施工记录，归档资料齐全并签字盖章	验评记录、隐蔽验收记录、三级自检记录		

（二）主通流回路接头安装工艺流程控制卡

序号	项目	作业内容	控制要点及标准	检查结果	施工		监理
					作业负责人	质检员	
1	方案的编写及交底	方案编写	方案内容应包括主通流回路接头安装内容				
2		交底对象	所有作业人员				
3		交底内容	工程概况与特点、作业程序、操作要领、注意事项、质量控制措施、质量通病、标准工艺、安全风险防控、应急预案等				
4	设备进场验收	金具、导线、管母进场验收	进场验收内容应包含金具外观有无破损、软导线与金具熔接质量、金具加工准确度等				
5	施工准备	人员机具准备	（1）安全工器具、其他小型工器具等准备齐全、验证合格。 （2）逐个制定接头安装工艺控制表，防止接头遗漏。 （3）专项技能培训并考试上岗，严格筛选作业人员				

续表

序号	项目	作业内容	控制要点及标准	检查结果	施工		监理
					作业负责人	质检员	
6	安装	接头安装	（1）用无水酒精清洁接触面污渍。 （2）用刀口尺和塞尺测量接触面平面度，如不达标，用细砂纸包裹好的木块重新打磨，重新测量。 （3）均匀薄涂导电膏。使两侧接触面导电膏均匀平整，接线板表面形成一薄层导电膏				
7		螺栓紧固	用规定力矩对角顺序拧紧，保证接线板受力均衡，并对主通流回路接头进行编号，并开展相关测量				
8		直流电阻测量	（1）测量直流电阻，不满足要求的应返工。交流场超过20μΩ、直流场超过15μΩ、阀厅超过10μΩ的接头进行解体处理。 （2）用力矩扳手按80%的要求力矩复验力矩。 （3）合格后，用另一种颜色的记号笔标记，两种标记线不可重合				
9		直流电阻复测及力矩检查	（1）将区域内的金具接头用电阻仪复测测量一次接触电阻并记录完整。 （2）用规定力矩检查紧固，对不满足要求的接头重新紧固并用记号笔画线标记。 （3）检查螺栓防松动措施是否良好				
10	验收测量	螺栓力矩检查	用规定力矩检查所有螺栓，力矩值满足要求				
11		直流电阻检查	（1）交流区域，测量范围为从GIS出线套管至换流变压器网侧套管，接头直阻按建议值20μΩ控制，且三相偏差不超过建议值10μΩ。				

续表

序号	项目	作业内容	控制要点及标准	检查结果	施工		监理
					作业负责人	质检员	
11	验收测量	直流电阻检查	（2）阀厅区域，测量范围为从换流变压器阀测套管至直流穿墙套管，接头直阻按建议值 10μΩ 控制。 （3）直流场区域，测量范围为从直流穿墙套管至直流线路/接地极线路，接头电阻按建议值 15μΩ 控制，同位置接头电阻横向相比不超过建议值 5μΩ。 （4）由总监理工程师组织，业主、施工、物资供应管理、生产厂家、运检等单位相关人员参加，按照国家规范标准、合同要求进行验收				
12	通病防治	接头发热	（1）检查主通流回路接头力矩紧固是否满足要求，用力矩扳手按 80%的要求力矩复验力矩，避免主通流回路接头发热。 （2）检查接触面，设备接头复测按照不小于总数量 5%的比例进行抽测				

二、蓄电池安装关键工序管控表、工艺流程控制卡

（一）蓄电池安装关键工序管控表

序号	阶段	管理内容	管控要点	管理资料	监理	业主
1	准备	施工图审查	（1）施工图纸齐全，相关工艺要求明确。 （2）施工图会审内容齐全完整，设计交底内容详实	图纸预检记录、设计图纸交底纪要、施工图会检纪要		
2		方案审查	施工方案齐全完整，技术措施有效，安全措施可靠，具备指导蓄电池安装的能力	方案审查记录、方案报审表、方案审查纪要		

续表

序号	阶段	管理内容	管控要点	管理资料	监理	业主
3	准备	实测实量	蓄电池充放电记录表格齐全	实测实量实施方案、测试测量记录表		/
4	准备	人员交底	所有作业人员（包括厂家人员）均完成技术交底并签字	人员培训交底记录		/
5	准备	设备进场	设备材料质量证明文件（一般包括产品出厂合格证、检验、试验报告等）完整	供应商报审表、原材进场报审表、试验检测报告		
6	施工	支架施工	（1）支架要求固定牢靠，水平误差小于±5mm。 （2）电池放置在支架后，支架不应有变形。 （3）蓄电池室内的金属支架应接地	施工记录		/
7	施工	蓄电池安装	（1）排列一致、整齐，放置平稳。蓄电池端子上应加盖绝缘盖，防止短路。 （2）蓄电池安装应平稳，间距应均匀一致，单体蓄电池之间的间距不应小于 5mm。 （3）蓄电池应按顺序进行编号，编号标识清晰、齐全。 （4）蓄电池电缆引出线正极为赭色（棕色）、负极为蓝色，电缆接线端子处应有绝缘防护罩	施工记录		/
8	施工	蓄电池充放电试验	检查充放电试验记录	实测实量记录		/
9	验收	资料验收	各项验评资料、施工记录，归档资料齐全并签字盖章	验评记录、隐蔽验收记录、三级自检记录		

（二）蓄电池组安装工艺流程控制卡

序号	项目	作业内容	控制要点及标准	检查结果	厂家代表	施工		监理
						作业负责人	质检员	
1	方案的编写及交底	方案编写	方案编制包含支架、蓄电池安装施工；方案中依照工艺标准、规范均为最新要求，且与厂家技术资料、运行要求无争议					
		交底对象	所有作业人员					
		交底内容	工程概况与特点、作业程序、操作要领、注意事项、质量控制措施、质量通病、标准工艺、安全风险防控、应急预案等					
2	蓄电池进场检查	支架、绝缘垫	检查尺寸是否满足图纸要求，数量是否齐全					
3		蓄电池组	检查蓄电池组外观是否有破损，型号规格是否满足要求					
4		附件	检查数量是否满足要求					
5		存放	蓄电池应存放在清洁、干燥、通风良好的室内，避免阳光直射					
6		接地检查	施工前复查蓄电池室接地引上位置是否满足蓄电池接地位置					
7	安装	支架安装	（1）支架要求固定牢靠，水平误差小于±5mm。 （2）电池放置在支架后，支架不应有变形。 （3）蓄电池室内的金属支架应接地					

续表

序号	项目	作业内容	控制要点及标准	检查结果	厂家代表	施工		监理
						作业负责人	质检员	
7	安装	蓄电池安装	（1）排列一致、整齐，放置平稳。蓄电池端子上应加盖绝缘盖，防止短路。 （2）蓄电池安装应保持水平安装，间距应均匀一致，单体蓄电池之间的间距不应小于 5mm。 （3）蓄电池应按顺序进行编号，编号标识清晰、齐全。 （4）蓄电池电缆正极引出线为赭色（棕色）、负极引出线为蓝色，电缆接线端子处应有绝缘防护罩。 （5）蓄电池间连接线及采样线应连接可靠，整齐、美观。 （6）两组蓄电池宜布置在不同房间，布置在同一房间时，蓄电池组间应设置防爆隔火墙。 （7）蓄电池不得倒置，开箱后不得重叠存放。 （8）蓄电池组电源引出电缆应采用过渡板连接，不应直接连接到极柱上					
8	试验	蓄电池充放电试验	（1）充电前检查电池组及其连接条的连接情况。 （2）蓄电池充放电试验过程中施工单位及厂家人员全程值班。 （3）充电期间，充电电源可靠，不得断电。环境温度为 5～35℃，电池组表面温度不得高于 45℃。 （4）放电结束后应尽快进行完全充电					

续表

序号	项目	作业内容	控制要点及标准	检查结果	厂家代表	施工		监理
						作业负责人	质检员	
9	验收情况检查	安装位置检查	蓄电池安装位置符合设计要求。排列整齐，平稳牢固					
10		外观检查	蓄电池极性标识正确、清晰。电池编号正确，蓄电池支架螺栓紧固检查和遗留物检查					
11		试验检查	蓄电池组的充放电结果合格，端电压、放电容量、放电倍率符合产品技术文件要求					
12		绝缘检查	蓄电池组的绝缘良好，绝缘电阻不小于0.5MΩ					
13		技术文件检查	产品说明书、装箱单、验收记录、合格证明文件齐全					
14	通病防治	支架不平整	安装前检查地面平整度，支架安装后检查支架水平误差					

三、电缆防火设施安装关键工序管控表、工艺流程控制卡

（一）电缆防火设施安装关键工序管控表

序号	阶段	管理内容	管控要点	管理资料	监理	业主
1	准备	施工图审查	（1）阻火墙设置规格及耐火时间是否满足规范要求。 （2）电磁屏蔽封堵密闭性能是否满足规范要求。 （3）电磁屏蔽及阻火墙的布局方式及数量是否满足要求。 （4）设计应明确电缆防火涂料涂刷部位及质量要求。 （5）设计应明确电缆防火等级以及与防火设施的匹配方案	图纸预检记录、设计图纸交底纪要、施工图会检纪要		

续表

序号	阶段	管理内容	管控要点	管理资料	监理	业主
2	准备	方案审查	（1）明确防火封堵的施工顺序及相应的验收标准。 （2）明确防火设施、材料制作、加工、存放、维护的要求，主要技术参数及质量标准。 （3）详细说明不同部位的防火设施的安装顺序及技术要点	方案审查记录、方案报审表、方案审查纪要		
3		实测实量	（1）实测实量实施方案通过审批。 （2）实测实量验收项目包含基建安质〔2021〕27 号文件规定项目清单。 （3）实测实量仪器准备到位	实测实量实施方案、测试测量记录表		/
4		标准工艺实施	（1）执行《国家电网有限公司输变电工程标准工艺　变电工程电气分册》“全站电缆施工—电缆沟内阻火墙施工，孔洞、管口封堵，盘、柜底部封堵施工”要求。 （2）标准工艺方案通过审批	标准工艺方案、标准工艺应用记录		
5		人员交底	所有作业人员（包括厂家人员）均完成技术交底并签字	人员培训交底记录		/
6		设备进场	（1）电缆防火设施施工使用材料包括耐火砖、电磁屏蔽模块、防火涂料、防火泥等。 （2）供应商资质文件（一般包括营业执照、生产许可证、产品/典型产品的检验报告、企业质量管理体系认证或产品质量认证证书等）齐全。 （3）材料质量证明文件（一般包括产品出厂合格证、检验、试验报告等）完整。 （4）耐火报告（耐火砖、电磁屏蔽模块、防火涂料、防火泥等，按有关规定进行取样送检，并在检验合格后报监理项目部查验）	供应商报审表、原材进场报审表、试验检测报告		
7		样板确认	（1）样板制作符合标准工艺要求。 （2）防火涂料涂刷均匀	样板确认清单		

续表

序号	阶段	管理内容	管控要点	管理资料	监理	业主
8	施工	电缆防火设施施工	（1）原材料已按要求见证取样、送检。 （2）开展电缆防火设施隐蔽工程验收	试验检测报告、电缆防火设施隐蔽工程验收记录		/
9	验收	实测实量	防火涂料涂刷厚度，阻火墙厚度、平整度、电缆电磁屏蔽模块密封程度	实测实量记录		/
10		资料验收	各项验评资料、施工记录，归档资料齐全并签字盖章	验评记录、隐蔽验收记录、三级自检记录		

（二）电缆防火设施安装工艺流程控制卡

序号	项目	作业内容	控制要点及标准	检查结果	厂家代表	施工		监理
						作业负责人	质检员	
1	方案的编写及交底	方案编写	（1）方案编制包含电缆防火施工。 （2）方案编制包含电缆规格、防火等级。 （3）方案编制应包括施工顺序、施工平面图、施工进度计划、防火墙，电磁屏蔽封堵排版图					
		交底对象	所有作业人员					
		交底内容	工程概况与特点、作业程序、操作要领、注意事项、质量控制措施、质量通病、标准工艺、安全风险防控、应急预案等					

续表

序号	项目	作业内容	控制要点及标准	检查结果	厂家代表	施工		监理
						作业负责人	质检员	
2	耐火砖检查	耐火砖规格、性能检查	（1）耐火砖尺寸规格满足设计尺寸。 （2）耐火砖耐火极限：耐火砖的耐火性能满足设计标准，其耐火特性一般不低于 3h。 （3）耐火砖制作原材料检查，耐火砖的制作原材料应满足环保要求					
3	原材料检查	电磁屏蔽模块进场检查	（1）电磁屏蔽模块阻火性能检查：电磁屏蔽模块阻火性能应满足设计要求，一般不低于 2h 耐火极限要求。 （2）电磁屏蔽模块变径能力检查：电磁屏蔽模块应具备一定的变径能力，且变径范围应大于 8mm					
4		防火涂料检查	（1）防火特性检查：耐火极限应满足相应规范要求。 （2）环保要求检查：防火涂料制作原材料应满足相应环保技术要求，并出具环保检验合格证书					
5		防火泥检查	阻火性能检查：耐火极限是否满足设计及相应规程规范要求					
6		防火板检查	（1）厚度检查：防火板厚度检查，厚度≥12mm。 （2）阻火性能检查，耐火性能检查，耐火时间≥2h					

续表

序号	项目	作业内容	控制要点及标准	检查结果	厂家代表	施工		监理
						作业负责人	质检员	
7	阻火墙施工	阻火墙组立	阻火墙及相关防火设施施工前应确保本次施工需通过该段阻火墙的全部电缆已敷设完毕。组立的阻火墙厚度满足规范及图纸要求，两侧使用防火板进行格挡；底部需要预留直径为100mm的排水孔，并在排水孔处设置防鼠网					
8		阻火墙内部填充	阻火墙体充填阻火模块施工时应自下而上紧密填充，若阻火模块不能密填（如通过电缆处），可使用有机防火堵料进行封堵，阻火墙顶部使用有机堵料进行填平，并加盖防火板。整个阻火墙的内部填充应密实，不得出现透光点					
9		穿墙电缆处理	（1）阻火墙及穿越阻火墙孔洞的电缆应涂刷防火涂料，防火涂料涂刷前应对电缆表面进行清洁。 （2）对于预留的电缆孔洞应使用有机防火堵料进行封堵。 （3）电缆防火涂料的涂刷长度≥2m。 （4）防火涂料的涂刷厚度不应低于3mm（晾干后）。 （5）涂刷应分三次进行，每次的涂刷时间间隔不得低于24h					
10	电磁屏蔽封堵	框架组立	（1）框架应贴合电缆沟内壁组立，框架与电缆沟内壁之间缝隙必须用混凝土充填密实。 （2）金属框架均需要可靠接地。 （3）当对单芯电缆进行封堵时，金属框架必须采用不锈钢材质					

续表

序号	项目	作业内容	控制要点及标准	检查结果	厂家代表	施工		监理
						作业负责人	质检员	
10	电磁屏蔽封堵	电缆处理	（1）根据电缆外径选择合适的模块，两半模块夹住电缆后两边间隙宜为 0.1～1mm。 （2）剥去电缆外皮的长度应符合产品说明书要求，模块的导电金属部分应和电缆铠装层或屏蔽层有效贴合、导通良好。 （3）各模块之间导电部分及模块导电部分和框架之间有效贴合、导通良好。 （4）模块安装完成后应用产品配套的压紧装置进行压紧。 （5）没有电缆的空间应用盲堵模块填充好					
11	孔洞管口封堵施工	孔洞封堵施工	孔洞底部铺设厚度为 10m 的防火板，在孔隙口及电缆周围采用有机堵料进行密实封堵，电缆周围的有机堵料厚度不得小于 20mm；用防火包填充或无机堵料浇筑，塞满孔洞；在孔洞底部防火板与电缆的缝隙处做线脚，线脚厚度≥10mm，电缆周围的有机堵料的宽度≥40mm					
12		管口封堵施工	（1）电缆管口封堵露出管口厚度≥10mm。 （2）在封堵电缆孔洞时，封堵应严实可靠，不应有明显的裂缝和可见的孔隙，孔洞较大者应加耐火衬板后再进行封堵。 （3）电缆沟壁上电缆孔洞封堵：沟内壁宜用有机堵料封堵严实，沟外壁用水泥砂浆封堵严实。 （4）电缆管口封堵采用有机堵料，封堵严密。电缆管口封堵时应在管内加入挡板，防止封堵油泥掉落管内					

续表

序号	项目	作业内容	控制要点及标准	检查结果	厂家代表	施工		监理
						作业负责人	质检员	
13	外观检查	外观检查	外观是否做到顺滑，美观					
14	尺寸检测	施工是否达到设计要求	阻火墙的厚度，防火涂料的涂刷厚度，电磁屏蔽的屏蔽效果是否满足设计要求					
15	通病防治	防火涂料涂刷	防火涂料是否分为多次涂刷，涂刷厚度是否达到要求					
16		阻火墙内部填充	阻火墙体充填阻火模块施工时应自下而上紧密填充，若阻火模块不能密填（如通过电缆处），可使用有机防火堵料进行封堵，阻火墙顶部使用有机堵料进行填平，并加盖防火板。整个阻火墙的内部填充应密实，不得出现透光点					

四、端子箱和屏柜封堵关键工序管控表、工艺流程控制卡

（一）端子箱和屏柜封堵关键工序管控表

序号	阶段	管理内容	管控要点	管理资料	监理	业主
1	准备阶段	施工图审查	（1）施工图纸齐全，相关工艺要求明确。 （2）施工图会审内容齐全完整，设计交底内容详实	施工图预检记录表、施工图纸交底纪要、施工图会检纪要		
2		方案审查	施工方案齐全完整，技术措施有效，安全措施可靠，具备指导端子箱和屏柜封堵施工的能力	项目管理实施规划/（专项）施工方案报审表、文件审查记录表		

续表

序号	阶段	管理内容	管控要点	管理资料	监理	业主
3	准备阶段	标准工艺实施	（1）执行《国家电网有限公司输变电工程标准工艺　变电工程电气分册》“全站电缆施工—盘、柜底部封堵施工”要求。 （2）检查施工图纸中标准工艺内容齐全。 （3）检查施工过程标准工艺执行	标准工艺应用记录		/
4		人员交底	所有作业人员（包括厂家人员）均完成技术交底并签字	人员培训交底记录		/
5		设备进场	（1）供应商资质文件（营业执照、安全生产许可证、产品的检验报告、企业质量管理体系认证或产品质量认证证书）齐全。 （2）材料质量证明文件（包括产品出厂合格证、检验、试验报告）完整	甲供主要设备（材料/构配件）开箱申请表、乙供主要材料及构配件供货商资质报审表、乙供工程材料/构配件/设备进场报审表		
6		反措要求	（1）电缆线路的防火设施必须与主体工程同时设计、同时施工、同时验收，防火设施未验收合格的电缆线路不得投入运行。 （2）110（66）kV及以上电压等级电缆在隧道、电缆沟、变电站内、桥梁内应选用阻燃电缆，其成束阻燃性能不应低于C级。与电力电缆同通道敷设的低压电缆、通信光缆等应穿入阻燃管，或采取其他防火隔离措施。应开展阻燃电缆阻燃性能到货抽检试验，以及阻燃防火材料（防火槽盒、防火隔板、阻燃管）防火性能到货抽检试验，并向运维单位提供抽检报告	检查记录表		/

续表

序号	阶段	管理内容	管控要点	管理资料	监理	业主
7	施工阶段	施工准备	（1）检查防火封堵材料产品必须满足国家 GB 23864—2009《防火封墙材料》标准、防火封堵产品必须具备公安部消防产品合格评定中心颁发的型式认可证书和“型式认可发证检验报告”。 （2）电缆终端制作完成，并排列整齐。 （3）盘柜底部的专用接地铜排离底部不小于 50mm。 （4）端子箱和屏柜无灰尘及杂物	检查记录表		/
8		尺寸测量	孔洞的规格应小于 400mm×400mm，如果预留的孔洞过大应采用槽钢或角钢进行加固	检查记录表		/
9		材料切割	切割整齐，开孔大小合适	检查记录表		/
10		封堵材料填充	（1）盘、柜底部以厚度≥10mm 防火板封隔，隔板安装平整牢固，安装中造成的工艺缺口、缝隙使用有机堵料密实地嵌于孔隙中，并做线脚，线脚厚度不小于 10mm，宽度不小于 20mm，电缆周围的有机堵料的宽度不小于 40mm，呈几何图形，面层平整。 （2）防火板不能封隔到的盘、柜底部空隙处，以有机堵料严密封实，有机堵料面应高出防火板 10mm 以上，并呈几何图形，面层平整。 （3）防火密封胶厚度不小于 1mm，深度不小于 50mm	检查记录表		/
11		防火涂料涂刷	干涂层厚度不小于 3mm，涂刷长度不小于 2m			/
12	验收阶段	实体检查	（1）在封堵盘、柜底部时，封堵应严实可靠，不应有明显的裂缝和可见的孔隙。 （2）涂刷防火涂料时，做到美观整洁无杂色	验收记录		
13		资料验收	安装使用说明书、出厂报告	验收记录		/

（二）端子箱和屏柜封堵工艺流程控制卡

序号	项目	作业内容	控制要点及标准	检查结果	厂家代表	施工		监理	业主	运行
						作业负责人	质检员			
1	材料进场检查	检查防火封堵材料产品合格证，出厂报告及相关型式报告	产品必须满足GB 23864—2009《防护封堵材料》的标准、防火封堵产品必须具备公安部消防产品合格评定中心颁发的型式认可证书和"型式认可发证检验报告"							
2	端子箱及屏柜封堵前检查	电缆检查	电缆终端制作完成，并排列整齐							
		接地铜排检查	盘柜底部的专用接地铜排离底部不小于50mm							
3	端子箱及屏柜清理	安装位置清洁	无灰尘及杂物							
4	尺寸测量	孔洞大小及电缆位置测量	孔洞的规格应小于400mm×400mm，如果预留的孔洞过大应采用槽钢或角钢进行加固							
5	材料切割	防火隔板或防火涂层板尺寸切割	按照盘、柜底部测量尺寸，切割整齐，开孔大小合适							
6	封堵材料填充	防火隔板或防火涂层板拼接、铺设	盘、柜底部以厚度≥10mm防火板封隔，隔板安装平整牢固，安装中造成的工艺缺口、缝隙使用有机堵料密实地嵌于孔隙中，并做线脚，线脚厚度不小于10mm，宽度不小于20mm，电缆周围的有机堵料的宽度不小于40mm，呈几何图形，面层平整							

续表

<table>
<tr><th rowspan="2">序号</th><th rowspan="2">项目</th><th rowspan="2">作业内容</th><th rowspan="2">控制要点及标准</th><th rowspan="2">检查结果</th><th rowspan="2">厂家代表</th><th colspan="2">施工</th><th rowspan="2">监理</th><th rowspan="2">业主</th><th rowspan="2">运行</th></tr>
<tr><th>作业负责人</th><th>质检员</th></tr>
<tr><td rowspan="2">6</td><td rowspan="2">封堵材料填充</td><td>缝隙封堵</td><td>（1）防火隔板的拼接缝隙、板与盘柜底部、板与电缆之间及板的四周用柔性有机堵料填充，并用抹刀将有机堵料抹平。
（2）防火板不能封隔到的盘、柜底部空隙处，以有机堵料严密封实，有机堵料面应高出防火板 10mm 以上，并呈几何图形，面层平整</td><td></td><td></td><td></td><td></td><td></td><td></td><td></td></tr>
<tr><td>防火密封胶粘接、封边</td><td>（1）防火涂层板拼接缝隙、板与盘柜底部、板与电缆之间及板的四周使用防火密封胶粘接、封边。
（2）防火密封胶厚度不小于 1mm，深度不小于 50mm</td><td></td><td></td><td></td><td></td><td></td><td></td><td></td></tr>
<tr><td>7</td><td>涂刷</td><td>防火涂料涂刷</td><td>封堵完毕后在防火涂层板表面再涂刷一层电缆防火涂料。在封堵处下部电缆不小于 2m 范围内涂刷电缆防火涂料。干涂层厚度不小于 3mm</td><td></td><td></td><td></td><td></td><td></td><td></td><td></td></tr>
<tr><td>8</td><td>端子箱及屏柜封堵整体验收</td><td>外观验收</td><td>（1）在封堵盘、柜底部时，封堵应严实可靠。
（2）不应有明显的裂缝和可见的孔隙。
（3）涂刷防火涂料时，做到美观整洁无杂色</td><td></td><td></td><td></td><td></td><td></td><td></td><td></td></tr>
</table>

续表

序号	项目	作业内容	控制要点及标准	检查结果	厂家代表	施工		监理	业主	运行
						作业负责人	质检员			
9	通病防治	防火涂料涂刷	（1）防火涂料涂刷之前应对电缆表面进行清洁。 （2）涂刷防火涂料时，做到美观整洁无杂色，并且分多次涂刷							
10		防火板材切割	防火板材的切割尽量一次成型避免多次切割拼凑							

五、电容器组安装关键工序管控表、工艺流程控制卡

（一）电容器组安装关键工序管控表

序号	阶段	管理内容	管控要点	管理资料	监理	业主
1		施工图审查	（1）电容器组安装方向平面图与接线图一致。 （2）电容器底板安装高度设计图纸是否明确。 （3）电容器组及各配电装置之间应符合规范规定的电气距离	施工图预检记录表、施工图纸交底纪要、施工图会检纪要		
2	准备阶段	方案审查	（1）电容器组安装工艺流程是否合理。 （2）电容器安装控制要点。 （3）电容器安装相关质量通病、强制性条文是否齐全。 （4）电容器组安装交接试验	项目管理实施规划/（专项）施工方案报审表、文件审查记录表		
3		标准工艺实施	（1）执行《国家电网有限公司输变电工程标准工艺 变电工程电气分册》“换流站设备安装—电容器塔安装”要求。 （2）检查施工图纸中标准工艺内容齐全。 （3）检查施工过程标准工艺执行	标准工艺应用记录		/

续表

序号	阶段	管理内容	管控要点	管理资料	监理	业主
4	准备阶段	人员交底	所有作业人员（包括厂家人员）均完成技术交底并签字	人员培训交底记录		/
5		设备进场	（1）检查电容器单元、支柱绝缘子外观，对照到货清单清点设备及附件数量。 （2）材料质量证明文件（包括产品出厂合格证、检验、试验报告）完整，包括电容器、支柱绝缘子等			
6	施工阶段	基础底板、支柱绝缘子安装	基础钢板上表面在同一水平面上，平行度偏差不大于2mm，保证上法兰面处于同一水平面上。必要时可用垫片垫平，然后将底座支柱绝缘子上下法兰螺栓预紧	检查记录表		/
7		电容器组装	（1）安装电容器组塔架时应逐层复测水平与垂直度，同一层的高度、平面度偏差均控制在2mm以内，总体装置的垂直度（顶层平面对角线交叉点与底层平面对角线交叉点）偏差控制在15mm以内。 （2）电容器组支柱绝缘子、台架、金具、管形母线、导线连接方式以及紧固件的力矩应符合产品技术规定	检查记录表		/
8		屏蔽环安装	屏蔽环安装应牢固，表面应光洁、无变形和毛刺，底部最低处应打不大于8mm的泄水孔	检查记录表		/
9		层间连线	套管芯棒应无弯曲、滑扣。引出线端连接用的螺母、垫圈应齐全。每层电容器之间及与框架连接线应连接牢固，连接线弧度一致，工艺美观。连线接头盒应有防鸟害措施，且不影响红外热像检测			/

续表

序号	阶段	管理内容	管控要点	管理资料	监理	业主
10	验收阶段	实体检查	（1）电容器外观清洁，无明显积灰，电容器外观、套管引线端子部位应密封无渗油，外壳无变形、锈蚀、剐蹭痕迹。 （2）每层电容器都设有层数编号、铭牌标识，应在同一直线上，且应统一朝向巡视小道侧。 （3）设备接地线连接应符合设计要求和产品的技术规定；接地应良好，且标识应清晰。 （4）电容配置率要求达到 100%，电容器层间接线正确率要求达到 100%	验收记录		
11		资料验收	（1）安装使用说明书、出厂报告。 （2）交接试验报告和特殊试验报告	验收记录		/

（二）电容器组安装工艺流程控制卡

序号	项目	作业内容	控制要点及标准	检查结果	厂家代表	施工		监理	业主	运行
						作业负责人	质检员			
1	准备阶段	人员组织	特种作业人员资质报审合格						/	/
		施工机械及工器具准备	施工机械及工器具报审合格						/	/
		技术准备	（1）厂家资料齐全、设计图纸已会检。 （2）施工措施方案报审合格并全员交底						/	/
		现场布置	设备堆放整齐，标识齐全；设备堆放区、施工区符合安全文明施工要求						/	/
		基础复测	基础及预埋螺栓水平、高差复测满足设计及厂家要求						/	/

续表

序号	项目	作业内容	控制要点及标准	检查结果	厂家代表	施工		监理	业主	运行
						作业负责人	质检员			
2	电容器组安装	设备到货验收	（1）各零部件应装箱，保存应有防潮、防雨水和冰雪的措施。不得靠近热源，室内不得有腐蚀性气体等，电容器在运输、装卸过程中不得倒置、碰撞和受到剧烈震动。 （2）现场保管应遵循厂家装箱顺序（最上层装在最下部）及现场安装、转运顺序需求放置。 （3）电容器外观、套管引线端子部位应密封无渗油，外壳无变形、锈蚀、剐蹭痕迹。 （4）绝缘子的瓷件、法兰应完整，无裂纹和损伤，胶合处填料应完整，结合应牢固。 （5）支架无变形、损坏，镀锌层应完整，紧固件应齐全						/	/
		电容器及附件试验	（1）安装前应对电容器、绝缘子逐个试验合格。 （2）按制造厂桥臂平衡配置及层次位置布置组装电容器组，现场进行核对。 （3）电容器安装时应对每台电容器、每个电容器桥臂和整组电容器的电容量进行测量；实测电容量及偏差应符合产品技术文件的规定和设计文件的要求						/	/

续表

序号	项目	作业内容	控制要点及标准	检查结果	厂家代表	施工		监理	业主	运行
						作业负责人	质检员			
2	电容器组安装	基础钢板安装	各支柱绝缘子底座钢板经调节预埋地脚螺栓的螺母，应使基础钢板上表面在同一水平面上，平行度偏差不大于 2mm。安装后防松螺帽应紧固，其每个底座钢板应预留接地端						/	/
		底座支柱绝缘子安装	按总装图安装底座支柱绝缘子，并保证上法兰面处于同一水平面上。必要时可用垫片垫平，然后将底座支柱绝缘子上下法兰螺栓预紧						/	/
		电容器组吊装	（1）各电容器层配置过程，严格按照设计或厂方提供的编号进行配置。 （2）应采用专用吊装器具，无特殊要求时应从基础逐层完成吊装。吊装过程应避免踩踏电容器套管、管形母线和均压环。 （3）每层电容器都设有层数编号、铭牌标识，应在同一直线上，且应统一朝向巡视小道侧。 （4）安装时应注意电容器台架标识牌、绝缘子的型号。每个支柱绝缘子的出厂实测高度已标签在绝缘子上，电容器组同一层内应采用高度相近的支柱绝缘子。 （5）电容器塔每层组装时应按制造厂规定调整支架水平，绝缘子应受力均匀，同一轴线上的各绝缘子中心线应在同一垂直线上，合格后方能继续上层电容器层的吊装工作。							

续表

序号	项目	作业内容	控制要点及标准	检查结果	厂家代表	施工		监理	业主	运行
						作业负责人	质检员			
2	电容器组安装	电容器组吊装	（6）带有均压环的电容器层需将均压环整体组装吊装，均压环组装过程中应采取防止剐蹭措施，局部存在的毛刺应打磨光洁，屏蔽环安装应牢固，表面应光洁、无变形和毛刺，底部最低处应打不大于8mm的泄水孔。安装电容器组塔架时应逐层复测水平与垂直度，同一层的高度、平面度偏差均控制在2mm以内，总体装置的垂直度（顶层平面对角线交叉点与底层平面对角线交叉点）偏差控制在15mm以内。 （7）每只电容器、层架、屏蔽环的等电位连接应符合产品技术文件的规定。电容器组支柱绝缘子、台架、金具、管形母线、导线连接方式以及紧固件的力矩应符合产品技术规定。 （8）电容配置率要求达到100%，电容器层间接线正确率要求达到100%。电容器连线应符合设计要求，宜采用双连接线结构。套管端子线夹的线槽应与连线方向一致。套管接线端子及线槽的接触表面应清洁、无氧化膜。接线连接紧固，受力均衡可靠，紧固力矩值符合产品技术规定，其连接紧固力应避免力矩过大而扭断接线柱。 （9）每层电容器之间及与框架连接线应连接牢固，连接线弧度一致，工艺美观。连线接头盒应有防鸟害措施，且不影响红外热像检测						/	/

续表

序号	项目	作业内容	控制要点及标准	检查结果	厂家代表	施工		监理	业主	运行
						作业负责人	质检员			
2	电容器组安装	网栏安装	网栏高度应满足设计要求，应可靠接地，当滤波电抗器与电容器塔布置在同一网栏场地内，网栏连接部位需有一处采取绝缘处理，防止形成闭合磁路						/	/
3	电容器组整体验收	外观验收	电容器母线连接的电气安全距离应符合Q/GDW 1223—2014《±800kV换流站母线装置施工及验收规范》的有关要求，电容器外壳应无变形、锈蚀，所有接缝不应有裂缝或渗油。套管芯棒应无弯曲、滑扣。引出线端连接用的螺母、垫圈应齐全							
		设备接地	（1）设备接地线连接应符合设计要求和产品的技术规定。 （2）接地良好，标识清晰							
		电气连接	按照厂家提供力矩值检查电容器层间连线接头力矩							
4	通病防治	套管引线端子部位渗油	使用厂家提供专用扳手，按照厂家提供套管端子螺栓力矩值对套管端部逐一紧固							/

六、支柱式断路器安装关键工序管控表、工艺流程控制卡

（一）支柱式断路器安装关键工序管控表

序号	阶段	管理内容	管控要点	管理资料	监理	业主
1	准备阶段	施工图审查	（1）断路器均压环与本体间距是否满足金具连接要求。 （2）断路器及支架、平台接地位置。 （3）断路器及各配电装置之间应符合规范规定的电气距离	施工图预检记录表、施工图纸交底纪要、施工图会检纪要		
2		方案审查	（1）断路器安装工艺流程是否合理。 （2）断路器安装质量要点。 （3）断路器安装相关质量通病、强制性条文是否齐全。 （4）断路器安装交接试验	项目管理实施规划/（专项）施工方案报审表、文件审查记录表		
3		标准工艺实施	（1）执行国家电网有限公司标准工艺“配电装置安装—断路器安装”“换流站设备安装—直流断路器安装”要求。 （2）检查施工图纸中标准工艺内容齐全。 （3）检查施工过程标准工艺执行	标准工艺应用记录		/
4		人员交底	所有作业人员（包括厂家人员）均完成技术交底并签字	人员培训交底记录		/
5		设备进场	（1）检查断路器外观，气室压力数值合格，对照到货清单清点设备及附件数量。 （2）材料质量证明文件完整（包括产品出厂合格证、检验、试验报告），包括：本体、均压环、支架等			
6	施工阶段	基础及预埋螺栓检查	基础中心距离误差、高度误差、预留孔或预埋件中心线误差均应≤10mm；基础预埋件上端应高出混凝土表面1～10mm；预埋螺栓中心线误差≤2mm，地脚螺栓高出基础顶面长度应符合设计和厂家要求，长度应一致。相间中心距离误差≤5mm	检查记录表		/

续表

序号	阶段	管理内容	管控要点	管理资料	监理	业主
7	施工阶段	本体安装	（1）法兰密封槽面应清洁，无划伤痕迹；已使用过的密封垫（圈）不得使用；涂抹密封胶时，不得使其流入密封垫（圈）内侧而与 SF_6 气体接触。 （2）均匀对称紧固断口与支柱连接螺栓，紧固力矩符合产品技术文件要求	检查记录表		/
8		抽真空	（1）气体充入前应对设备内部进行真空处理，真空残压及保持时间应符合产品技术文件要求。预充微正压 SF_6 气体运输至现场的断路器，现场测量微水合格后，可以不抽真空，直接补气至额定压力（具体要求由产品安装说明书确定）。 （2）真空泄漏检查方法应按产品说明书的要求进行。 （3）SF_6 气体充注前，必须对 SF_6 气体抽样送检，抽样比例及检测指标应符合 GB/T 12022—2014《工业六氟化硫》的要求。现场测量每瓶 SF_6 气体含水量，应符合规范要求	检查记录表		/
9		充气	（1）充气过程中应进行密度继电器报警、闭锁接点压力值检查，应符合产品技术文件要求。 （2）充至额定压力 24h 后，采用灵敏度不低于 1×10^{6}（体积比）的检漏仪对设备进行密封试验。必要时采用局部包扎法进行泄漏值测量，SF_6 气体泄漏量应符合规范和产品技术要求，或以 24h 泄漏量换算年泄漏率。 （3）充至额定压力 24h 后，测量设备 SF_6 气体含水量，与灭弧室相通的气室应小于 150μL/L，不与灭弧室相通的气室应小于 250μL/L			/
10		现场检查试验	（1）按产品电气控制回路图检查厂方接线正确性。 （2）按设计图进行电缆二次接线并验证回路接线的正确性。 （3）断路器分合闸测速、断口耐压等试验等应符合 GB 50150—2016《电气装置安装工程　电气设备交接试验标准》的要求			/

续表

序号	阶段	管理内容	管控要点	管理资料	监理	业主
11	验收阶段	实体检查	（1）所有部件（包括机构箱）的安装位置正确，并按制造厂规定要求保持其应有的水平度或垂直度。 （2）断路器相色标识齐全，本体机构箱及支架应可靠接地。 （3）断路器及其传动机构的联动正常，无卡阻现象，分、合闸指示正确，辅助开关及电气闭锁动作正确、可靠。 （4）断路器各类表计（密度继电器、压力表等）及指示器（位置指示器、储能指示器等）安装位置应方便巡视人员或智能机器人巡视观察	验收记录		
12		资料验收	（1）安装使用说明书、出厂报告。 （2）交接试验报告和特殊试验报告	验收记录		/

（二）支柱式断路器安装工艺流程控制卡

序号	项目	作业内容	控制要点及标准	检查结果	厂家代表	施工		监理	业主	运行
						作业负责人	质检员			
1	准备阶段	人员组织	特种作业人员资质报审合格						/	/
		施工机械及工器具准备	施工机械及工器具报审合格						/	/
		技术准备	厂家资料齐全、设计图纸已会检						/	/
			施工措施方案报审合格并全员交底						/	/
		现场布置	设备堆放整齐，标识齐全；设备堆放区、施工区符合安全文明施工要求						/	/
		基础复测	基础及预埋螺栓水平、高差复测满足设计及厂家要求						/	/

续表

序号	项目	作业内容	控制要点及标准	检查结果	厂家代表	施工		监理	业主	运行
						作业负责人	质检员			
2	支柱式断路器安装	支架安装	（1）断路器的固定应牢固可靠，宜实现无调节垫片安装（厂家调节垫片除外），支架或底架与基础的垫片不宜超过三片，总厚度不应大于10mm，各片间应焊接牢固。 （2）支架安装后找正时控制支架垂直度、顶面平整度，相间顶部平整度保持一致						/	/
		本体安装	（1）所有部件（包括机构箱）的安装位置正确，并按制造厂规定要求保持其应有的水平度或垂直度。 （2）瓷套表面应光滑无裂纹、缺损。套管采用瓷外套时，瓷套与金属法兰胶装部位应牢固密实并涂有性能良好的防水胶；套管采用硅橡胶外套时，外观不得有裂纹、损伤、变形；套管的金属法兰结合面应平整、无外伤或铸造砂眼						/	/
		均压环安装	均压环安装应无划痕、毛刺，安装牢固、平整、无变形，底部最低处应打不大于ϕ8mm的泄水孔						/	/
		表计安装	（1）断路器各类表计（密度继电器、压力表等）及指示器（位置指示器、储能指示器等）安装位置应方便巡视人员或智能机器人巡视观察。 （2）SF_6密度继电器与开关设备本体之间的连接方式应满足不拆卸校验密度继电器的要求。户外SF_6密度继电器应安装防雨罩						/	/

续表

序号	项目	作业内容	控制要点及标准	检查结果	厂家代表	施工		监理	业主	运行
						作业负责人	质检员			
2	支柱式断路器安装	抽真空	（1）气体充入前应对设备内部进行真空处理，真空残压及保持时间应符合产品技术文件要求。真空泄漏检查方法应按产品说明书的要求进行。 （2）SF_6 气体充注前，必须对 SF_6 气体抽样送检，抽样比例及检测指标应符合 GB/T 12022—2014 的要求。现场测量每瓶 SF_6 气体含水量，应符合规范要求						/	/
		注气	在 SF_6 气体监测合格后进行注气，注气至厂家技术文件额定压力。24h 后进行相关试验						/	/
		平台安装	断路器操作平台应可靠接地，平台各段应有跨接线。平台距基准面高度低于 2m 时，防护栏杆高度不应小于 900mm；平台距基准面高度不小于 2m 时，防护栏杆高度不应小于 1050mm，底部应设有不小于 100mm 高的挡脚板						/	/
		交接试验	按照 GB 50150—2016 规程进行相关试验						/	/

续表

序号	项目	作业内容	控制要点及标准	检查结果	厂家代表	施工		监理	业主	运行
						作业负责人	质检员			
3	支柱式断路器整体验收	外观验收	外观清洁、无杂物、无掉漆现场，断路器相色标识齐全，本体机构箱及支架应可靠接地							
		设备接地	设备接地线连接应符合设计要求和产品的技术规定；接地应良好，且标识应清晰							
		电气连接	断路器及其传动机构的联动正常，无卡阻现象，分、合闸指示正确，辅助开关及电气闭锁动作正确、可靠							
4	通病防治	均压环漏打排水孔	均压环安装应无划痕、毛刺，安装牢固、平整、无变形，底部最低处应打不大于 ϕ8mm 的泄水孔							/

七、HGIS 安装关键工序管控表、工艺流程控制卡

（一）HGIS 安装关键工序管控表

序号	阶段	管理内容	管控要点	管理资料	监理	业主
1	准备阶段	施工图审查	（1）HGIS 设备预留基础、电缆槽盒孔位置。 （2）HGIS 本体及支架、槽盒等接地位置。 （3）HGIS 及各配电装置之间应符合规范规定的电气距离	施工图预检记录表、施工图纸交底纪要、施工图会检纪要		
2		方案审查	（1）HGIS 安装工艺流程是否合理。 （2）HGIS 安装质量要点。 （3）HGIS 安装相关质量通病、强制性条文是否齐全。 （4）HGIS 安装交接试验	项目管理实施规划/（专项）施工方案报审表、文件审查记录表		

续表

序号	阶段	管理内容	管控要点	管理资料	监理	业主
3	准备阶段	标准工艺实施	（1）执行国家电网有限公司标准工艺“配电装置安装—气体绝缘金属封闭开关设备安装”要求。 （2）检查施工图纸中标准工艺内容齐全。 （3）检查施工过程标准工艺执行	标准工艺应用记录		/
4		人员交底	所有作业人员（包括厂家人员）均完成技术交底并签字	人员培训交底记录		/
5		安装环境	设备到场前应完成安装环境准备工作，配置温/湿度监测、颗粒度检测，入口处设置风淋间除尘，确保现场安装对接环境满足厂家技术文件、设计及规范要求			
6		设备进场	（1）检查HGIS单元外观，气室压力、三维冲撞记录仪数值合格，对照到货清单清点设备及附件数量。 （2）材料质量证明文件（包括产品出厂合格证、检验、试验报告）完整，材料包括本体、支架、槽盒、电缆等。 （3）设备出厂试验报告核查，对厂内经过多次耐压试验、雷电冲击的产品进行现场重点清理			
7	施工阶段	基础检查	（1）三相共一基础标高误差≤2mm，每相独立基础时，同相误差≤2mm，相间误差≤2mm；相邻间隔基础标高误差≤5mm；同组间中心线误差≤1mm。 （2）预埋件表面标高高于基础表面1～10mm，相邻预埋件标高误差≤2mm；预埋螺栓中心线误差≤2mm	检查记录表		/

续表

序号	阶段	管理内容	管控要点	管理资料	监理	业主
8	施工阶段	设备组装	（1）设备组装时所有工器具应登记并由专人负责，避免工器具遗漏在气室内。 （2）应对可见的触头连接、支撑绝缘件和盘式绝缘子进行检查，应清洁无损伤，对打开的气室内不可视及转弯部位可用内窥镜检查。 （3）预充氮气的筒体应先经排氮，然后充入干燥空气，并保持含氧量在19.5%～23.5%时，才允许人员进入内部检查或安装。 （4）所有打开的法兰面的密封圈均必须更换。法兰对接前应先对法兰面、密封槽及密封圈进行检查，法兰面及密封槽应光洁、无损伤，对轻微伤痕可平整。密封面、密封圈用清洁无纤维裸露白布或不起毛的擦拭纸蘸无水酒精擦拭干净。 （5）对接过程测量法兰间隙距离应均匀，连接螺栓应对称初拧紧，初拧完成后应使用力矩扳手按照产品技术文件规定的力矩值将所有螺栓紧固到位，紧固后应标记漆线。 （6）HGIS元件拼装前，应用清洁无纤维白布或不起毛的擦拭纸、吸尘器将气室内壁、盆式绝缘子、对接面等部位清理干净。 （7）母线安装时，应先检查表面及触指有无生锈、氧化物、划痕及凹凸不平处，如有，应将其处理干净平整，并用清洁无纤维裸露白布或不起毛的擦拭纸蘸无水酒精洗净触指内部，母线对接完成应通过观察孔或其他方式进行检查和确认。 （8）套管吊装时应保护瓷套管不受损伤	检查记录表		/
9		真空处理、充SF_6气体	（1）气室抽真空前，所有打开气室内的吸附剂必须更换；吸附剂罩的材质应选用不锈钢或其他高强度材料，结构应设计合理。 （2）气体充入前应按产品的技术规定对设备内部进行真空处理，真空残压及保持时间应符合产品技术文件要求。 （3）真空泄漏检查方法应按产品说明书的要求进行。	检查记录表		/

续表

序号	阶段	管理内容	管控要点	管理资料	监理	业主
9	施工阶段	真空处理、充 SF_6 气体	（4）SF_6 气体充注前，必须对 SF_6 气体抽样送检，抽样比例及检测指标应符合 GB/T 12022—2014 的要求。现场测量每瓶 SF_6 气体含水量，应符合规范要求。 （5）充入 SF_6 气体时，应根据两侧压力表的读数逐步增压。相邻气室的气室压差应符合产品技术要求。气瓶温度过低时，可对气瓶进行加热。充气至略高于额定压力后，应在表计上画标记线	检查记录表		/
10	施工阶段	交接试验	（1）HGIS 密封性检查宜采用局部包扎法进行 SF_6 气体检漏。 （2）HGIS 回路电阻、互感器、断路器等部件的交接试验项目和标准应符合 GB 50150—2016 的有关规定	试验报告		/
11	验收阶段	实体检查	（1）HGIS 中断路器、隔离开关、接地开关的操动机构的联动应正常、无卡阻现象；分合闸指示应正确，辅助开关及电气闭锁应正确、可靠。 （2）气室隔断标识完整、清晰，隔断盆式绝缘子标识为红色，导通盆式绝缘子标识为绿色。 （3）汇控柜内二次芯线绑扎牢固，横平竖直，接线工艺美观，端子排内外芯线弧度对称一致	验收记录		
12	验收阶段	资料验收	（1）安装使用说明书、出厂报告。 （2）交接试验报告和特殊试验报告	验收记录		/

（二）HGIS安装工艺流程控制卡

序号	项目	作业内容	控制要点及标准	检查结果	厂家代表	施工		监理	业主	运行
						作业负责人	质检员			
1	准备阶段	人员组织	特种作业人员资质报审合格						/	/
		施工机械及工器具准备	施工机械及工器具报审合格						/	/
		技术准备	厂家资料齐全、设计图纸已会检						/	/
			施工措施方案报审合格并全员交底						/	/
		现场布置	（1）设备堆放整齐，标识齐全；设备堆放区、施工区符合安全文明施工要求。 （2）安装环境准备工作，温/湿度监测、颗粒度检测及入口处设置风淋间除尘等						/	/
		基础复测	基础及预埋螺栓水平、高差复测满足设计及厂家要求						/	/
2	HGIS安装	到货验收保管	冲击记录仪的数值应满足制造厂要求且最大值不大于3g，厂家、运输、监理等单位签字齐全完整，原始记录复印件随原件一并归档						/	/
		安装环境验收	（1）HGIS现场安装工作应在环境温度−10～40℃、无风沙、无雨雪、空气相对湿度小于80%、洁净度在百万级以上的条件下进行。温/湿度、洁净度应连续动态检测并记录，合格后方可开展工作。 （2）所有进入防尘室的人员应穿戴专用防尘服、室内工作鞋（或鞋套）。						/	/

续表

序号	项目	作业内容	控制要点及标准	检查结果	厂家代表	施工		监理	业主	运行
						作业负责人	质检员			
2	HGIS 安装	安装环境验收	（3）厂家提供的防尘棚验收合格。 （4）设备出厂试验报告核查，对厂内经过多次耐压试验、雷电冲击的产品进行现场重点清理						/	/
		HGIS 安装	（1）HGIS 应可靠固定，母线筒体高低差及轴线偏差不超标，调整垫片或调整螺栓应用符合产品和规范要求。 （2）HGIS 中断路器、隔离开关、接地开关的操动机构的联动应正常、无卡阻现象；分合闸指示应正确，辅助开关及电气闭锁应正确、可靠。 （3）HGIS 气室防爆膜喷口不应朝向巡视通道。 （4）HGIS 应在法兰接缝、安装螺孔、跨接片接触面周边、法兰对接面注胶孔、盆式绝缘子浇注孔、盲孔等部位涂防水胶。 （5）气室隔断标识完整、清晰，隔断盆式绝缘子标识为红色，导通盆式绝缘子标识为绿色。 （6）设备组装时所有工器具应登记并由专人负责，避免工器具遗漏在气室内。							

续表

序号	项目	作业内容	控制要点及标准	检查结果	厂家代表	施工		监理	业主	运行
						作业负责人	质检员			
2	HGIS安装	HGIS安装	（7）对可见的触头连接、支撑绝缘件和盘式绝缘子进行检查，应清洁无损伤，对打开的气室内不可视及转弯部位可用内窥镜检查。 （8）所有打开的法兰面的密封圈均必须更换。法兰对接前应先对法兰面、密封槽及密封圈进行检查，法兰面及密封槽应光洁、无损伤，对轻微伤痕可平整。密封面、密封圈用清洁无纤维裸露白布或不起毛的擦拭纸蘸无水酒精擦拭干净。 （9）对接过程测量法兰间隙距离应均匀，连接螺栓应对称初拧紧，初拧完成后应使用力矩扳手按照产品技术文件规定的力矩值将所有螺栓紧固到位，紧固后应标记漆线。 （10）HGIS元件拼装前，应用清洁无纤维白布或不起毛的擦拭纸、吸尘器将气室内壁、盆式绝缘子、对接面等部位清理干净。 （11）串内母线安装时，应先检查表面及触指有无生锈、氧化物、划痕及凹凸不平处，如有，应将其处理干净平整，并用清洁无纤维裸露白布或不起毛的擦拭纸蘸无水酒精洗净触指内部，母线对接完成应通过观察孔或其他方式进行检查和确认。 （12）套管吊装时应保护瓷套管不受损伤						/	/

续表

序号	项目	作业内容	控制要点及标准	检查结果	厂家代表	施工		监理	业主	运行
						作业负责人	质检员			
2	HGIS安装	SF_6气体密度继电器安装	（1）密度继电器与开关设备本体之间的连接方式，应满足不拆卸校验密度继电器的要求。户外安装的密度继电器应安装防雨罩。 （2）三相分箱的HGIS母线及断路器气室，禁止采用管路连接。独立气室应安装单独的密度继电器。 （3）密度继电器应靠近巡视走道安装，不应有遮挡。密度继电器安装高度不宜超过2m（距离地面或检修平台底板）。 （4）密度继电器的二次线护套管在弯曲部位最低处应打泄水孔						/	/
		抽真空注气	（1）气室抽真空前，所有打开气室内的吸附剂必须更换。 （2）气体充入前应按产品的技术规定对设备内部进行真空处理，真空残压及保持时间应符合产品技术文件要求。 （3）SF_6气体注入前按照GB/T 12022—2014规程比例进行取样送检，试验合格后方可注气。注气至产品技术文件额定压力24h后进行气室含水量检测						/	/
		检漏	HGIS密封性检查宜采用局部包扎法进行SF_6气体检漏。在包扎静置24h后，采用灵敏度不低于1×10^{6}（体积比）的检漏仪对HGIS进行检漏测试，SF_6气体泄漏量应符合规范和产品技术要求						/	/

续表

序号	项目	作业内容	控制要点及标准	检查结果	厂家代表	施工		监理	业主	运行
						作业负责人	质检员			
2	HGIS 安装	设备及支架接地	（1）底座及支架应每个间隔不少于 2 点可靠接地，接地引下线应连接牢固，无锈蚀、损伤、变形，导通良好。 （2）电压互感器、避雷器、快速接地开关，应采用专用接地线直接连接到主接地网，不应通过外壳和支架接地。 （3）HGIS 法兰连接处采用跨接片时，罐体上应有专用跨接部位，禁止通过法兰螺栓直连。带金属法兰的盆式绝缘子可取消罐体对接处的跨接片，但生产厂家应提供型式试验依据						/	/
		二次接线	汇控柜内二次芯线绑扎牢固，横平竖直，接线工艺美观，端子排内外芯线弧度对称一致						/	/
		交接试验	按照 GB 50150—2016 规程相关要求进行试验						/	/
3	HGIS 整体验收	外观验收	HGIS 外观洁净无杂物、掉漆，气室隔断标识完整、清晰，隔断盆式绝缘子标识为红色，导通盆式绝缘子标识为绿色，户外 HGIS 法兰接缝、安装螺孔、跨接片接触面周边、法兰对接面注胶孔等防水胶无脱落							
		设备接地	设备接地线连接应符合设计要求和产品的技术规定；接地应良好，且标识应清晰							

续表

序号	项目	作业内容	控制要点及标准	检查结果	厂家代表	施工		监理	业主	运行
						作业负责人	质检员			
3	HGIS整体验收	电气连接	HGIS中断路器、隔离开关、接地开关的操动机构的联动应正常、无卡阻现象；分合闸指示应正确，辅助开关及电气闭锁应正确、可靠							
4	通病防治	HGIS各元件专用接地、外壳、支架、金属平台等接地不规范	（1）电压互感器、避雷器、快速接地开关应采用专用接地线接地，各接地点接地排的截面需满足要求，接地开关与快速接地开关的接地端子（兼做试验的接线端子）应与外壳绝缘后再接地。 （2）底座、构架和检修平台可靠接地，导通良好。支架与主地网可靠接地，接地引下线连接牢固，无锈蚀、损伤、变形							/
5		HGIS法兰间缺少跨接，采用金属法兰盆式绝缘子取消跨接但未提供型式试验报告	新投运HGIS采用带金属法兰的盆式绝缘子时，应预留窗口用于特高频局部放电检测。采用此结构的盆式绝缘子可取消罐体对接处的跨接片，但生产厂家应提供型式试验依据。如需采用跨接片，户外HGIS罐体上应有专用跨接部位，禁止通过法兰螺栓直连							/

八、 GIS 安装关键工序管控表、 工艺流程控制卡

（一）GIS 安装关键工序管控表

序号	阶段	管理内容	管控要点	管理资料	监理	业主
1	准备阶段	施工图审查	（1）GIS 本体及管廊基础误差应满足设计图纸及产品技术文件的要求。 （2）GIS 预埋件、电缆穿线管预留孔、接地线位置正确，符合国家规范及设计图纸及产品技术文件的要求。 （3）GIS 室散水位置不应与 GIS 分支母线基础位置发生冲突。 （4）GIS 室宜设置两台行吊，行吊应有减速功能。 （5）GIS 室两侧出线套管下方应设置行车道，便于大型作业车辆开展安装及检修作业	施工图预检记录表、施工图纸交底纪要、施工图会检纪要		
2		方案审查	（1）基础土建交安检查。 （2）人员组织、工器具配置情况。 （3）厂家与施工单位界面划分。 （4）安全文明施工区域布置、防尘室的搭设布置及环境监测、施工电源准备情况。 （5）GIS 基础及轴线、管廊基础误差检查。 （6）GIS 本体及分支母线运输保管状态、开箱检查。 （7）GIS 预就位误差检查、到场后保管。 （8）试验套管及 GIS 附件的安装。 （9）抽真空及真空、注气及密封试验。 （10）二次施工及设备接地。 （11）伸缩节调节（依据厂家资料）。 （12）GIS 一次单体调试（根据交接规程）。 （13）联锁试验。 （14）工程交接验收	项目管理实施规划/（专项）施工方案报审表、文件审查记录表		

续表

序号	阶段	管理内容	管控要点	管理资料	监理	业主
3	准备阶段	标准工艺实施	（1）执行《国家电网有限公司输变电工程标准工艺 变电工程电气分册》“配电装置安装—气体绝缘金属封闭开关设备安装”要求。 （2）检查施工图纸中标准工艺内容齐全。 （3）检查施工过程标准工艺执行	标准工艺应用记录		/
4		人员交底	所有作业人员（包括厂家人员）均完成技术交底并签字	人员培训交底记录		/
5		设备进场	（1）供应商资质文件齐全（营业执照、安全生产许可证、产品的检验报告、企业质量管理体系认证或产品质量认证证书），包括：SF_6 气体、动力电缆、接地铜排、接地线等。 （2）材料质量证明文件完整（包括产品出厂合格证、检验、试验报告）包括：GIS 本体、断路器、套管、分支母线、隔离开关和接地开关、汇控柜、SF_6 密度继电器、SF_6 在线监测、二次电缆。 （3）复检报告合格，包括 SF_6 气体、SF_6 密度继电器	甲供主要设备（材料/构配件）开箱申请表、乙供主要材料及构配件供货商资质报审表、乙供工程材料/构配件/设备进场报审表		/
6		反措要求	（1）断路器交接试验及例行试验中，应对机构二次回路中的防跳继电器、非全相继电器进行传动。防跳继电器动作时间应小于辅助开关切换时间，并保证在模拟手合有故障时不发生跳跃现象。 （2）断路器产品出厂试验、交接试验及例行试验中，应对断路器主触头与合闸电阻触头的时间配合关系进行测试，并测量合闸电阻的阻值。 （3）断路器产品出厂试验、交接试验及例行试验中，应测试断路器合—分时间。对 252kV 及以上断路器，合—分时间应满足电力系统安全稳定要求。 （4）充气设备现场安装应先进行抽真空处理，再注入绝缘气体。SF_6 气体注入设备后应对设备内气体进行 SF_6 纯度检测。对于使用 SF_6 混合气体的设备，应测量混合气体的比例。	检查记录表		/

续表

序号	阶段	管理内容	管控要点	管理资料	监理	业主
6	准备阶段	反措要求	（5）SF_6断路器充气至额定压力前，禁止进行储能状态下的分/合闸操作。 （6）断路器交接试验及例行试验中，应进行行程曲线测试，并同时测量分/合闸线圈电流波形	检查记录表		/
7	施工阶段	环境要求	（1）安装时，装配工作应在无风沙、无雨雪、空气相对湿度小的条件下进行，并应采取防尘、防潮措施。 （2）工作人员保持个人清洁，应穿戴干净的工作服和手套，非工作人员不得进入安装现场。 （3）洁净度：满足百万级防尘要求	检查记录表		/
8		外观验收	（1）包装应无残损。 （2）所有元件、附件、备件及专用工器具应齐全，符合订货合同约定，且应无损伤变形及锈蚀。 （3）瓷件及绝缘件应无裂纹及损伤。 （4）充气运输的单元或部件，其压力值应符合产品技术文件要求。 （5）制造厂所带支架应无变形、损伤、锈蚀和锌层脱落。 （6）出厂证件及技术资料应齐全，且应符合设备订货合同的约定。 （7）SF_6气体的数量应与到货清单相符，且有出厂报告及合格证，其技术指标要满足要求，防晒、通风良好，其阀门口要包扎好，有防水及油污措施			/
9		冲击记录仪拆除见证	检查本体及出线套管三维冲击记录仪在运输及就位过程中受到的冲击值符合制造厂规定或小于3g	冲撞记录表		/
10		分支母线检查	（1）母线筒外观清洁、完整、无损伤。 （2）清理壳体与导体。	检查记录表、旁站监理记录表		/

续表

序号	阶段	管理内容	管控要点	管理资料	监理	业主
10	施工阶段	分支母线检查	（3）拆除两间隔母线筒工装封板，开盖的法兰对接面随时扣防尘罩。 （4）对母线导电杆进行检查、清理。 （5）将检查清理后的导体按照图纸要求和顺序装配到母线筒内。 （6）外壳对接	检查记录表、旁站监理记录表		/
11		套管安装	（1）瓷套外观清洁，无损伤。 （2）套管金属法兰结合面应平整，无外伤或铸造砂眼。 （3）放气塞位于套管法兰最高处。 （4）法兰检查接地可靠。 （5）法兰密封垫安装正确，密封良好，法兰连接螺栓齐全，紧固。 （6）引出线顺直、不扭曲。 （7）引出线与套管连接接触良好、连接可靠，套管顶部结构密封良好。 （8）均压环表面应光滑无划痕，安装牢固且方向正确，均压环易积水部位最低点应有排水孔	旁站监理记录表		/
12		本体安装	（1）检查外观完好。 （2）检查螺栓紧固力矩。 （3）安装前核对单元设备参数与设计图纸一致，核查TA绕组数、变比、方向等与图纸一致			/
13		抽真空	（1）抽真空前检查真空管道是否密闭良好，不应出现漏气现象。 （2）检查密度继电器处的阀门及其他阀门处于开启位置。抽真空前，对气室吸附剂进行更换，将真空包装的吸附剂拆袋装入GIS筒体内。 （3）装入吸附剂后，立即启动真空泵对安装吸附剂的气室进行抽真空，抽真空度应满足厂家技术文件要求。真空度达到133Pa时，再继续抽真空0.5h，停泵0.5h，记录此时真空度A，再隔5h后测真空度B，判断$B-A<67$Pa，则认为密封性能良好，继续抽真空至133Pa后充气，否则应进行处理并重新抽真空至合格为止。	检查记录表		/

续表

序号	阶段	管理内容	管控要点	管理资料	监理	业主
13	施工阶段	抽真空	（4）禁止使用麦氏真空计。 （5）真空泵应设置电磁逆止阀和相序指示器	检查记录表		/
14		注气及密封试验	（1）SF_6 气体在注入 GIS 前，应对瓶中气体做好检验，合格后方可充入。 （2）所有抽注气管道必须清洁干净且无杂质。充气时，SF_6 气体瓶必须有减压阀，作业人员必须站在气瓶的侧后方或逆风处，并戴手套和口罩，防止瓶嘴一旦漏气造成人员中毒。 （3）SF_6 气体的充入要在抽真空压力值最终完成后的 2h 内进行；充气时，充气压力不宜过高，应使压力表指针不抖动缓慢上升为宜，应防止液态气体充注入 GIS 内。 （4）充气时，环境温度较低时可采取瓶体外加热方式（比如专门的加热套、热水、电吹风等，严禁直接用火烧烤瓶体），以加快充气速度。 （5）将各气室充到符合厂家规定的气体压力值后停止注气。 （6）用灵敏度不低于 10^{-6}（体积比）的六氟化硫气体检漏仪对外壳焊缝、接头结合面、法兰密封、转动密封、滑动密封、表计接口处等部位进行检漏，检漏仪应无报警。必要时，检漏方法可采用局部包扎法，保持 24h 后测量包扎空间内 SF_6 气体浓度≤15μL/L（厂家要求），满足规范及厂家要求	检查记录表		/
15		接地检查	（1）底座与构架可靠接地，导通良好。 （2）支架与主地网可靠接地，接地引下线连接牢固，无锈蚀、损伤、变形。 （3）接地无锈蚀，压接牢固，标识清楚，与地网可靠相连	检查记录表		/
16		伸缩节调节	（1）严格按厂家要求进行伸缩节调整。将带刻度尺侧法兰内侧调整螺母松开，调整刻度尺使 0 刻度线与法兰内侧边缘对齐，并锁紧固定，此内侧螺母松开距离应大致相同。 （2）以双螺母拧紧固定位置	检查记录表、旁站监理记录表		/

续表

序号	阶段	管理内容	管控要点	管理资料	监理	业主
17	施工阶段	二次接线端子	（1）二次引线连接紧固、可靠，内部清洁；电缆备用芯带绝缘帽。 （2）应做好二次线缆的防护，避免由于绝缘电阻下降造成误动	检查记录表		/
18	验收阶段	实体检查	（1）GIS应安装牢靠、外观清洁，动作性能应符合产品技术文件要求。 （2）螺栓紧固力矩应达到产品技术文件的要求。 （3）电气连接应可靠、接触良好。伸缩节位置正确。 （4）GIS中的断路器、隔离开关、接地开关及其操动机构的联动应正常、无卡阻现象；分、合闸指示应正确；辅助开关及电气闭锁应动作正确、可靠。 （5）密度继电器的报警、闭锁值应符合规定，电气回路传动应正确。 （6）SF_6气体漏气率和含水量，应符合现行国家标准GB 50150及产品技术文件的规定。 （7）瓷套应完整无损、表面清洁。 （8）所有柜、箱防雨防潮性能良好，本体电缆防护应良好。 （9）接地应良好，接地标识应清楚。 （10）交接试验应合格。 （11）带电显示装置显示应正确。 （12）油漆应完好，相色标志应正确	验收记录		
19		资料验收	（1）安装使用说明书、出厂报告。 （2）交接试验报告和特殊试验报告	验收记录		/

（二）GIS安装工艺流程控制卡

1. 500kV、750kV GIS安装工艺流程控制卡

序号	项目	作业内容	控制要点及标准	检查结果	厂家代表	施工		监理	业主	运行
						作业负责人	质检员			
1	基础复测、划线	基础复测	（1）混凝土基础强度符合安装设计要求。 （2）基础误差、预埋件、预留孔尺寸符合安装设计要求。 （3）基础表面清洁干净整洁							
2	防尘措施布置	防尘室内无尘化布置	（1）防尘室的搭设，顶部应装设吊环，以方便运输及就位，符合厂家技术要求。 （2）防尘室内部应配备粉尘测定仪，地面铺设防尘垫。确保在无尘状态下进行安装作业。 （3）防尘室内应配备除湿装置、干湿温度计、空气调节器，达到设计安装对环境的要求。 （4）配置干燥空气发生器持续补充干燥空气以保持防尘室内微正压，达到设计安装对环境的要求。 （5）防尘室内设风淋间、过渡间							
3	仪表检测检验	SF_6密度继电器检验 压力表检验	与设计文件相符							
4	SF_6气体检测	新SF_6气体抽样检查	抽样比例满足规范要求，抽样检验有一项不符合要求时，应以两倍量气瓶数重新抽样复验，复验结果应有一项不符合要求时，整批不通过验收							

续表

序号	项目	作业内容	控制要点及标准	检查结果	厂家代表	施工		监理	业主	运行
						作业负责人	质检员			
5	GIS安装试验	主回路的导电电阻测量	符合GB 50150要求							
6		主回路的交流耐压试验	符合GB 50150要求							
7		断路器试验	符合GB 50150要求							
8		隔离开关、接地开关试验	符合GB 50150要求							
9		避雷器试验	符合GB 50150要求							
10		互感器试验	符合GB 50150要求							
11		出线套管试验	符合GB 50150要求							
12		组合电器的操动试验	符合GB 50150要求							
13		气体密度继电器、压力表、压力动作阀检查	符合GB 50150要求							
14	整体验收检查	气体绝缘金属封闭开关设备整体检查	外观完好、无锈蚀，油漆完整，相色标识正确							/
		出线套管检查	完好、无损伤							/
		充气、充油管路，阀门及各连接部件检查	密封良好，阀门的开闭位置正确							/

续表

序号	项目	作业内容	控制要点及标准	检查结果	厂家代表	施工		监理	业主	运行
						作业负责人	质检员			
14	整体验收检查	管道的绝缘法兰与绝缘支架检查	良好							/
		断路器、隔离开关及接地开关检查	分、合闸指示器的指示正确							/
		压力表、油位计检查	指示值正确							/
		汇控柜上各种信号指示、控制开关检查	位置正确							/
		接地	可靠，接地标志清楚							/
		密度继电器的报警、闭锁定值	符合规定，电气回路传动正确							/
		带电显示装置	显示正确							/
		在线监测装置安装质量工艺	符合厂家技术文件要求							/
		SF_6密度继电器、本体接线盒、本体电缆防护	SF_6密度继电器加装防雨罩，本体接线盒防雨防潮良好，本体电缆防护良好							/
		电气试验项目及结果	符合相应的规程规范							/
		保护及自动化调试项目应齐全且调试结果	符合相应的规程规范							/

续表

序号	项目	作业内容	控制要点及标准	检查结果	厂家代表	施工		监理	业主	运行
						作业负责人	质检员			
15	伸缩节检验	伸缩节安装检验	符合产品技术要求							/

2. 1000kV GIS 安装工艺流程控制卡

序号	项目	作业内容	控制要点及标准	检查结果	厂家代表	施工		监理	业主	运行
						作业负责人	质检员			
1	基础复测、划线	混凝土基础强度	符合设计要求							
		基础表面	干净整洁							
		基础误差、预埋件、预留孔、接地线位置	应满足设计图纸及产品技术文件的要求							
2	防尘措施布置	“六级”防尘措施	（1）一级“抑尘”：防尘墙外部裸露在外的泥土用防尘网进行覆盖，抑制灰尘的飞扬，防尘墙内侧地面裸露在外的泥土同样用防尘网进行覆盖，抑制灰尘的飞扬。 （2）二级“降尘”：防尘墙外部“洒水降尘”、作业区域“喷雾降尘”抑制灰尘。遵循“定人、定时、定点、定量”四个原则。 （3）三级“挡尘”：安装区域 2.5m 高防尘墙，并装设水喷淋装置。套管安装区域 3.5m 高防尘墙。 （4）四级“除尘”：作业区域在开工及收工时进行清扫作业，彻底除尘。							

续表

序号	项目	作业内容	控制要点及标准	检查结果	厂家代表	施工		监理	业主	运行
						作业负责人	质检员			
2	防尘措施布置	“六级”防尘措施	（5）五级“绝尘”：在移动车间、防尘棚及点检用简易房间内作业。每个安装对接口布置高效空气净化器一台。拆开的法兰罐口及时用塑料薄膜封闭进入罐体内作业更换净化服。 （6）六级“制度防尘”：每日等级人员进出等级制度、环境监测制度等相应的制度管理							
		移动防尘车间	（1）移动厂房或防尘车间通过验收，已收到行吊合格证书。 （2）湿度不大于70%，温度15～28℃，洁净度达到百万级。 （3）地面平整满铺地板革，内部照明>300lx。 （4）特高压升级版防尘措施到位，洁净度、视频监控等关键信息上传正确							
3	仪表检测检验	SF_6 密度继电器检验	与设计文件相符							
		压力表按交接试验标准检验								

续表

序号	项目	作业内容	控制要点及标准	检查结果	厂家代表	施工		监理	业主	运行
						作业负责人	质检员			
4	SF_6气体检测	新SF_6气体抽样检查	抽样比例满足规范要求，抽样检验有一项不符合要求时，应以两倍量气瓶数重新抽样复验，复验结果应有一项不符合要求时，整批不通过验收							
5	GIS试验	主回路导电电阻测量	符合相应要求							
		主回路交流耐压试验	符合相应要求							
		断路器试验	符合相应要求							
		隔离开关、接地开关试验	符合相应要求							
		避雷器试验	符合相应要求							
		互感器试验	符合相应要求							
		出线套管试验	符合相应要求							
		组合电器的操动试验	符合相应要求							
		气体密度继电器、压力表、压力动作阀检查	符合相应要求							

续表

序号	项目	作业内容	控制要点及标准	检查结果	厂家代表	施工		监理	业主	运行
						作业负责人	质检员			
6	整体验收检查	气体绝缘金属封闭开关设备整体检查	外观完好、无锈蚀，油漆完整，相色标识正确							
		出线套管检查	完好、无损伤							
		充气、充油管路，阀门及各连接部件检查	密封良好，阀门的开闭位置正确							
		管道的绝缘法兰与绝缘支架检查	良好							
		断路器、隔离开关及接地开关检查	分、合闸指示器的指示正确							/
		压力表、油位计检查	指示值正确							/
		汇控柜上各种信号指示、控制开关检查	位置正确							/
		接地	可靠，接地标志清楚							/
		密度继电器的报警、闭锁定值	符合规定，电气回路传动正确							/
		带电显示装置	显示正确							/
		在线监测装置安装质量工艺	符合厂家技术文件要求							/
		SF_6 密度继电器、本体接线盒、本体电缆防护	SF_6 密度继电器加装防雨罩，本体接线盒防雨防潮良好，本体电缆防护良好							/
		电气试验项目试验结果	符合相应的规程规范							/
		保护及自动化调试项目、结果	符合相应的规程规范							/

续表

序号	项目	作业内容	控制要点及标准	检查结果	厂家代表	施工		监理	业主	运行
						作业负责人	质检员			
15	伸缩节检验	伸缩节安装检验	按照制造厂技术文件要求，逐一对所有伸缩节安装进行检验。结果见附表1							/

附表1：伸缩节检验

序号	伸缩节编号	检查结果	检查记录	时间（年月日）	厂家代表	施工		监理	业主	运行
						作业负责人	质检员			
1		□符合制造厂技术文件要求								
2		□符合制造厂技术文件要求								
3		□符合制造厂技术文件要求								
4		□符合制造厂技术文件要求								
5		□符合制造厂技术文件要求								
6		□符合制造厂技术文件要求								
7		□符合制造厂技术文件要求								
8		□符合制造厂技术文件要求								

（三）GIS间隔设备安装工艺流程控制卡

1. 500kV、750kV GIS间隔设备安装工艺流程控制卡

序号	项目	作业内容	控制要点及标准	检查结果	厂家代表	施工		监理	业主	运行
						作业负责人	质检员			
1	外观检查	瓷件及绝缘件检查	应无裂纹及破损						/	/
2	运输保管状态检查	充有干燥气体运输单元或部件其压力值检查	应符合产品技术文件的要求						/	/
		冲击加速度检查	不应大于3g或满足产品技术文件要求							
3	安装前试验	电流互感器、套管等设备在安装前按交接试验标准检验	符合相应的标准						/	/
4	对接面防尘措施	防尘措施符合规范及厂家技术文件要求	符合产品技术要求						/	/
5	安装环境	安装环境记录	安装环境记录应每2h一次，填写附表2，安装环境应符合产品技术要求						/	/
6	内部检查	内部检查要点	（1）盆式绝缘子应完好，表面应清洁；内接等电位连接应可靠。 （2）气室内运输用临时支撑在拆除前无位移、无磨损。 （3）设备厂家已装配好的母线、母线筒内壁及其他附件表面平整、无毛刺，涂漆的涂层完好。 （4）导电部件镀银状况良好，表面光滑、无脱落			/	/	/	/	/

续表

序号	项目	作业内容	控制要点及标准	检查结果	厂家代表	施工		监理	业主	运行
						作业负责人	质检员			
7	单元间导体连接	连接插件的安装	连接插件的触头中心对准插口，无卡阻，插入深度符合产品技术文件要求						/	/
8	法兰对接	法兰对接面安装	密封槽面清洁、无划伤，密封垫（圈）无损伤；螺栓连接紧固力矩值符合产品技术文件要求，对角均匀紧固						/	/
9	跨接线安装	法兰盘的连接处跨接要求	通过专用等电位连接端子跨接短接线						/	/
10	套管安装	法兰盘短接线跨接	应通过专用等电位连接端子跨接短接线						/	/
		内部检查	无异物						/	/
		套管吊装	（1）套管的吊点选择、吊装方法应按产品技术文件要求执行，并采用厂家提供的专用吊具进行吊装。 （2）套管吊装过程平稳无冲击、碰撞套管导体可靠插入连接触头，导体插入深度应符合产品技术文件要求，要求插入深度符合产品技术文件要求							
		法兰面密封圈安装	应符合产品技术文件要求							
		螺栓紧固	紧固力矩应符合产品技术文件要求，对角均匀紧固							

续表

序号	项目	作业内容	控制要点及标准	检查结果	厂家代表	施工		监理	业主	运行
						作业负责人	质检员			
11	气体管道连接	气体配管安装	安装前内部应清洁						/	/
		气体管道的现场加工工艺、弯曲半径及支架布置	符合产品技术文件要求							
12	伸缩节安装(如涉及)	伸缩节的安装	应符合产品技术文件要求						/	/
13	吸附剂更换	吸附剂更换要求	安装在气室内的吸附剂拆开包装后应尽快装入防止受潮						/	/
			如需经过烘干处理才可装入的吸附剂，烘干处理							
14	气室抽真空	真空机组要求	真空机组应完好，所有管道及连接部件安装，应干净、无油，必须设电磁逆止阀						/	/
		抽真空	抽真空达到制定压强（根据厂家产品技术文件确定，无规定时应达到 133Pa 以下）后，继续抽真空 30min，然后停泵 30min，测量真空度 A，隔 5h 时，测量真空度 B，$B-A<67$Pa，视为合格							
15	SF_6 气体注气	管道安装要点	采用专用充注设备和管道，充气设备及管路应洁净、无水分、无油污；管路连接部分无渗漏；充注前排除管路空气						/	/
		气体压力要求	充入 SF_6 气体至略高于额定工作压力							

续表

序号	项目	作业内容	控制要点及标准	检查结果	厂家代表	施工		监理	业主	运行
						作业负责人	质检员			
15	SF_6 气体注气	密度继电器的辅助充电	充气过程中，密度继电器的辅助接点准确可靠动作						/	/
		充气口	充气结束后充气口密封							
16	检查验收	回路电阻测量	符合 GB 50150 要求						/	/
		密封检查	符合 GB 50150 要求						/	/
		SF_6 含水量测试	符合 GB 50150 要求						/	/

2. 1000kV GIS 间隔设备安装工艺流程控制卡

序号	项目	作业内容	控制要点及标准	检查结果	厂家代表	施工		监理	业主	运行
						作业负责人	质检员			
1	外观检查	瓷件及绝缘件检查	应无裂纹及破损						/	/
2	运输保管状态检查	充有干燥气体运输单元或部件其压力值检查	应符合产品技术文件的要求						/	/
		冲击加速度检查	不应大于 3g 或满足产品技术文件要求							
3	安装前试验	电流互感器、套管等设备交接试验	符合相应的标准						/	/
4	对接面防尘措施	防尘措施	符合产品技术要求						/	/

续表

<table>
<tr><th rowspan="2">序号</th><th rowspan="2">项目</th><th rowspan="2">作业内容</th><th rowspan="2">控制要点及标准</th><th rowspan="2">检查结果</th><th rowspan="2">厂家代表</th><th colspan="2">施工</th><th rowspan="2">监理</th><th rowspan="2">业主</th><th rowspan="2">运行</th></tr>
<tr><th>作业负责人</th><th>质检员</th></tr>
<tr><td>5</td><td>安装环境</td><td>安装环境记录</td><td>安装环境记录应每 2h 一次，填写附表 2，安装环境应符合产品技术要求</td><td></td><td></td><td></td><td></td><td></td><td>/</td><td>/</td></tr>
<tr><td>6</td><td>内部检查</td><td>内部检查要点</td><td>（1）盆式绝缘子应完好，表面应清洁；内接等电位连接应可靠。
（2）气室内运输用临时支撑在拆除前无位移、无磨损。
（3）设备厂家已装配好的母线、母线筒内壁及其他附件表面平整、无毛刺，涂漆的涂层完好。
（4）导电部件镀银状况良好，表面光滑、无脱落</td><td></td><td></td><td>/</td><td>/</td><td>/</td><td>/</td><td>/</td></tr>
<tr><td>7</td><td>单元间导体连接</td><td>连接插件的安装</td><td>连接插件的触头中心对准插口，无卡阻，插入深度符合产品技术文件要求</td><td></td><td></td><td></td><td></td><td></td><td>/</td><td>/</td></tr>
<tr><td>8</td><td>法兰对接</td><td>法兰对接面安装要点</td><td>密封槽面清洁、无划伤，密封垫（圈）无损伤；螺栓连接紧固力矩值符合产品技术文件要求，对角均匀紧固</td><td></td><td></td><td></td><td></td><td></td><td>/</td><td>/</td></tr>
<tr><td>9</td><td>跨接线安装</td><td>法兰盘的连接处跨接要求</td><td>通过专用等电位连接端子跨接短接线</td><td></td><td></td><td></td><td></td><td></td><td>/</td><td>/</td></tr>
<tr><td rowspan="2">10</td><td rowspan="2">套管安装</td><td>法兰盘短接线跨接</td><td>应通过专用等电位连接端子跨接短接线</td><td rowspan="2"></td><td rowspan="2"></td><td rowspan="2"></td><td rowspan="2"></td><td rowspan="2"></td><td rowspan="2">/</td><td rowspan="2">/</td></tr>
<tr><td>内部检查</td><td>无异物</td></tr>
</table>

续表

序号	项目	作业内容	控制要点及标准	检查结果	厂家代表	施工		监理	业主	运行
						作业负责人	质检员			
10	套管安装	套管吊装	（1）套管的吊点选择、吊装方法应按产品技术文件要求执行，并采用厂家提供的专用吊具进行吊装。 （2）套管吊装过程平稳无冲击、碰撞套管导体可靠插入连接触头，导体插入深度应符合产品技术文件要求						/	/
		法兰面密封圈安装	应符合产品技术文件要求							
		螺栓紧固	紧固力矩应符合产品技术文件要求，对角均匀紧固							
11	气体管道连接	气体配管安装	安装前内部应清洁						/	/
		气体管道的现场加工工艺、弯曲半径及支架布置	符合产品技术文件要求							
12	伸缩节安装（如涉及）	伸缩节的安装	应符合产品技术文件要求						/	/
13	吸附剂更换	吸附剂更换要求	安装在气室内的吸附剂拆开包装后应尽快装入，防止受潮						/	/
			如需经过烘干处理才可装入的吸附剂，烘干处理							

续表

序号	项目	作业内容	控制要点及标准	检查结果	厂家代表	施工		监理	业主	运行
						作业负责人	质检员			
14	气室抽真空	真空机组要求	真空机组应完好，所有管道及连接部件安装，应干净、无油，必须设电磁逆止阀						/	/
		抽真空	抽真空达到制定压强（根据厂家产品技术文件确定，无规定时应达到133Pa以下）后，继续抽真空30min，然后停泵30min，测量真空度 A，隔5h时，测量真空度 B，$B-A<67$Pa，视为合格							
15	SF_6 气体注气	管道安装要点	采用专用充注设备和管道，充气设备及管路应洁净、无水分、无油污；管路连接部分无渗漏；充注前排除管路空气						/	/
		气体压力要求	充入 SF_6 气体至略高于额定工作压力							
		密度继电器的辅助接点	充气过程中，密度继电器的辅助接点准确可靠动作							
		充气口	充气结束后充气口密封							
16	检查验收	回路电阻测量	符合GB/T 50832—2013要求						/	/
		密封检查	符合GB/T 50832—2013要求						/	/
		SF_6 含水量测试	符合GB/T 50832—2013要求						/	/

附表 2： GIS 安装环境检测记录

日期	安装工作项目	天气	测试时间	温度（℃）−10～40	湿度（%）<80	0.5μm 个/m^3 粒子（$<3.52\times10^7$）	1μm 个/m^3 粒子（8.32×10^6）	5μm 个/m^3 粒子（2.93×10^5）	施工单位监测人	厂家代表

九、1000kV主变压器安装关键工序管控表、工艺流程控制卡

（一）1000kV主变压器安装关键工序管控表

序号	阶段	管理内容	管控要点	管理资料	监理	业主
1	准备阶段	施工图审查	（1）预埋件、电缆穿线管预留孔、接地线位置正确，符合标准工艺、设计图纸及产品技术文件的要求。 （2）油池格栅高度与本体排油管间隙和位置无冲突磕碰	施工图预检记录表、施工图纸交底纪要、施工图会检纪要		
2		方案审查	（1）安全文明施工区域布置有区域隔离、防油污、防尘、防风措施，内检等满足有限空间安全作业相关规定。 （2）油务处理区、附件摆放等施工场地准备布置合理，消防设施、接地、警示标识配置齐全。 （3）安装关键工序编制合理，附件开箱检查、试验能与安装有序衔接。 （4）内部检查时搭设防尘棚，厂家编制内部检查表。 （5）真空度、保持时间、热油循环、静置时间符合规范和制造厂技术文件要求	项目管理实施规划/（专项）施工方案报审表、文件审查记录表		
3		标准工艺实施	（1）执行《国家电网有限公司输变电工程标准工艺　变电工程电气分册》“主变压器系统设备安装”要求。 （2）检查施工图纸中标准工艺内容齐全。 （3）检查施工过程标准工艺执行	标准工艺应用记录		/
4		人员交底	所有作业人员（包括厂家人员）均完成技术交底并签字	人员培训交底记录		/
5		设备进场	（1）供应商资质文件（营业执照、安全生产许可证、产品的检验报告、企业质量管理体系认证或产品质量认证证书）齐全。	甲供主要设备（材料/构配件）		

续表

序号	阶段	管理内容	管控要点	管理资料	监理	业主
5	准备阶段	设备进场	（2）材料质量证明文件（包括产品出厂合格证、检验、试验报告）包括：变压器、散热器、套管、压力释放阀、瓦斯（油流）继电器、温度表、二次电缆等附件完整。 （3）复检报告合格［包括压力释放阀、瓦斯（油流）继电器、温度表］	开箱申请表、乙供主要材料及构配件供货商资质报审表、乙供工程材料/构配件/设备进场报审表		
6	准备阶段	反措要求	（1）在户外安装的气体继电器、压力释放阀、变压器油（绕组）温度计等应安装防雨罩。 （2）变压器套管与硬母线连接时应采取伸缩节等防止套管端子受力的措施。 （3）套管末屏接地方式设计应保证牢固，防止末屏接线松动导致套管损坏	检查记录表		/
7	施工阶段	本体就位验收	（1）将千斤顶放置在油箱千斤顶支架部位，升降操作应协调，各点受力均匀，并及时垫好垫块。 （2）就位位置应严格校核，预埋件位置符合图纸要求，牢固可靠。根据主变压器尺寸，在基础上画出中心线，要求中心位移≤5mm，水平度误差≤2mm，基础平台高低误差≤±3mm	旁站监理记录表		/
8	施工阶段	外观验收	（1）标识：阀门应有开关位置指示标识，在开和关的状态下均应有限位功能。 （2）组部件：产品与技术规范书或技术协议中关于厂家、型号、规格等描述一致，产品外观检查良好。 （3）铭牌：主铭牌、油温油位曲线、调压变标识牌完整准确。 （4）资料：安装使用说明书、试验报告齐全	检查记录表		/

续表

序号	阶段	管理内容	管控要点	管理资料	监理	业主
9	施工阶段	冲击记录仪拆除见证	检查本体及出线装置三维冲击记录仪在运输及就位过程中受到的冲击值符合制造厂规定或小于 3g	冲撞记录表		/
10		内检检查	（1）按照厂家产品技术要求，开展内检作业，形成表格逐项确认。 （2）内检完毕后，应做好工具清单，无遗漏。 （3）要求厂家留存原始检查记录或照片视频，并移交监理备案	检查记录表、旁站监理记录表		/
11		套管安装	（1）套管外观清洁，无损伤，无渗油，油位正常。 （2）套管金属法兰结合面应平整，无外伤或铸造砂眼。 （3）放气塞位于套管法兰最高处，无渗漏。 （4）末屏检查接地可靠。 （5）法兰密封垫安装正确，密封良好，法兰连接螺栓齐全，紧固。 （6）油位指示面向外侧，便于巡视检查。 （7）引出线顺直、不扭曲。 （8）引出线与套管连接接触良好、连接可靠、套管顶部结构密封良好。 （9）均压环表面应光滑无划痕，安装牢固且方向正确，均压环易积水部位最低点应有排水孔	旁站监理记录表		/
12		其他组部件安装	（1）检查外观完好。 （2）检查螺栓紧固力矩	检查记录表		/
13		抽真空	（1）气体继电器、绝缘油在线监测装置不能随油箱同时抽真空。 （2）真空度及真空保持时间应符合产品技术文件要求。当产品技术文件无规定时应符合下列要求：泄漏率满足后真空度≤30Pa（调压变可为 133Pa）时开始抽真空计时，持续抽空时间≥48h（调压变可为 24h）。 （3）抽真空时应监视并记录油箱的变形，其最大值不得超过箱壁厚度最大值的两倍	检查记录表		/

续表

序号	阶段	管理内容	管控要点	管理资料	监理	业主
14	施工阶段	注油、热油循环	（1）注入油温应高于器身温度。 （2）注油过程应符合产品技术文件的规定，当产品技术文件无规定时应符合下列要求：注油速度不超过 $6m^3/h$，注油温度控制在（65±5）℃，直到油面达到顶盖下 100～200mm 时，关闭主体油箱上部的真空阀门并将注油速度调整至 $2～3m^3/h$，继续注油至储油柜标准液位后停止注油。 （3）油位指示应符合“油温—油位曲线”。 （4）热油循环时间应符合产品技术文件的规定，当产品技术文件无规定时应符合下列要求：变压器出口油温达到（60±5）℃开始计时，循环时间要不少于 48h，总循环油量达到产品油量的 3 倍以上	检查记录表		/
15		密封试验	静置完毕，拆卸储油柜呼吸器，在主体储油柜呼吸口上连接干燥空气或氮气气瓶加气，压力值应符合产品技术文件规定，当产品技术文件无规定时应满足以下要求：压力值为 0.03MPa，加压后维持 24h，压力维持基本不变，同时检查油箱各密封处无渗油			/
16		静置	调整储油柜内油位至正常水平，关闭所有注放油阀门，进行产品的静放。静置时间应符合产品技术文件的规定，当产品技术文件无规定时应符合下列要求：主变压器必须静放 120h 以上（调压补偿变 72h 以上）			/
17		试验	（1）调压变交接试验满足规程要求。 （2）主变压器交接试验满足规程要求	检查记录表、旁站监理记录表		/
18	验收阶段	实体检查	（1）紧固件接螺栓应齐全、紧固。 （2）外观无渗漏油。 （3）均压环表面应光滑无划痕，安装牢固且方向正确，均压环易积水部位最低点应有排水孔，孔径 $\phi6～8mm$。	验收记录		

续表

序号	阶段	管理内容	管控要点	管理资料	监理	业主
18	验收阶段	实体检查	（4）套管引线及线夹引线应无散股、扭曲、断股现象。 （5）绝缘净空距检查，高压带电体至零电位物体间距离应满足设计要求。 （6）充油套管的油位指示应面向外侧，巡视可见，无渗漏油。SF_6 套管外观无渗漏，压力应正常。 （7）套管电流互感器接线正确，备用二次线圈端子应短接接地。 （8）调压变功能完好。 （9）冷却系统运转正常。 （10）二次回路正确，接线良好。 （11）事故排油功能正常	验收记录		
19		资料验收	（1）安装使用说明书、出厂报告。 （2）交接试验报告和特殊试验报告	验收记录		/

（二）1000kV主变压器安装工艺流程控制卡

序号	项目	作业内容	控制要点及标准	检查结果	厂家代表	施工		监理
						作业负责人	质检员	
1	绝缘油到场验收	新油取样送检： 第一批____罐，取样____罐； 第二批____罐，取样____罐； 第三批____罐，取样____罐	符合产品技术文件和相关新油标准，同时主要试验标准参数符合下列要求：击穿电压≥60kV/2.5mm；大于5μm直径的油中颗粒度≤4000个/100mL；介质损耗因数tanδ≤0.5%（90℃）					

续表

序号	项目	作业内容	控制要点及标准	检查结果	厂家代表	施工		监理
						作业负责人	质检员	
2	设备进场检查	变压器到场前的检查	基础复测：预埋件位置布置符合图纸要求，牢固可靠。根据主变压器尺寸，在基础上画出中心线，要求中心位移≤5mm，水平度误差≤2mm，基础平台高低误差≤±3mm					/
3		变压器现场保管	气体压力常温下 0.01～0.03MPa，并每日进行记录，记录见附表 3					/
		附件到场的检查	（1）运输中冲击记录不超过 3g。 （2）就位验收合格，外观是否有机械损伤或渗漏油情况					/
4		附件到场验收	（1）外包装应完好，无破损，包装箱上部无承载重物情况，包装箱底部无漏油油迹。 （2）运输中冲击记录不超过 3g					/
		附件开箱验收	（1）套管开箱验收，应使用撬杠、扳手、锤子等工具小心开启拆箱，随着开启的深入应逐步跟进加横木垫起，再将两个侧面板拆开，拆卸时应注意观察，避免工具磕碰到套管。拆装时工具深入套管箱不超过 100mm，以保证套管安全。 （2）清点数量、型号符合装箱清单，产品技术文件齐全。 （3）开箱后检查套管各可视部位完好：上、下瓷件无裂缝、伤痕；端子无松动，各接触面镀层无大面积损坏；各密封面无渗漏；各紧固件无松动；套管压力或油位、阀门状态正常					/

续表

序号	项目	作业内容	控制要点及标准	检查结果	厂家代表	施工		监理
						作业负责人	质检员	
5	到场开箱检查	附件开箱验收	（1）套管配件是否齐全、规格是否正确，比如均压环、接线端子、接线螺丝等。 （2）出线装置密封良好，充氮或干燥空气出线装置的气体压力常温下不小于10kPa。 （3）出线装置外部无划伤、变形情况。 （4）TA端子板密封应良好，无裂纹。引出导柱无弯曲、断裂等情况。 （5）TA紧固良好，核对TA参数及对应套管位置是否符合铭牌。 （6）储油柜外包装应无破损，表面无碰伤及划伤。 （7）冷却器及散热器外包装应无破损，表面无碰伤及划伤；冷却器散热片无碰伤变形。 （8）端子箱和控制箱到货后应检查包装有无破损；箱体有无损坏、变形；箱体密封是否良好；箱内各端子和元件固定是否牢靠，有无损坏					/
6	安装前准备	大型施工机具检查	真空机组（附表4）：增压泵的启动压力：3000～5000Pa。 抽气速率最低为：3000m^3/h。 极限真空度：≤1Pa。 机组总体泄漏率：≤0.016mbar. L/s					/
			真空净油机（附表5）：最小流量为12m^3/h，并流量可线性调节；加热功率≥150kW，10m^3/h流量下油可在高真空状态下进行完全脱水脱气处理，加热净化处理					/

续表

<table>
<tr><th rowspan="2">序号</th><th rowspan="2">项目</th><th rowspan="2">作业内容</th><th rowspan="2">控制要点及标准</th><th rowspan="2">检查结果</th><th rowspan="2">厂家代表</th><th colspan="2">施工</th><th rowspan="2">监理</th></tr>
<tr><th>作业负责人</th><th>质检员</th></tr>
<tr><td rowspan="7">6</td><td rowspan="7">安装前准备</td><td>大型施工机具检查</td><td>干燥空气发生器（附表6）：额定处理量：≥200m³/h。成品气露点：≤−55℃。
干燥空气发生器应具备气体压力报警及自动启停功能</td><td></td><td></td><td></td><td></td><td>/</td></tr>
<tr><td>电源布置检查</td><td>滤油区电源布置到位，安装现场电源布置到位，容量及极差配置符合要求</td><td></td><td></td><td></td><td></td><td>/</td></tr>
<tr><td>防尘措施检查</td><td>安装周边无扬尘，并进行覆盖，设置内检和出线装置安装防尘措施</td><td></td><td></td><td></td><td></td><td>/</td></tr>
<tr><td>安装平台及围栏布置检查</td><td>安装平台搭设合格，本体上部安全围栏安装完成，作业区域已隔离</td><td></td><td></td><td></td><td></td><td>/</td></tr>
<tr><td>安全工器具检查</td><td>吊车选型按方案执行，且性能良好；吊带、安全带性能良好；专用工装正常</td><td></td><td></td><td></td><td></td><td>/</td></tr>
<tr><td>人员准备</td><td>设置总负责、技术负责、安装负责人、安全组长、质量组长、安装组长、试验组长已到岗到位</td><td></td><td></td><td></td><td></td><td>/</td></tr>
<tr><td>表计校验</td><td>温度器、气体继电器、压力释放阀等，应按照各表计使用指导书进行检验</td><td></td><td></td><td></td><td></td><td>/</td></tr>
<tr><td rowspan="2">7</td><td rowspan="2">非露空状态下的附件安装</td><td rowspan="2">冷却器安装</td><td>油流继电器波纹管及管路上波纹管安装是否平整，无过度扭曲、歪斜、变形情况，波纹管最大允许偏差：压缩量为20%，伸展量为10%，两端面不同心偏差为10mm</td><td></td><td></td><td></td><td></td><td>/</td></tr>
<tr><td>冷却器油泵内部清洁，电机转动正常，转向正确，无异常噪声、振动或过热现象</td><td></td><td></td><td></td><td></td><td>/</td></tr>
</table>

续表

序号	项目	作业内容	控制要点及标准	检查结果	厂家代表	施工		监理
						作业负责人	质检员	
7	非露空状态下的附件安装	冷却器安装	油流继电器动作和显示正常					/
			冷却器风扇电机转动正常，转向正确，扇叶转动正常，无刮碰情况，传动轴配合良好无摆动					/
			（1）所有法兰连接处应用耐油密封垫（圈）封好，密封垫（圈）应无扭曲、变形、裂纹、毛刺，法兰连接面应平整、清洁。在整个圆周面上应均匀受压。橡胶密封垫的压缩量一般不应超过其厚度的1/3。 （2）橡胶密封垫紧固不是一次性的紧固，而是以对角线的位置起，依次一点一点紧固，四周螺栓分4～5次进行紧固					/
		储油柜安装	（1）储油柜内应清洁，各处密封应良好。 （2）储油柜胶囊安装后悬挂应正确，牢固，接口良好。 （3）油位指示计应指示灵活、正确，与储油柜的真实油位相符，各接点动作正确。 （4）各呼吸口应呼吸通畅；各控制阀门应开关自如，密封良好					/
8	露空状态下的内检	露空时间	露空时间应符合厂家技术文件规定，当产品技术文件没有规定时，应符合下列要求：干燥天气（空气相对湿度65%以下）：12h；潮湿天气（空气相对湿度65%～75%）：8h					/

续表

序号	项目	作业内容	控制要点及标准	检查结果	厂家代表	施工		监理
						作业负责人	质检员	
8	露空状态下的内检	内检准备	雨、雪、风（四级以上）和环境相对湿度75%以上的天气不得进行器身内检		/	/		
			干燥空气的露点为-55℃，压力为0.01～0.03MPa		/	/		
			当油箱内残压达到0.0001MPa以下时，关闭真空机组和油箱蝶阀，开启球阀，以2m³/min的流量向箱内注入干燥空气解除真空		/	/		
			打开的人孔盖应采取临时防尘措施		/	/		
			利用干燥空气发生器排氮，箱内含氧量未达到19.5%～23.5%，严禁人员入内，人员进出必须进行工具清点		/	/		
		内检	器身上部定位装置紧固无松动，绝缘定位件无受力损坏情况；器身下部能见部位定位装置紧固无松动，无异常		/	/		
			铁芯能见部位平整，端角处铁芯片无弯折、变形		/	/		
			能见部位上、下铁轭与夹件绝缘垫块紧固无松动，无移位、脱落情况		/	/		
			铁芯、夹件上能见部位紧固件齐全且紧固，无松动、脱落		/	/		
			测量铁芯、夹件分别对地以及铁芯和夹件之间绝缘电阻良好，不应低于500MΩ		/	/		
			能见部位的线圈围屏清洁，绑扎牢固		/	/		

续表

序号	项目	作业内容	控制要点及标准	检查结果	厂家代表	施工		监理
						作业负责人	质检员	
8	露空状态下的内检	内检	绕组绝缘电阻不小于出厂值的70%		/	/		
			线圈端部能见部位垫块整齐，无移位、松动、脱落情况。出线部位绝缘良好，绑扎牢固		/	/		
			可见部位地屏接地线接地牢靠，绝缘包扎良好		/	/		
			各部位引线及分接线绝缘清洁、无破损、弯折断层等情况。裸露引线表面无尖角毛刺，焊接及连接紧固可靠，无松动，接触良好		/	/		
			各部位引线及分接线排列整齐，夹持牢固无脱落、松动情况		/	/		
			分接开关紧固件紧固无松动、脱落，分接线与开关连接紧固，屏蔽帽无缺失、屏蔽到位		/	/		
			油箱内部可见磁屏蔽、铜屏蔽安装牢固，无开焊、松动情况。接地可靠，无过热、放电痕迹		/	/		
			油箱内加强铁无焊线开裂情况		/	/		
			油箱内可见部位油漆无起皮、脱落、变色情况		/	/		
			器身表面清洁，无异物		/	/		
			主体内取残油油样化验，应符合产品技术文件的规定，当产品技术文件无规定时应符合下列要求：耐压：≥60kV，含水量：≤10mg/L，介质损耗因数 $\tan\delta$≤0.5%（90℃），无乙炔		/	/		

续表

序号	项目	作业内容	控制要点及标准	检查结果	厂家代表	施工		监理
						作业负责人	质检员	
9	露空状态下的附件安装	升高座安装	升高座内 TA 试验（符合 GB/T 50832—2013 要求）					/
			严格按升高座钢印标记安装，升高座安装角度正确					/
			升高座法兰面与高压出线装置法兰面或油箱法兰面平行就位，密封处理良好					/
			所有螺栓紧固力矩值符合产品技术文件要求					/
10		套管安装	（1）按套管说明书正确安装吊具，紧固可靠。 （2）套管出箱检查套管各可视部位完好：上、下瓷件无裂缝、伤痕；端子无松动，各接触面镀层无大面积损坏；各密封面无渗漏；各紧固件无松动。 （3）套管直立后充分清洁套管法兰和油中部分，油中端子紧固可靠，无缝隙和污染。 （4）安装前已试验合格。 （5）套管油位表应朝向变压器外侧。 （6）引线和端子接触面贴合良好。 （7）套管下部和引线完全进入出线绝缘均压环内。套管与出线装置之间的间隙不小于 10mm，套管金属部分进入出线装置均压球不小于 15mm。 （8）盖板与升高座壁配合正确。 （9）均压环安装牢固。 （10）导体及引线附件连接可靠。 （11）所有螺栓紧固力矩值符合产品技术文件要求，并已划线做紧固标记					/

续表

序号	项目	作业内容	控制要点及标准	检查结果	厂家代表	施工		监理
						作业负责人	质检员	
11	露空状态下的附件安装	压力释放阀安装	送检试验合格					/
			压力释放阀安装方向符合图纸要求					/
			油导向管安装方向正确					/
			紧固压力释放阀法兰时对角均匀把装螺丝，避免法兰因受力不均开裂损坏					/
		测温装置安装	送检试验合格					/
			顶盖上的温度计座内应注入绝缘油，密封处理良好，无渗油；闲置的温度计座应密封					/
			膨胀式信号温度计的细金属软管不得压扁和急剧扭曲，其弯曲半径不得小于 50mm					/
			所有螺栓紧固力矩值符合产品技术文件要求，并已划线做紧固标记					/
12	抽真空	抽真空位置	从油箱顶部的蝶阀接至真空机组					/
		测量泄漏率	真空泄漏率检查应符合产品技术文件要求。当产品技术文件无规定时应符合下列要求： （1）从抽空开始至真空度达到 200Pa 应在 5h 完成。 （2）当真空度达到 70～75Pa 时，测量泄漏率，真空泄漏率≤800Pa·L/s					/
		持续抽真空时间检测	真空度及真空保持时间应符合产品技术文件要求。当产品技术文件无规定时应符合下列要求：泄漏率满足后真空度≤30Pa（调压变可为 133Pa）时开始抽真空计时，持续抽空时间≥48h（调压变可为 24h），每两小时记录一次见附表 7					/

续表

序号	项目	作业内容	控制要点及标准	检查结果	厂家代表	施工		监理
						作业负责人	质检员	
13	注油	注油前检测	绝缘油试验合格，符合 GB/T 50832—2013 中要求					/
		注油前的准备工作	利用合格油冲洗管路和滤油机					/
		进油位置	进油位置应符合产品技术文件要求。当产品技术文件无规定时应符合下列要求：通过油箱下部的闸阀注入油箱内					/
		注油过程中真空控制	注油过程真空停止前应始终维持真空度符合产品技术文件要求。当产品技术文件无规定时应小于 50Pa					/
		注油过程控制	注油过程应符合产品技术文件的规定，当产品技术文件无规定时应符合下列要求：注油速度不超过 $6m^3/h$，注油温度控制在（65±5）℃，直到油面达到顶盖下 100～200mm 时，关闭主体油箱上部的真空阀门并将注油速度调整至 $2\sim3m^3/h$，继续注油至储油柜标准液位后停止注油					/
14	热油循环与静置	热油循环	进口接油箱下部的闸阀，出口接在其对角油箱顶部的蝶阀，循环过程中油的管路采用“上进下出”方式并通过真空滤油机进行热油循环					/
			热油循环时间应符合产品技术文件的规定，当产品技术文件无规定时应符合下列要求：变压器出口油温达到（60±5）℃开始计时，循环时间要不少于 48h，总循环油量达到产品油量的 3 倍以上；计时后每 1h 记录一次数据，记录表见附表 8					/

续表

<table>
<tr><th rowspan="2">序号</th><th rowspan="2">项目</th><th rowspan="2">作业内容</th><th rowspan="2">控制要点及标准</th><th rowspan="2">检查结果</th><th rowspan="2">厂家代表</th><th colspan="2">施工</th><th rowspan="2">监理</th></tr>
<tr><th>作业负责人</th><th>质检员</th></tr>
<tr><td rowspan="5">14</td><td rowspan="5">热油循环与静置</td><td rowspan="2">静置</td><td>调整储油柜内油位至正常水平，关闭所有注放油阀门，进行产品的静放。静置时间应符合产品技术文件的规定，当产品技术文件无规定时应符合下列要求主变压器必须静放120h以上（调压补偿变72h以上）</td><td></td><td></td><td></td><td></td><td>/</td></tr>
<tr><td>静置期间间隔24h对产品升高座、冷却器高点放气，储油柜按其产品使用说明书排气</td><td></td><td></td><td></td><td></td><td>/</td></tr>
<tr><td>密封性试验</td><td>静置完毕，拆卸储油柜呼吸器，在主体储油柜呼吸口上连接干燥空气或氮气气瓶加气，压力值应符合产品技术文件规定，当产品技术文件无规定时应满足以下要求：压力值为0.03MPa，加压后维持24h，压力维持基本不变，同时检查油箱各密封处无渗油</td><td></td><td></td><td></td><td></td><td>/</td></tr>
<tr><td>绝缘油试验</td><td>绝缘油试验合格，符合GB/T 50832—2013要求</td><td></td><td></td><td></td><td></td><td>/</td></tr>
<tr><td rowspan="5">15</td><td rowspan="5">主变压器交接试验</td><td>交接试验前绝缘油试验</td><td>符合GB/T 50832—2013要求</td><td></td><td></td><td></td><td></td><td>/</td></tr>
<tr><td>接地检查</td><td>铁芯、夹件接地良好</td><td></td><td></td><td></td><td></td><td>/</td></tr>
<tr><td>测量绕组连同套管的直流电阻</td><td>符合GB/T 50832—2013要求</td><td></td><td></td><td></td><td></td><td>/</td></tr>
<tr><td>绕组电压比测量和引出线的极性检查</td><td>符合GB/T 50832—2013要求</td><td></td><td></td><td></td><td></td><td>/</td></tr>
<tr><td>绕组连同套管的绝缘电阻、吸收比和极化指数的测量</td><td>符合GB/T 50832—2013要求</td><td></td><td></td><td></td><td></td><td>/</td></tr>
</table>

续表

序号	项目	作业内容	控制要点及标准	检查结果	厂家代表	施工		监理
						作业负责人	质检员	
15	主变压器交接试验	绕组连同套管的介质损耗因数 tanδ 和电容量的测量	符合 GB/T 50832—2013 要求					/
		铁芯和夹件的绝缘电阻测量	符合 GB/T 50832—2013 要求					/
16	调压变压器交接试验	低电压空载试验	符合 GB/T 50832—2013 要求					/
		绕组频率响应特性测量	符合 GB/T 50832—2013 要求					/
		小电流下的短路阻抗测量	符合 GB/T 50832—2013 要求					/
		绕组连同套管的长时感应电压试验带局部放电测量	符合 GB/T 50832—2013 要求					/
		绕组连同套管的外施工频耐压试验	符合 GB/T 50832—2013 要求					/
		交接试验后绝缘油试验	符合 GB/T 50832—2013 要求					/
17	主体变压器交接试验	交接试验前绝缘油试验	符合 GB/T 50832—2013 要求					/
		接地检查	铁芯、夹件接地良好					/
		测量绕组连同套管的直流电阻	符合 GB/T 50832—2013 要求					/

续表

序号	项目	作业内容	控制要点及标准	检查结果	厂家代表	施工		监理
						作业负责人	质检员	
17	主体变压器交接试验	绕组电压比测量和引出线的极性检查	符合 GB/T 50832—2013 要求					/
		绕组连同套管的绝缘电阻、吸收比和极化指数的测量	符合 GB/T 50832—2013 要求					/
		绕组连同套管的介质损耗因数 tanδ 和电容量的测量	符合 GB/T 50832—2013 要求					/
		铁芯和夹件的绝缘电阻测量	符合 GB/T 50832—2013 要求					/
		低电压空载试验	符合 GB/T 50832—2013 要求					/
		绕组频率响应特性测量	符合 GB/T 50832—2013 要求					/
		小电流下的短路阻抗测量	符合 GB/T 50832—2013 要求					/
		绕组连同套管的长时感应电压试验带局部放电测量	符合 GB/T 50832—2013 要求					/
		绕组连同套管的外施工频耐压试验	符合 GB/T 50832—2013 要求					/
		交接试验后绝缘油试验	符合 GB/T 50832—2013 要求					/

附表 3：变压器存放保管油箱内压力记录表

序号	工作步骤	环境温度（℃）	相对湿度（%）	气体压力值（MPa）	检查时间（　年　月　日　时）	施工单位检查人	专业监理工程师
1	到场时检查						
2	保管期间第 1 次检查						
3	保管期间第 2 次检查						
4	保管期间第 3 次检查						
5	保管期间第 4 次检查						
6	保管期间第 5 次检查						
7	保管期间第 6 次检查						
8	保管期间第 7 次检查						
9	保管期间第 8 次检查						
10	保管期间第 9 次检查						
11	保管期间第 10 次检查						
12	保管期间第 11 次检查						
13	保管期间第 12 次检查						
14	保管期间第 13 次检查						
15	保管期间第 14 次检查						
	破氮前检查						

附表 4：真空机组验收表

真空泵							
型　　号		生产厂家					
抽气速率		极限真空		功　　率		使用年限	

上次使用情况说明：

性能检查：

外　观　情　况		抽极限真空（＜3Pa）		油标（＞2/3 高度）	

总体认证评估：

附表 5：真空滤油机验收表

真空滤油机							
型号		生产厂家					
流量		滤芯精度		功率		使用年限	

上次使用情况说明：

工地代表：

续表

<table>
<tr><td colspan="8">真空滤油机</td></tr>
<tr><td colspan="8">性能检查：</td></tr>
<tr><td>外观情况</td><td></td><td colspan="2">轴封的密封情况</td><td colspan="2"></td><td>残油值</td><td></td></tr>
<tr><td rowspan="2">滤　芯</td><td colspan="2">一级过滤（滤芯更换情况）</td><td rowspan="2">真空泵</td><td colspan="4">前级泵（抽极限真空<2Pa）</td></tr>
<tr><td colspan="2">二级过滤（滤芯更换情况）</td><td colspan="4">螺茨泵（抽极限真空<2Pa）</td></tr>
<tr><td>油标（>2/3 高度）</td><td colspan="7"></td></tr>
<tr><td colspan="8">滤油机自循环</td></tr>
<tr><td colspan="8">将滤油机调整至自循环系统进行循环，时间要求 4～6h，循环中应分别开启每组加热器，开启时间至少 30min，循环结束后应检查各级滤芯</td></tr>
<tr><td>耐压值（kV）</td><td></td><td>颗粒度（>5μm/100mL）</td><td></td><td>含水量（ppm ）</td><td></td><td>乙炔（ppm）</td><td></td></tr>
<tr><td>初级滤芯</td><td></td><td>中级滤芯</td><td></td><td>高级滤芯</td><td></td><td>结论</td><td></td></tr>
<tr><td colspan="8">总体认证评估：

工地代表：</td></tr>
</table>

附表 6：干燥空气发生器验收表

<table>
<tr><td colspan="8">干燥空气发生器</td></tr>
<tr><td>型　　号</td><td></td><td>生产厂家</td><td colspan="5"></td></tr>
<tr><td>抽气速率</td><td></td><td>露　　点</td><td></td><td>功　　率</td><td></td><td>使用年限</td><td></td></tr>
<tr><td colspan="8">上次使用情况说明：</td></tr>
<tr><td colspan="8">性能检查：</td></tr>
<tr><td>外　观　情　况</td><td colspan="3"></td><td>露点测量（℃）</td><td colspan="3"></td></tr>
<tr><td colspan="8">总体认证评估：</td></tr>
</table>

附表 7：抽真空记录表

序号	环境温度（℃）	相对湿度（%）	时间（ 年 月 日 时）	真空度残压（Pa）	值班负责人
1					
2					
3					
4					
5					
6					
7					
8					
9					
10					
11					
12					
13					
14					
15					

附表8：热油循环记录表

序号	环境温度（℃）	相对湿度（%）	时间 （ 年 月 日 时）	真空度残压（Pa）	滤油机出口 油温（℃）	换流变压器 出口油温（℃）	循环流量（L/h）	值班负责人
1								
2								
3								
4								
5								
6								
7								
8								
9								
10								
11								
12								
13								
14								

附表9：某厂家螺栓力矩值

螺栓规格	M8	M10	M12	M14	M16	M18	M20	M24
力矩值（N·m）	8.8～10.8	17.7～22.6	31.4～39.2	51～60.8	78.5～98.1	98～127.4	156.9～196.2	274.6～343.2

十、换流变压器安装关键工序管控表、工艺流程控制卡

（一）换流变压器安装关键工序管控表

序号	阶段	管理内容	管控要点	管理资料	监理	业主
1	准备阶段	施工图审查	（1）换流变压器本体和附件与BOX-IN立柱、顶板设计位置无冲突磕碰。阀侧穿墙套管防火墙预留孔洞位置、尺寸无碰撞。 （2）预埋件、电缆穿线管预留孔、接地线位置正确，符合标准工艺、设计图纸及产品技术文件的要求。 （3）油池格栅高度与本体排油管间隙和位置无冲突磕碰	施工图预检记录表、施工图纸交底纪要、施工图会检纪要		
2		方案审查	（1）安全文明施工区域布置有区域隔离、防油污、防尘、防风措施，内检等满足有限空间安全作业相关规定。 （2）油务处理区布置合理，消防设施、接地、警示标识配置齐全。 （3）安装关键工序编制合理，附件开箱检查、试验能与安装有序衔接。 （4）内部检查时搭设防尘棚，厂家编制内部检查表。 （5）牵引就位滑车组的布置方式、电动葫芦型号选择经过力学验算。 （6）真空度、保持时间、热油循环、静置时间符合规范和制造厂技术文件要求。 （7）BOX-IN采用软铜线相互可靠一点接地，不形成闭合回路。 （8）阀侧套管与大封堵之间应预留不小于100mm的均匀间隙，避免套管升高座与大封堵金属材料接触产生较大的温升	项目管理实施规划/（专项）施工方案报审表、文件审查记录表		
3		标准工艺实施	（1）执行《国家电网有限公司输变电工程标准工艺　变电工程电气分册》“换流站设备安装—换流变压器安装”要求。 （2）检查施工图纸中标准工艺内容齐全。 （3）检查施工过程标准工艺执行	标准工艺应用记录		/
4		人员交底	所有作业人员（包括厂家人员）均完成技术交底并签字	人员培训交底记录		/

续表

序号	阶段	管理内容	管控要点	管理资料	监理	业主
5	准备阶段	设备进场	(1) 供应商资质文件（营业执照、安全生产许可证、产品的检验报告、企业质量管理体系认证或产品质量认证证书）齐全。 (2) 材料质量证明文件（包括产品出厂合格证、检验、试验报告）包括：换流变压器、散热器、套管、压力释放阀、瓦斯（油流）继电器、温度表、二次电缆等附件完整。 (3) 复检报告合格［包括压力释放阀、瓦斯（油流）继电器、温度表］	甲供主要设备（材料/构配件）开箱申请表、乙供主要材料及构配件供货商资质报审表、乙供工程材料/构配件/设备进场报审表		
6		反措要求	(1) 作用于跳闸的非电量保护继电器都应设置三副独立的跳闸接点，按照“三取二”原则出口，三个开入回路要独立，不允许多副跳闸接点并联上送，三取二出口判断逻辑装置及其电源应冗余配置。 (2) 冷却器控制装置工作电源与信号电源应分开，实现各自电源双重化配置，防止工作和信号电源回路故障导致冷却器全停。 备用换流变压器放置位置应充分考虑与带电设备的安全距离与电磁环境，满足直流不停运工况下检修试验的要求。 (3) 换流变压器中性点应设计两根接地引下线，分别与地网主网格的不同边连接，每根接地引下线均应符合热稳定校核的要求，连接线应便于定期进行检查测试。 (4) 套管末屏接地方式设计应保证牢固，防止末屏接线松动导致套管损坏。 (5) 换流变压器阀侧套管应在阀厅外或户内直流场外加装可观测 SF_6 气体压力的表计，具有在线补气功能，压力值应远传至监视后台。 (6) 换流变压器的气体继电器、油流继电器、SF_6 压力等重要继电器、传感器，设备生产厂家应配套安装防雨罩，防雨罩应能防止上方和侧面的喷水且便于拆装	检查记录表		/

续表

序号	阶段	管理内容	管控要点	管理资料	监理	业主
7	施工阶段	外观验收	（1）标识：阀门应有开关位置指示标识，在开和关的状态下均应有限位功能。 （2）组部件：产品与技术规范书或技术协议中关于厂家、型号、规格等描述一致，产品外观检查良好。 （3）铭牌：主铭牌、油温油位曲线、分接开关标识牌完整准确。 （4）资料：安装使用说明书、试验报告齐全	检查记录表		/
8	施工阶段	冲击记录仪拆除见证	检查本体及出线装置三维冲击记录仪在运输及就位过程中受到的冲击值符合制造厂规定或小于3g	冲撞记录表		/
9	施工阶段	内检检查	（1）按照厂家产品技术要求，开展内检作业，形成表格逐项确认。 （2）内检完毕后，应做好工具清单，无遗漏。 （3）要求厂家留存原始检查记录或照片视频，并移交监理备案	检查记录表、旁站监理记录表		/
10	施工阶段	内检检查				
11	施工阶段	套管安装	（1）套管外观清洁，无损伤，无渗油，油位正常。 （2）套管金属法兰结合面应平整，无外伤或铸造砂眼。 （3）放气塞位于套管法兰最高处，无渗漏。 （4）末屏检查接地可靠。 （5）法兰密封垫安装正确，密封良好，法兰连接螺栓齐全，紧固。 （6）油位指示面向外侧，便于巡视检查。 （7）引出线顺直、不扭曲。 （8）引出线与套管连接接触良好、连接可靠、套管顶部结构密封良好。 （9）均压环表面应光滑无划痕，安装牢固且方向正确，均压环易积水部位最低点应有排水孔	旁站监理记录表		/

续表

序号	阶段	管理内容	管控要点	管理资料	监理	业主
12	施工阶段	其他组部件安装	（1）检查外观完好。 （2）检查螺栓紧固力矩	检查记录表		/
13		抽真空	（1）气体继电器、绝缘油在线监测装置不能随油箱同时抽真空。 （2）真空度要求：±800kV换流变压器的真空度不应大于100Pa。（以厂家技术文件要求为准） （3）真空度保持时间：±800kV换流变压器的真空保持时间不得少于96h。（以厂家技术文件要求为准） （4）抽真空时应监视并记录油箱的变形，其最大值不得超过箱壁厚度最大值的两倍	检查记录表		/
14		注油、热油循环	（1）注入油温应高于器身温度，注油速度不大于6000L/h。 （2）油位指示应符合“油温-油位曲线”。 （3）循环过程中，滤油机加热脱水缸中的温度，应控制在（65±5）℃范围内，油箱内温度不应低于40℃。（以厂家技术文件要求为准） （4）滤油机出口油温达到规定温度后，热油循环时间应符合产品技术规定且不应少于72h。（以厂家技术文件要求为准） （5）热油循环要求通过滤油机的油量不应少于换流变压器总油量的3倍。（以厂家技术文件要求为准）	检查记录表		/
15		试验	（1）交接试验满足规程要求。 （2）局放试验：阀绕组加压过程中进行局部放电量测量，局部放电量应不超过300pC	检查记录表、旁站监理记录表		/
16		本体就位	（1）将千斤顶放置在油箱千斤顶支架部位，升降操作应协调，各点受力均匀，并及时垫好垫块。 （2）当利用机械牵引时，牵引的着力点应在设备重心以下，使用产品设计的专用受力点，并应采取防滑、防溜措施，牵引速度不应超过2m/min。	旁站监理记录表		

续表

序号	阶段	管理内容	管控要点	管理资料	监理	业主
16	施工阶段	本体就位	（3）就位位置应严格校核阀厅内的阀侧套管均压环具体定位及精度，满足设计图纸要求	旁站监理记录表		/
17		BOX-IN、封堵施工	（1）与本体套管间隙不应小于10cm。 （2）单点接地，接地线不形成闭合回路。 （3）大、小封堵按照工艺要求执行，满足防火、防爆、密封要求	检查记录表		/
18	验收阶段	实体检查	（1）紧固件接螺栓应齐全、紧固。 （2）外观无渗漏油。 （3）均压环表面应光滑无划痕，安装牢固且方向正确，均压环易积水部位最低点应有排水孔，孔径 ϕ6～8mm。 （4）套管引线及线夹引线应无散股、扭曲、断股现象。 （5）绝缘净空距检查，高压带电体至零电位物体间距离应满足设计要求。 （6）充油套管的油位指示应面向外侧，巡视可见，无渗漏油。SF_6 套管外观无渗漏，压力应正常。 （7）套管电流互感器接线正确，备用二次线圈端子应短接接地。 （8）分接开关传动系统完好。 （9）冷却系统运转正常。 （10）二次回路正确，接线良好。 （11）事故排油功能正常。 （12）BOX-IN安装及接地验收。 （13）大小封堵安装及接地验收	验收记录		
19		资料验收	（1）安装使用说明书、出厂报告。 （2）交接试验报告和特殊试验报告	验收记录		/

（二）换流变压器安装工艺流程控制卡

序号	项目	作业内容	控制要点及标准	检查结果	厂家代表	施工		监理	业主
						作业负责人	质检员		
1	绝缘油到场验收	新油取样送检： 第一批____罐，取样____罐； 第二批____罐，取样____罐； 第三批____罐，取样____罐	符合产品技术文件和按照国家标准 GB/T 7597—2007《电力用油（变压器油、汽轮机油）取样方法》规定执行，大罐每罐必须做取样抽检试验：击穿电压≥75kV；大于 5μm 直径的油中颗粒度≤4000 个/100ml；介质损耗因数 tanδ≤0.5%（90℃）						/
2	SF_6 气体进场验收	新六氟化硫气体抽样比例 到货____瓶，抽检____瓶； 到货____瓶，抽检____瓶； 到货____瓶，抽检____瓶	气瓶数 1 瓶时，抽 1 瓶；气瓶数 2～40 瓶时，抽 2 瓶；气瓶数 41～70 瓶时，抽 3 瓶；气瓶数 71 瓶以上时，抽 4 瓶；抽样检验有一项不符合要求时，应以两倍量气瓶数重新抽样复验，复验结果应有一项不符合要求时，整批不通过验收						/
3	换流变进场验收	换流变压器到场前的检查	基础复测：预埋件位置布置符合图纸要求，牢固可靠根据换流变压器尺寸，在基础上画出中心线，要求中心位移≤5mm，水平度误差≤2mm，基础平台高低误差≤±3mm						/

续表

<table>
<tr><th rowspan="2">序号</th><th rowspan="2">项目</th><th rowspan="2">作业内容</th><th rowspan="2">控制要点及标准</th><th rowspan="2">检查结果</th><th rowspan="2">厂家代表</th><th colspan="2">施工</th><th rowspan="2">监理</th><th rowspan="2">业主</th></tr>
<tr><th>作业负责人</th><th>质检员</th></tr>
<tr><td rowspan="10">4</td><td rowspan="10">附件进场验收</td><td rowspan="3">附件到场的检查</td><td>压力不能低于 0.01MPa，套管保管记录见附表 10</td><td></td><td></td><td></td><td></td><td></td><td>/</td></tr>
<tr><td>运输中冲击记录不超过 3g</td><td></td><td></td><td></td><td></td><td></td><td>/</td></tr>
<tr><td>就位验收合格，外观是否有机械损伤或渗漏机油情况</td><td></td><td></td><td></td><td></td><td></td><td>/</td></tr>
<tr><td>换流变压器现场保管</td><td>气体压力常温下 0.01～0.03MPa，并每日进行记录，记录见附表 11</td><td></td><td></td><td></td><td></td><td></td><td>/</td></tr>
<tr><td rowspan="2">附件到场验收</td><td>外包装应完好，无破损，包装箱上部无承载重物情况，包装箱底部无漏油油迹</td><td></td><td></td><td></td><td></td><td></td><td>/</td></tr>
<tr><td>运输中冲击记录不超过 3g</td><td></td><td></td><td></td><td></td><td></td><td>/</td></tr>
<tr><td rowspan="3">附件开箱验收</td><td>套管开箱验收，应使用撬杠、扳手、锤子等工具小心开启拆箱，随着开启的深入应逐步跟进加横木垫起。再将两个侧面板拆开，拆卸时应注意观察，避免工具磕碰到套管。拆装时工具深入套管箱不超过 100mm，以保证套管安全</td><td></td><td></td><td></td><td></td><td></td><td>/</td></tr>
<tr><td>清点数量、型号符合装箱清单</td><td></td><td></td><td></td><td></td><td></td><td>/</td></tr>
<tr><td>开箱后检查套管各可视部位完好：上、下瓷件无裂缝、伤痕；端子无松动，各接触面镀层无大面积损坏；各密封面无渗漏；各紧固件无松动</td><td></td><td></td><td></td><td></td><td></td><td>/</td></tr>
</table>

续表

序号	项目	作业内容	控制要点及标准	检查结果	厂家代表	施工		监理	业主
						作业负责人	质检员		
5	到场开箱检查	附件开箱验收	套管配件是否齐全、规格是否正确，比如均压环、接线端子、接线螺丝等						/
			出线装置密封良好，充氮或干燥空气出线装置的气体压力常温下不小于10kPa						/
			出线装置外部无划伤、变形情况						/
			TA端子板密封应良好，无裂纹。引出导柱无弯曲、断裂等情况						/
			TA紧固良好，核对TA参数及对应套管位置是否符合铭牌						/
			储油柜外包装应无破损，表面无碰伤及划伤						/
			冷却器及散热器外包装应无破损，表面无碰伤及划伤；冷却器散热片无碰伤变形						/
			端子箱和控制箱到货后应检查包装有无破损；箱体有无损坏、变形；箱体密封是否良好；箱内各端子和元件固定是否牢靠，有无损坏						/
6	安装前准备	大型施工机具检查	真空机组（附表4）：增压泵的启动压力：3000～5000Pa。 抽气速率最低为：1500L/min。 极限真空度：≤10Pa						/

续表

序号	项目	作业内容	控制要点及标准	检查结果	厂家代表	施工		监理	业主
						作业负责人	质检员		
6	安装前准备	大型施工机具检查	真空滤油机（附表5）：流量为6～12m³/h，并流量可线性调节；加热功率≥150kW，10m³/h流量下油可在高真空状态下进行完全脱水脱气处理，加热净化处理						/
			干燥空气发生器（附表6）：额定处理量：≥200m³/h。成品气露点：≤−55℃。 干燥空气发生器应具备气体压力报警及自动启停功能						/
		电源布置检查	滤油区电源布置到位，安装现场电源布置到位，容量及极差配置符合要求						/
		防尘措施检查	安装周边无扬尘，并进行覆盖，设置内检和出线装置安装防尘措施						/
		安装平台及围栏布置检查	安装平台搭设合格，本体上部安全围栏安装完成，作业区域已隔离						/
		安全工器具检查	吊车选型按方案执行，且性能良好；吊带、安全带性能良好；专用工装正常						/
		人员准备	设置总负责、技术负责、安装负责人、安全组长、质量组长、安装组长、试验组长已到岗到位						/
		表计校验	温度器、气体继电器、压力释放阀等，应按照各表计使用指导书进行检验						/

续表

序号	项目	作业内容	控制要点及标准	检查结果	厂家代表	施工		监理	业主
						作业负责人	质检员		
7	非露空状态下的附件安装	冷却器安装	导油管内检查清理擦拭干净，按钢印标记安装						/
			冷却器及散热器内部清洁，无杂质和异物						/
			冷却器或散热器安装牢固，支架、支腿或拉板等安装符合图纸要求						/
			管路上各种阀门安装正确、开启正常						/
			油流继电器波纹管及管路上波纹管安装是否平整，无过度扭曲、歪斜、变形情况，波纹管最大允许偏差：压缩量为20%，伸展量为10%，两端面不同心偏差为10mm						/
			冷却器油泵内部清洁，电机转动正常，转向正确，无异常噪声、振动或过热现象						/
			油流继电器动作和显示正常						/
			冷却器风扇电机转动正常，转向正确，扇叶转动正常，无刮碰情况，传动轴配合良好无摆动						/
			(1) 所有法兰连接处应用耐油密封垫（圈）封好，密封垫（圈）应无扭曲、变形、裂纹、毛刺，法兰连接面应平整、清洁。在整个圆周面上应均匀受压。橡胶密封垫的压缩量一般不应超过其厚度的1/3。 (2) 橡胶密封垫紧固不是一次性的紧固，而是以对角线紧固						/
		储油柜安装	储油柜内应清洁，各处密封应良好						/
			储油柜胶囊安装后悬挂应正确、牢固，接口良好						/
			油位指示计应指示灵活、正确、与储油柜的真实油位相符，各接点动作正确						/
			各呼吸口应呼吸通畅；各控制阀门应开关自如，密封良好						/

续表

序号	项目	作业内容	控制要点及标准	检查结果	厂家代表	施工		监理	业主
						作业负责人	质检员		
8	露空状态下的内检	露空时间	干燥天气（空气相对湿度65%以下）：12h。 潮湿天气（空气相对湿度65%～75%）：8h。 （露空、非露空的保管方式以厂家技术文件要求为准）						/
		内检准备	雨、雪、风（四级以上）和环境相对湿度75%以上的天气不得进行器身内检			/	/		
			干燥空气的露点为−55℃，压力为0.01～0.03MPa			/	/		
			当油箱内残压达到0.0001MPa以下时，关闭真空机组和油箱蝶阀，开启球阀，以2m³/min的流量向箱内注入干燥空气解除真空			/	/		
			打开的人孔盖应采取临时防尘措施			/	/		
			利用干燥空气发生器排氮，箱内含氧量未达到19.5%～23.5%严禁人员入内，人员进出必须进行工具清点			/	/		
		内检	器身上部定位装置紧固无松动，绝缘定位件无受力损坏情况；器身下部能见部位定位装置紧固无松动，无异常			/	/		
			铁芯能见部位平整，端角处铁芯片无弯折、变形			/	/		
			能见部位上、下铁轭与夹件绝缘垫块紧固无松动，无移位、脱落情况			/	/		

续表

序号	项目	作业内容	控制要点及标准	检查结果	厂家代表	施工		监理	业主
						作业负责人	质检员		
8	露空状态下的内检	内检	铁芯、夹件上能见部位紧固件齐全且紧固，无松动、脱落			/	/		
			测量铁芯、夹件分别对地以及铁芯和夹件之间绝缘电阻良好，不应低于500MΩ			/	/		
			能见部位的线圈围屏清洁，绑扎牢固			/	/		
			绕组绝缘电阻不小于出厂值的70%			/	/		
			线圈端部能见部位垫块整齐，无移位、松动、脱落情况。出线部位绝缘良好，绑扎牢固			/	/		
			可见部位地屏接地线接地牢靠，绝缘包扎良好			/	/		
			各部位引线及分接线绝缘清洁、无破损、弯折断层等情况。裸露引线表面无尖角毛刺，焊接及连接紧固可靠，无松动，接触良好			/	/		
			各部位引线及分接线排列整齐，夹持牢固无脱落、松动情况			/	/		
			分接开关紧固件紧固无松动、脱落，分接线与开关连接紧固，屏蔽帽无缺失、屏蔽到位			/	/		
			油箱内部可见磁屏蔽、铜屏蔽安装牢固，无开焊、松动情况。接地可靠，无过热、放电痕迹			/	/		
			油箱内加强铁无焊线开裂情况			/	/		
			油箱内可见部位油漆无起皮、脱落、变色情况			/	/		
			器身表面清洁，无异物			/	/		
			主体内取残油油样化验，不含乙炔，且符合以下规定：耐压：≥50kV，含水量：≤25ppm			/	/		

续表

序号	项目	作业内容	控制要点及标准	检查结果	厂家代表	施工		监理	业主
						作业负责人	质检员		
9	露空状态下的附件安装	升高座安装	升高座内 TA 试验（符合 GB 50150 要求）						/
			严格按升高座钢印标记安装，升高座安装角度正确						/
			压力释放阀导向管管径应与压力释放阀开口直径一致，内部定位销固定良好，保证压力正常释放，喷口不应直喷巡视通道、设备、电缆和管沟，威胁人员、设备安全，本体及二次电缆进线固定头外 50mm 应被不锈钢防雨罩遮蔽						/
			升高座法兰面与高压出线装置法兰面或油箱法兰面平行就位，密封处理良好						/
			所有螺栓紧固力矩值符合产品技术文件要求						/
			升高座抱箍应单独可靠接地						/
10		网侧套管安装	（1）套管检查：检查套管表面应无裂纹、伤痕。检查套管法兰颈部及均压球内外壁应清理干净。检查套管安装前应试验合格。检查充油套管应无渗漏现象，油位指示正常。 （2）套管及电流互感器试验符合 DL/T 274—2012《±800kV 高压直流设备交接试验》及厂家技术文件要求。套管各项试验测量与出厂值比较，电容量差别不超过 5%；介损变化由厂家确认。 （3）套管吊装使用专用吊装工具及吊点进行吊装。 （4）吊车在带电区域作业时必须编制安全管控方案，并按照审定的方案执行。						/

续表

<table>
<tr><th rowspan="2">序号</th><th rowspan="2">项目</th><th rowspan="2">作业内容</th><th rowspan="2">控制要点及标准</th><th rowspan="2">检查结果</th><th rowspan="2">厂家代表</th><th colspan="2">施工</th><th rowspan="2">监理</th><th rowspan="2">业主</th></tr>
<tr><th>作业负责人</th><th>质检员</th></tr>
<tr><td>10</td><td rowspan="2">露空状态下的附件安装</td><td>网侧套管安装</td><td>（5）法兰连接螺栓：所有螺栓紧固力矩值符合产品技术文件要求，并已划线做紧固标记。
（6）引线连接：紧固引线与套管连接螺栓紧固，密封良好，并拍照留存。
（7）套管末屏检查：接地可靠。
（8）绝缘围屏检查：符合厂家技术要求，并拍照留存。
（9）内部安装尺寸检查：符合厂家技术要求，并拍照留存。
（10）等电位线检查：套管等电位线是否连接牢固</td><td></td><td></td><td></td><td></td><td></td><td>/</td></tr>
<tr><td>11</td><td>中性点套管安装</td><td>（1）套管检查：检查瓷套表面应无裂纹、伤痕。检查套管法兰颈部及均压球内外壁应清理干净。检查套管安装前应试验合格。
（2）套管及电流互感器试验合格。
（3）法兰连接螺栓：所有螺栓紧固力矩值符合产品技术文件要求，并已划线做紧固标记。
（4）引线与套管连接螺栓紧固，密封良好。
（5）套管末屏检查接地可靠。
（6）绝缘围屏检查：符合厂家技术要求，并拍照留存。
（7）内部安装尺寸检查：符合厂家技术要求，并拍照留存</td><td></td><td></td><td></td><td></td><td></td><td>/</td></tr>
</table>

续表

序号	项目	作业内容	控制要点及标准	检查结果	厂家代表	施工		监理	业主
						作业负责人	质检员		
12	露空状态下的附件安装	阀侧套管安装	（1）套管检查：检查瓷套表面应无裂纹、伤痕。检查套管法兰颈部及均压球内外壁应清理干净。检查套管安装前应试验合格。检查充油套管应无渗漏现象，油位指示正常。 （2）套管及电流互感器试验符合DL/T 274—2012及厂家技术文件要求。套管各项试验测量与出厂值比较，电容量差别不超过5%；介损变化由厂家确认。 （3）升高座吊装角度测量：符合产品技术要求。 （4）使用套管吊具，用角度仪测量安装倾斜角度，用倒链调整套管倾斜角度，满足产品技术文件要求。 （5）将套管对正套管安装法兰孔徐徐落下，套管在安装过程中，需边落边调整套管的位置，使套管在升高座的中心位置降落，同时应避免套管尾部晃动过大而损坏出线装置。 （6）可用直螺杆拧入螺孔进行引导，套管降落至能带上螺栓时，先确认密封垫是否换新、是否放正，然后带全所有螺栓，将套管落到底，同时用内窥镜观察套管尾部伸入情况，保证套管尾部表带全部伸入连接套中。 （7）套管SF_6气体压力检查：管路真空度、注气压力及静置时间满足产品技术要求后，进行微水试验，试验结果符合产品技术要求。 （8）法兰连接螺栓：所有螺栓紧固力矩值符合产品技术文件要求，并已划线做紧固标记。						/

续表

序号	项目	作业内容	控制要点及标准	检查结果	厂家代表	施工		监理	业主
						作业负责人	质检员		
12	露空状态下的附件安装	阀侧套管安装	(9) 引线连接：紧固引线与套管连接螺栓紧固，密封良好，并拍照留存。 (10) 套管末屏检查：接地可靠。 (11) 绝缘围屏检查：符合厂家技术要求，并拍照留存。 (12) 内部安装尺寸检查：符合厂家技术要求，并拍照留存。 (13) 等电位线检查：套管等电位线是否连接牢固						/
		压力释放阀安装	送检试验合格						/
			压力释放阀安装方向符合图纸要求						/
			油导向管安装方向正确						/
			紧固压力释放阀法兰时对角均匀拧紧螺丝，避免法兰因受力不均开裂损坏						/
		测温装置安装	送检试验合格						/
			顶盖上的温度计座内应注入绝缘油，密封处理良好，无渗油；闲置的温度计座应密封						/
			膨胀式信号温度计的细金属软管不得压扁和急剧扭曲，其弯曲半径不得小于 50mm						/
			所有螺栓紧固力矩值符合产品技术文件要求，并已划线做紧固标记						/

续表

序号	项目	作业内容	控制要点及标准	检查结果	厂家代表	施工		监理	业主
						作业负责人	质检员		
12	露空状态下的附件安装	分接开关吊芯检查（如有）	分接开关各部件无损坏和变形，绝缘件无开裂，触头接触良好，连线正确牢固，铜编织线无断股，过渡电阻无断裂松脱			/	/		/
			分接开关头部法兰与壳体连接处的螺栓应紧固，密封良好			/	/		/
			分接开关装配定位标记应对准			/	/		/
			分接引线长度适宜，分接开关不受牵拉力			/	/		/
			分接引线绝缘包扎良好，与器身其他部位绝缘距离符合要求			/	/		/
			储油柜应配置现场油位机械指示表，提供高、低分别报警接点各 2 对			/	/		/
			安装环境符合厂家技术文件要求			/	/		/
			油位指示应清晰、准确，便于观察，调节机构外观未出现明显变形、传动杆脱扣等问题			/	/		/
		有载调压装置	（1）传动机构操作灵活、无卡阻现象。 （2）开关触头接触可靠，塞尺塞不进；开关动作顺序正确，切换时无开路。 （3）位置指示器：动作正常，指示正确			/	/		/
		防火筒安装	在阀侧套管两端靠近法兰的位置各安装一层 10mm 厚镁质防火板，镁质防火板与套管接触缝隙使用防火密封胶密封						/

续表

序号	项目	作业内容	控制要点及标准	检查结果	厂家代表	施工		监理	业主
						作业负责人	质检员		
12	露空状态下的附件安装	防火筒安装	防火板内侧使用硅酸铝纤维毯填充密实						/
			在套管法兰上安装聚酯薄膜护带、安装半圆护套						/
			室外安装完成后应采取临时遮盖措施，防止雨淋受潮						/
			按照设计要求进行接地线连接						/
		气体继电器	（1）继电器安装位置正确，连接面紧固、受力均匀，无渗漏。 （2）气体继电器安装两端的连接油管以变压器顶盖为准保持1.5%以上的坡度						/
13	换流变压器牵引就位	换流变压器牵引就位	（1）牵引方式采用地锚牵引方式，地锚采用土建已预埋的基础钢板配合厂家提供的地锚安装后使用。 （2）换流变压器就位时，采用液压顶升装置顶升换流变压器，顶升装置的放置应保证其中心线对准换流变压器的4个顶点的中心线。 （3）在专人的统一指挥下，保证四点同步起升，并随时观察千斤行程不得超过150mm。 （4）顶升时及时调整千斤顶上的锁固螺母，并及时在换流变压器底部滑道处加入特制的垫块，确保千斤顶泄压时换流变压器重心不发生偏移或倾斜。 （5）千斤顶一次起升到位后，必须将换流变压器底部用特制的垫块垫实，方可回落千斤顶进行第二次顶升。 （6）换流变压器器身轴线定位及阀侧套管在阀厅内定位应满足设计文件要求，允许误差为±5mm。 （7）本体双接地，牢固，导通良好						/

续表

序号	项目	作业内容	控制要点及标准	检查结果	厂家代表	施工		监理	业主
						作业负责人	质检员		
14	抽真空	抽真空位置	从油箱顶部的蝶阀接至真空机组						/
		测量泄漏率	真空泄漏率检查应符合产品技术文件要求。当产品技术文件无规定时应符合下列要求： （1）先抽空至真空度 100Pa 后开始进行真空泄漏率检测，要求变压器真空泄漏率≤800Pa·L/s。 （2）泄漏率合格后继续抽真空至 100Pa 以下开始计时，真空保持时间不小于 96h。同时满足 24h 真空度在 30Pa 以下						/
		持续抽真空时间检测	真空度应符合产品技术文件要求。当产品技术文件无规定时应符合下列要求： 泄漏率合格后且真空度≤30Pa 时开始抽真空计时，持续抽空时间≥72h，每 1h 记录一次，见附表 7						/
15	注油	注入油前检测	绝缘油试验合格，符合 GB 50150 中要求						/
		注油前的准备工作	利用合格油冲洗管路和滤油机						/
		进油位置	通过油箱下部的闸阀注入油箱内						/
16		注油过程中真空控制	注油过程真空停止前应始终维持真空度≤30Pa（以厂家技术文件要求为准）						/
17		注油过程控制	注油速度不超过 $6m^3/h$，注油温度控制在（65±5）℃，直到油面达到顶盖下 100～200mm 时，关闭主体油箱上部的真空阀门并将注油速度调整至 $2\sim3m^3/h$，继续注油至储油柜标准液位后停止注油（以厂家技术文件要求为准）						/

续表

序号	项目	作业内容	控制要点及标准	检查结果	厂家代表	施工		监理	业主
						作业负责人	质检员		
18	热油循环与静置	热油循环	进口接油箱下部的闸阀，出口接在其对角油箱顶部的蝶阀，循环过程中油的管路采用“上进下出”方式并通过真空滤油机进行热油循环						/
			换流变压器出口油温达到（60±5）℃开始计时，循环时间要不少于72h，总循环油量达到产品油量的3倍以上；计时后每1h记录一次数据，记录表见附表8。（以厂家技术文件要求为准）						/
			换流变压器主体出口油温达到55℃维持24h后，分两批开启油泵各6h，关闭，继续对变压器整体进行循环。（以厂家技术文件要求为准）						/
19		静置	调整储油柜内油位至正常水平，关闭所有注放油阀门，进行产品的静放，静放时间≥72h，且满足厂家产品技术文件要求						/
			（1）静放2d后可进行除高压绝缘试验项目外的常规试验。 （2）静置完成后可进行高压绝缘试验。进行高压绝缘试验前需保证阀侧套管充SF_6时间不少于24h						/
			静置期间间隔24h对产品升高座、冷却器高点放气，储油柜按其产品使用说明书排气						/
20		密封性试验	静置完毕，拆卸储油柜呼吸器，在主体储油柜呼吸口上连接干燥空气或氮气气瓶加气，压力不超过0.03MPa，加压后维持24h，压力维持基本不变，同时检查油箱各密封处无渗油。（以厂家技术文件要求为准）						/
21		绝缘油试验	绝缘油符合GB 50150中表4.10.2要求						/

续表

序号	项目	作业内容	控制要点及标准	检查结果	厂家代表	施工		监理	业主
						作业负责人	质检员		
22	交接试验	交接试验前绝缘油试验	外观透明、无杂质或悬浮物，施加电压6kV，无击穿，各项试验合格						/
		油中溶解气体分析试验	油中溶解气体含量应无乙炔，且总烃小于或等于20μL/L，氢气小于或等于10μL/L，试验合格						/
		绕组连同套管的直流电阻测量	应在所有分接位置上进行，测得值的互相差值应小于平均值的2%，线间的相互差值应小于平均值的1%						/
		绕组电压比测量	额定分接下电压比允许偏差不超过±0.5%；其他分接的电压比应在变压器阻抗电压值（%）的1/10以内，但不得超过±1%						/
		引出线的极性和连接组别检查	引出线的极性应与铭牌上的符合，和油箱上的标记相符，三相连接组别应与设计要求一致						/
23		铁芯及夹件的绝缘电阻测量	应使用2500V绝缘电阻表进行测量，持续时间为1min，应无闪络及击穿现象，试验合格						/
24		套管试验	套管介损和电容量测试						/
25		套管试验	套管SF_6气体含水量和泄漏检查						/
		有载调压切换装置检查和试验	检查切换开关切换触头的全部动作顺序正确；操作无卡涩，连动程序，电气和机械限位正常；开关同期性校验合格						/
		绕组连同套管的绝缘电阻、吸收比和极化指数的测量	绝缘电阻不应低于例行试验值的70%；测得值与产品出厂值相比应无明显差别，在常温下不小于1.3；当R60s大于10000MΩ时，极化指数可不做考核要求						/

续表

序号	项目	作业内容	控制要点及标准	检查结果	厂家代表	施工		监理	业主
						作业负责人	质检员		
26	交接试验	绕组连同套管的介质损耗因数 tanδ 的测量	绕组连同套管的介质损耗因数 tanδ 值不应大于例行试验值的 130%，试验合格						/
		套管电流互感器试验	测量绕组的绝缘电阻应使用 2500VMΩ，测试电流互感器二次直流电阻，测试电流互感器变比极性，试验合格						/
		绕组连同套管的长时感应电压试验带局部放电测量	试验电压不产生突然下降，局放量合格						/
27	BOX - IN 安装	BOX - IN 安装	（1）所有降噪设备的金属件之间（隔音板、吸声体、主体钢结构节点和风机外壳等）采用 35mm^2 多股绝缘软铜线相互可靠连接。 （2）隔音板、吸声体相互连接后与主体钢结构通过 35mm^2 多股绝缘软铜线相互可靠连接。 （3）吸声体接地做法为：用 35mm^2 铜绞线串接后接入防火墙上接地干线，与防火墙上接地干线连接采用热浸镀锌螺栓连接。 （4）BOS - IN 本体每隔 5～10m 采用 35mm^2 多股贯通线连接到防火墙接地干线上，BOS - IN 钢结构接地由其接地端子通过镀锡铜排螺栓连接至各自换流变压器防火墙上接地干线。 （5）BOX - IN 与升高座之间的间隙不少于 10mm						/

续表

序号	项目	作业内容	控制要点及标准	检查结果	厂家代表	施工		监理	业主
						作业负责人	质检员		
28	大封堵	大封堵安装	采用复合构造进行封堵，总厚度控制在300mm以内，金属面板及钢骨架均采用不锈钢材料，避免涡流发热						/
			耐火性能：组成封堵系统后，防火封堵板及防火密封胶其耐火完整性、耐火隔热性应满足GB 23864的3h耐火要求						/
			子母卡扣结构能够保证板材在多次拆装过程中，不松散、不脱落，可重复使用						/
			换流变压器阀侧套管与大封堵之间应预留不小于100mm的均匀间隙，用于填充小封堵材料，避免套管升高座与大封堵金属材料接触，接触点产生较大的温升						/
29			换流变压器阀侧套管穿阀厅处的金属部件主要有TA接线盒、SF_6密度继电器、末屏分压器、吊耳、油管等。需核实上述金属部分是否与抗爆板及防火封堵板存在接触情况，如有接触，需要采取措施来实现隔离或断开。若上述部件在阀厅外且有气管、油管或者需引线走明管进阀厅，需保障阀厅内金属管道全部绝缘包裹，防止环流在接触点产生较大的温升						/
30			在换流变压器注油后，套管会由于自重增加而略有下沉，根据以往工程经验，最大下沉量会达到5～10cm，因此在注油后，根据测量结果进行开孔或在小封堵下部间隙留有一定的裕度，并在注油后再进行复测核实						/

续表

序号	项目	作业内容	控制要点及标准	检查结果	厂家代表	施工		监理	业主
						作业负责人	质检员		
31	小封堵	小封堵安装	小封堵采用耐高温的材料密实填充，采用硫化硅橡胶套筒进行密封，增强小封堵的防水、防火、防烟性能						/
			小封堵所选用的防火填充材料和防火密封胶应符合防火封堵材料产品使用的相关技术要求，且不应低于GB/T 51410《建筑防火封堵应用技术标准》的规定						/
			在阀厅内侧单向施工，降低了封堵物料吊装越过变压器所带来的风险，保证施工的安全性						/
			小封堵压边应有可靠断开点。压边为金属材料，应在环形压边中有一处可靠断开点，避免在压边中产生环流。小封堵压条使用 $16mm^2$ 接地线跨接，使用 $35mm^2$ 进行单点接地						/
32	洞口包边	洞口包边安装	采用不导磁奥氏体不锈钢材料密封包边，包边的收口部位采用防火密封胶粘结，并在内部填充硅酸铝针刺毯等防火隔热材料。角钢设置在洞口的上边及左右两边，整体不闭合。龙骨整体不闭合，设置断开点，间隙1～2cm。龙骨之间、角钢之间均采用绝缘铜绞线进行接地跨接，并分别采用绝缘铜绞线单点与阀厅内/外接地铜排可靠连接						/
33	阀侧套管收口	阀侧套管套筒收口	阀侧套管套筒收口方式采用不导磁材料，防止涡流。收口材料应与套筒可靠绝缘，并采用绝缘铜绞线单点与阀厅内/外接地铜排可靠连接						/
34	不锈钢龙骨	不锈钢龙骨安装	不锈钢龙骨单点接地：龙骨左侧绝缘，右侧接触，最后使用 $35mm^2$ 进行单点接地						/
			迎火面角钢接地：每两根之间使用 $35mm^2$ 接地线进行跨接，最后使用 $35mm^2$ 接地线单点接地						/

续表

序号	项目	作业内容	控制要点及标准	检查结果	厂家代表	施工		监理	业主
						作业负责人	质检员		
35	抗爆板安装	抗爆板安装	为满足结构受力要求，抗爆结构的部分框架采用热镀锌钢材质。为避免涡流，阀侧套管附近的框架采用不导磁奥氏体304不锈钢材质，同时在框架之间的连接部位设置绝缘垫，并采用不导磁奥氏体304不锈钢螺栓进行连接，以阻断磁路。抗爆结构的抗冲击板、龙骨及之间的连接螺栓均采用不导磁奥氏体304不锈钢材料。在抗爆结构安装前排查与抗爆结构是否干涉						/
36		抗爆板安装	抗爆结构框架之间采用绝缘铜绞线进行接地跨接，并采用绝缘铜绞线单点与阀厅外接地铜排可靠连接						/
37	封堵接地	接地	（1）大封堵收边的接地采用右下断开左下接地方式。小封堵压边条的接地，压边条四角断开且互不相连，采用跨接线连接，压边条框左下角不跨接形成"C"字形连接，在右下角单独引至就近主网接地。 （2）压条之间接地使用16mm²×200接地铜绞线，使螺钉进行固定，三点连接，左下角断开不连接使用35mm²铜绞线从压条右下角连接至接地铜排。 （3）使用35mm²铜绞线连接抱箍与接地铜排，接地线连接抱箍上侧安装孔，使用外六角螺栓固定，只固定在单边孔上。 （4）使用线卡固定接地线，每隔400mm安装一个线卡，用燕尾钉进行固定。 （5）为防涡流发热，永久封堵系统的面板、龙骨等材料应采用无磁化不锈钢制作						/

附表 10：　套管存放保管记录表

序号	工作步骤	环境温度（℃）	相对湿度（%）	气体压力值（MPa）	检查时间（　年　月　日　时）	施工单位检查人	专业监理工程师
1	到场时检查						
2	保管期间第 1 次检查						
3	保管期间第 2 次检查						
4	保管期间第 3 次检查						
5	保管期间第 4 次检查						
6	保管期间第 5 次检查						
7	保管期间第 6 次检查						
8	保管期间第 7 次检查						
9	保管期间第 8 次检查						
10	保管期间第 9 次检查						
11	保管期间第 10 次检查						
12	保管期间第 11 次检查						
13	保管期间第 12 次检查						
14	保管期间第 13 次检查						
15	保管期间第 14 次检查						
	破氮前检查						

附表 11：换流变压器存放保管油箱内压力记录表

序号	工作步骤	环境温度（℃）	相对湿度（%）	气体压力值（MPa）	检查时间（　年　月　日　时）	施工单位检查人	专业监理工程师
1	到场时检查						
2	保管期间第 1 次检查						
3	保管期间第 2 次检查						
4	保管期间第 3 次检查						
5	保管期间第 4 次检查						
6	保管期间第 5 次检查						
7	保管期间第 6 次检查						
8	保管期间第 7 次检查						
9	保管期间第 8 次检查						
10	保管期间第 9 次检查						
11	保管期间第 10 次检查						
12	保管期间第 11 次检查						
13	保管期间第 12 次检查						
14	保管期间第 13 次检查						
15	保管期间第 14 次检查						
	破氮前检查						

十一、换流阀安装关键工序管控表、工艺流程控制卡

（一）换流阀安装关键工序管控表

序号	阶段	管理内容	管控要点	管理资料	监理	业主
1	准备阶段	施工图审查	（1）应预留阀厅绝缘子和换流阀的设备接地位置。 （2）阀塔及各配电装置之间应符合规范规定的电气距离。 （3）设备安装孔的位置图件与电气图纸应保持一致	施工图预检记录表、施工图纸交底纪要、施工图会检纪要		
2		方案审查	（1）换流阀安装功能分区合理，无尘化布置策划满足要求。 （2）安装环境符合换流阀安装条件。 （3）换流阀组件安装层间距离控制措施。 （4）阀避雷器及阀塔层间屏蔽罩安装控制措施。 （5）光缆、光纤的安装质量控制措施。 （6）换流阀调试、交接试验标准。 （7）换流阀整体水冷试验、水压试验和低压加压试验标准	项目管理实施规划/（专项）施工方案报审表、文件审查记录表		
3		标准工艺实施	（1）执行《国家电网有限公司输变电工程标准工艺　变电工程电气分册》“换流站设备安装—悬吊式换流阀安装，支撑式换流阀安装”要求。 （2）检查施工图纸中标准工艺内容齐全。 （3）检查施工过程标准工艺执行	标准工艺应用记录		/
4		人员交底	所有作业人员（包括厂家人员）均完成技术交底并签字	人员培训交底记录		/
5		设备进场	（1）供应商资质文件（营业执照、安全生产许可证、产品的检验报告、企业质量管理体系认证或产品质量认证证书），包括：换流阀本体、换流阀避雷器、绝缘子、金具等齐全。 （2）材料质量证明文件（包括产品出厂合格证、检验、试验报告），包括：晶闸管、晶闸管控制单元、阻尼电容、阻尼电阻/均压电阻、阀电抗器、阀避雷器、光纤、绝缘子等完整	甲供主要设备（材料/构配件）开箱申请表、乙供主要材料及构配件供货商资质报审表、乙供工程材料/构配件/设备进场报审表		

续表

序号	阶段	管理内容	管控要点	管理资料	监理	业主
6	准备阶段	反措要求	（1）阀塔漏水检测装置动作宜投报警，不投跳闸。 （2）换流阀门极越限保护与晶闸管故障保护不应重叠配置。 （3）阀避雷器应具备就地动作计数器和后台动作报警信号，便于对照判断，及时发现异常	检查记录表		/
7	施工阶段	环境及无尘化布置检查	（1）阀厅应干净整洁，全封闭户内，微正压，带通风和空调保持微正压，照明良好。 （2）阀厅温度：10～25℃。 （3）阀厅湿度：不大于60%。 （4）阀厅粉尘颗粒度：满足百万级防尘要求。 （5）阀厅内全部土建作业完成。 （6）换流阀无尘化布置完成，功能分区合理，具备实时环境监测功能	检查记录表		/
8		阀本体安装	（1）检查悬吊部分和屋架梁之间的螺栓连接力矩正确。 （2）测量阀塔顶部框架是否水平，水平度满足产品技术要求，无要求时水平偏差≤2mm。每层检查阀塔框架及屏蔽罩水平误差<2mm。 （3）检查阀组件完整性，无碰损、连线脱落。阀组件及电抗器安装应按照厂家安装作业指导书严格执行。 （4）螺栓连接应按厂家技术要求进行力矩紧固，并做好标记"双划线"。 （5）阀塔内等电位线连接正确、可靠，并做好标记"双划线"。 （6）阀塔内应清洁，无异物	检查记录表、旁站监理记录表		/
9		避雷器安装	（1）避雷器应清洁无杂物，绝缘子无放电、闪络痕迹，无裂纹和破损。 （2）连接螺栓紧固无松动，各螺栓受力均匀。 （3）阀避雷器及其动作的电子（或光纤）回路检查无异常。 （4）阀避雷器动作计数正常，记录阀避雷器计数器原始动作值	检查记录表、旁站监理记录表		/

续表

序号	阶段	管理内容	管控要点	管理资料	监理	业主
10	施工阶段	电气连接	（1）阀厅内所有电气连接接头（包括阀塔内）应建立档案，严格按照十步法逐个安装，力矩值及接触电阻值应逐个检测，并做好“双划线”标记。 （2）阀厅内所有均压球、均压罩等的等电位连接铜弹片或连接线完好，牢固可靠，避免出现虚接或未接引起的悬浮电位放电	旁站监理记录表		/
11		光纤安装	（1）光缆敷设应做好全路径上的防护措施，防止交叉施工等损坏光缆。 （2）光纤到货、安装前、安装后对每根光纤用光纤测试仪进行校对并进行衰耗测试，衰耗量小于 6dB			/
12		水管安装	（1）阀厅内所有水管连接接头应建立档案，逐个接头明确力矩值、检查方法、紧固方法。 （2）水管内应无堵头、杂物等遗留物。 （3）对法兰、螺纹、活接、双头螺柱形式的接头，用力矩扳手按规定力矩检查是否有松动。 （4）投运前由专业人员对水管及接头再次进行二次复检，阀电抗器水管接头部分 100%复检，其他部位复检量不小于 30%	检查记录表		/
13		试验	（1）接触电阻测试不大于 10μΩ。 （2）阀基电子设备功能试验合格。 （3）水冷试验，将去离子水通入水冷管道检查，确保无泄漏。 （4）水压试验，额定压力的 1.2～1.5 倍下进行压力试验，维持 1h 无泄漏。 （5）低压加压试验，按照阀导通的电压施加试验电压，按 15°～90°依次导通。 （6）光纤衰减测试	旁站监理记录表		/

续表

序号	阶段	管理内容	管控要点	管理资料	监理	业主
14	验收阶段	实体检查	（1）阀塔外观清洁，无明显积灰，阀元器件外观完好，阀内无异物，无工具、材料等施工及试验遗留物。 （2）所有元器件安装位置正确，通流回路、冷却回路、光纤回路安装正确。 （3）设备接地线连接应符合设计要求和产品的技术规定；接地应良好，且标示应清晰	验收记录		
15		资料验收	（1）安装使用说明书、出厂报告。 （2）交接试验报告和特殊试验报告	验收记录		/

（二）换流阀安装工艺流程控制卡

序号	项目	作业内容	控制要点及标准	检查结果	厂家代表	施工		监理	业主	运行
						作业负责人	质检员			
1	阀厅安装环境检查	阀厅地面工作检查	阀厅密封性施工完毕，密封和无尘达到产品要求的清洁标准						/	/
		阀厅顶部工作检查	（1）阀塔悬吊结构以上的工作均已完成。 （2）悬吊阀塔的顶部承重框架的开孔尺寸、定位轴线等符合设计要求，接地可靠。 （3）顶部钢梁结构已完成彻底清扫，不遗留金属件、工具等杂物						/	/
		阀厅照明环境检查	正式照明投入使用，电源稳定并配有备用电源及应急照明						/	/
		阀冷却系统检查	阀内冷系统（不含换流阀）已完成管道清洗、试压及水循环，满足与换流阀水冷系统对接的条件，内冷管道对接完成						/	/

续表

序号	项目	作业内容	控制要点及标准	检查结果	厂家代表	施工		监理	业主	运行
						作业负责人	质检员			
1	阀厅安装环境检查	光缆桥架检查	阀厅主光缆桥架已安装到位，并完成安装质量检验，转弯半径满足要求，不得有毛刺和尖角						/	/
		空调系统检查	阀厅空调和通风系统可正常投入使用，阀厅微正压监测通过						/	/
2	阀厅无尘化布置	人员设备分流	人员、机械、设备进出口分设，设备进出口设置车辆冲洗点						/	/
		防尘过渡间	人员进出口设置集装箱防尘过渡间，过渡间箱体可靠接地，配备鞋套机、防静电服柜、人员登记办公桌，过渡间与阀厅间连接风淋除尘间						/	/
		风淋除尘间	风淋室采用两道门，双层防尘及防风结构，单次鼓风时间≥3s						/	/
		分区布置	阀厅内部地面采用地板革保护减少扬尘。内部按功能划分为“工器具区”“材料摆放区”“设备开箱区”“换流阀吊装区”“施工交底区”等各个区域						/	/
		环境监测系统	配备粉尘检测仪及配套LED屏，满足实时监测阀厅内温/湿度及粉尘PM2.5变化需求						/	/
		空调系统	空调系统正常投入使用，阀厅保持微正压5～10Pa，温度10～25℃，相对湿度≤60%						/	/
		环境保持车辆	配备专业除尘车、电动清运车，派专人维持阀厅整洁净环境						/	/

续表

序号	项目	作业内容	控制要点及标准	检查结果	厂家代表	施工		监理	业主	运行
						作业负责人	质检员			
3	换流阀本体安装前检查	阀模块（组件）检查	（1）各连接件、附件及装置性材料的材质、规格、数量及安装编号应符合产品的技术规定。 （2）电子元件及电路板应完整，无锈蚀、松动及脱落						/	/
		水管及光纤槽盒检查	（1）主水管外观光洁，完整无裂纹，内部无杂质。 （2）光纤槽盒无毛刺						/	/
		绝缘件检查	绝缘件表面应光滑，无裂纹及破损，胶合处填料应完整，结合应牢固						/	/
		均压环及屏蔽罩检查	均压环及屏蔽罩表面应光滑，色泽均匀一致，无裂纹、毛刺及变形						/	/
		光纤检查	（1）光纤的外护层应完好，无破损。 （2）光纤端头应清洁，无杂物，临时端套应齐全。 （3）光纤到场、安装前、安装后分别进行衰耗检测，详见附表 9						/	/
4	换流阀附件安装前检查	阀避雷器检查	瓷件外观光洁，完整无裂纹，胶合处粘合牢固						/	/
		金具导线检查	（1）表面应平整无凹陷、无毛刺，导线无散股。 （2）均压球、均压罩等的等电位连接铜弹片或连接线完好，质量可靠						/	/

续表

序号	项目	作业内容	控制要点及标准	检查结果	厂家代表	施工		监理	业主	运行
						作业负责人	质检员			
5	换流阀本体安装	阀塔顶部吊耳及电动葫芦安装	（1）测量阀塔顶部框架是否水平，水平度满足产品技术要求，无要求时水平偏差≤2mm。 （2）提前对吊点位置承重能力进行设计力学校核						/	/
		主水管框架及水管安装	（1）将主水管框架与工装车支架对齐，尼龙支撑上缠绕保护布防止划伤水管。 （2）装入主水管时注意区分主水管的方向，保证水管焊接接口在同一侧，焊缝位置对齐						/	/
		主光缆槽安装	按照图纸用绝缘螺钉将两侧光缆槽安装在主水管框架上，紧固不松动；安装微调时，要保证主水管不受力						/	/
		主水管吊装	与阀厅顶部水管对正、法兰面贴合，水平度检验合格，满足产品技术要求						/	/
		顶部绝缘子吊装	挂环、挂板及锁紧销之间应相互匹配						/	/
		花篮螺栓调节	调节花篮丝扣长度，使绝缘子至钢梁距离满足图纸尺寸						/	/
		屏蔽罩及框架安装	框架及屏蔽罩在地面组装，并测量框架对角距离满足尺寸要求						/	/
		U形环调节	调节阻尼器下端U形环，保证顶屏蔽水平误差控制在±1mm，调节完毕后上下螺母锁紧U形环						/	/

续表

序号	项目	作业内容	控制要点及标准	检查结果	厂家代表	施工		监理	业主	运行
						作业负责人	质检员			
5	换流阀本体安装	阀组件安装	（1）检查阀组件完整性，无碰损、连线脱落。 （2）螺栓连接应按厂家技术要求进行力矩紧固，并做好标记“双划线”。 （3）装好一层并调整找平后再装下一层						/	/
		母排连接	安装母排参照“十步法”中相关要求，对接触面用酒精、百洁布和毛刷进行清洁处理，均匀涂抹导热膏在表面，保证接触表面应平整、清洁，无氧化膜，无凹陷和毛刺						/	/
		层间绝缘子（如有）	每个阀层与绝缘子安装完成后应使用水平尺测量水平，如不水平应通过调隙垫片进行调整，阀塔悬挂时所有绝缘子应均匀受力						/	/
		等电位连接	等电位连接应牢固可靠，符合产品的技术规定，避免出现虚接或未接引起的悬浮电位放电						/	/
		层间水管安装	（1）水管安装时应将水管清洁干净，避免水管内有杂质、碎屑、堵头等遗留物。 （2）水管应固定牢靠，连接螺栓应按厂家技术要求进行力矩紧固，并做好标记“双划线”						/	/

续表

序号	项目	作业内容	控制要点及标准	检查结果	厂家代表	施工		监理	业主	运行
						作业负责人	质检员			
6	换流阀避雷器安装	金属接触面	参照“十步法”中相关要求对接触面进行处理，保证各连接处的金属接触面清洁，无氧化膜						/	/
		避雷器组装	（1）相间中心距离误差≤10mm。 （2）同相串并联组合单元非线性系数误差≤0.04。 （3）绝缘底座绝缘良好，均压环无损坏、无变形，均压环与瓷裙间隙均匀一致						/	/
		动作计数器	动作计数器与阀避雷器的连接应符合产品的技术规定						/	/
		连接螺栓	应按厂家技术要求进行力矩紧固，并做好标记“双划线”						/	/
	阀控设备安装	屏柜接地	（1）阀控系统屏柜内部接地铜排不小于$100mm^2$，螺栓孔应满足接地需求。 （2）阀控系统屏柜接地连接线采用不小于$50mm^2$的带绝缘铜导线或铜缆与二次接地网连接，二次接地网设置应符合设计要求。 （3）用于保护及控制的单屏蔽电缆屏蔽层应采用两端接地方式。 （4）屏柜门与屏柜柜体应使用透明护套的软铜线连接，且截面不应小于$4mm^2$						/	/
		电磁屏蔽及封堵	阀控室至阀控设备、换流阀的电缆开孔、通道应有足够的电磁屏蔽措施，封堵良好，满足设计及封堵工艺要求						/	/

续表

序号	项目	作业内容	控制要点及标准	检查结果	厂家代表	施工		监理	业主	运行
						作业负责人	质检员			
7	光纤安装	光纤槽盒	（1）光纤槽盒内有固定光纤的安装孔，所有的钻孔和光纤槽盒切割必须在光纤安装前完成，边缘要去毛刺。 （2）光纤槽盒的封闭应在全路径下做好封堵措施，封闭严密，包括开孔位置封堵、接入屏柜等位置，防止小动物进入						/	/
		光纤安装	（1）光纤敷设及固定后的弯曲半径应大于纤（缆）径的15倍（厂家有特殊要求时应符合产品的技术规定），不得弯折和过度拉伸光纤，并应检测合格。 （2）光纤接头表面清洁，插入、锁扣到位，光缆、光纤排列整齐，固定良好，标识清晰。 （3）备用光纤数量应符合产品技术要求						/	/
8	换流阀交接试验	光纤衰减测试	光纤安装完成后再次对每根光纤用光纤测试仪进行校对并进行衰耗试验，详见附表12						/	/
		晶闸管测试	（1）晶闸管极阻抗检查，所有阻抗值基本一致。 （2）晶闸管极均压测试应满足组件例行试验要求。 （3）晶闸管触发测试应满足晶闸管正常触发要求。详见附表13						/	/

续表

序号	项目	作业内容	控制要点及标准	检查结果	厂家代表	施工		监理	业主	运行
						作业负责人	质检员			
8	换流阀交接试验	VBE检查	（1）电压等级核对无误。 （2）与PCP信号核对无误。 （3）VBE、VHA自身状态核对无误。 （4）与极控信号核对正确无误。 （5）VBE、VHA电压等级无误。 （6）主控板、光发射板、光接收板指示灯正确无误						/	/
		阀避雷器动作试验	检验阀控设备对阀避雷器动作的监视功能						/	/
		阀控设备电源试验	检验阀控设备对其电源系统的监视功能						/	/
		阀漏水检测装置试验	漏水检测装置功能正常运行可靠，按照产品技术要求模拟漏水故障，能够正确识别渗漏水或渗漏水程度，后台动作信号正确						/	/
		信号试验	按照产品厂家提供的点表逐一模拟，检查控制保护系统报文和变位						/	/
9	换流阀整体试验	水冷试验	将去离子水通入水冷管道检查，确保无泄漏						/	/
		水压试验	水冷管道检查无渗漏后加压到符合产品要求压力，维持1h无泄漏						/	/
		低压加压试验	按照阀导通的电压施加试验电压，按15°～90°依次导通。波形及参数正常，有回检信号，晶闸管正常触发						/	/

续表

序号	项目	作业内容	控制要点及标准	检查结果	厂家代表	施工		监理	业主	运行
						作业负责人	质检员			
10	换流阀整体验收	外观验收	换流阀应安装牢靠，外表应清洁、完整；阀塔无污秽、灰尘；电气连接应可靠，且接触良好							
		设备接地	设备接地线连接应符合设计要求和产品的技术规定；接地应良好，且标识应清晰							
		电气连接	按照“十步法”流程检查关键电气连接接头符合要求							

附表12：光纤衰耗检验记录表

一、基本信息							
换流站		委托单位		试验单位		运行编号	
试验性质		试验日期		试验人员		试验地点	
报告日期		报告人		审核人		批准人	
试验天气		温度（℃）		湿度（%）			

二、设备情况					
设备编号		光缆编号		光缆型号	
投运日期		光缆长度		光纤接头类型	
检测仪器		使用波长			

续表

三、检测数据							
光纤编号	发射端位置	接收端位置	测量衰耗值	光纤编号	发射端位置	接收端位置	测量衰耗值
诊断分析							
检测结论							

附表13：　换流阀电气试验记录

换流阀位置：________

晶闸管极	V1	V2	V3	V4	V5	V6	V7	…
短路试验（V）								
阻抗试验（Ω）								
触发试验（V）								
备注								

十二、阀冷系统安装关键工序管控表、工艺流程控制卡

（一）阀冷系统安装关键工序管控表

序号	阶段	管理内容	管控要点	管理资料	监理	业主
1	准备阶段	施工图审查	（1）审核阀内水冷系统选型是否满足设备运维、反措等各项规定要求。 （2）审核站用电系统至换流阀内冷、换流阀外冷等重要负荷的引接方式。 （3）审核阀冷却系统控制设备装设位置是否与主接线图一致，是否满足控制和测量的要求。 （4）审核阀冷系统各控制量及测量信号是否采用冗余配置	施工图预检记录表、施工图纸交底纪要、施工图会检纪要		
2		方案审查	（1）冷却设备、管道、阀门及附件安装工艺要求及质量控制措施。 （2）阀冷控制系统配置方式。 （3）交接试验标准	项目管理实施规划/（专项）施工方案报审表、文件审查记录表		
3		标准工艺实施	（1）执行国家电网有限公司标准工艺“换流站设备安装—换流阀内冷却系统安装、换流阀外冷却系统安装”要求。 （2）检查施工图纸中标准工艺内容齐全。 （3）检查施工过程标准工艺执行	标准工艺应用记录		/
4		人员交底	所有作业人员（包括厂家人员）均完成技术交底并签字	人员培训交底记录		/
5		设备进场	（1）供应商资质文件（营业执照、安全生产许可证、产品的检验报告、企业质量管理体系认证或产品质量认证证书）齐全，包括：风机、管道、阀门、仪表、电机。 （2）材料质量证明文件（包括产品出厂合格证、检验、试验报告）完整，包括：风机、管道、阀门、仪表、电机	甲供主要设备（材料/构配件）开箱申请表、乙供主要材料及构配件供货商资质报审表、乙供工程材料/构配件/设备进场报审表		

续表

序号	阶段	管理内容	管控要点	管理资料	监理	业主
6	准备阶段	反措要求	（1）传感器的装设位置和安装工艺应便于维护。 （2）传感器故障或测量值超范围时能自动提前退出运行，而不会导致保护误动。 （3）阀外风冷系统冷却风扇应有手动强投功能，在控制系统或变频器故障时能快速投入运行。 （4）阀外风冷系统所有风机信号电源不得采用同一路电源，避免该路电源故障后信号状态全丢。 （5）阀外风冷系统各类阀门应装设位置指示装置和阀门闭锁装置，防止人为误动阀门或者阀门在运行中受振动发生变位	检查记录表		/
7	施工阶段	外观验收	（1）包装：到货设备、清单与合同三者一致，包装箱材料应满足工艺要求，到货设备应有良好的防尘措施。 （2）外观：设备开箱完好，应清洁无破损。 （3）铭牌：装订铭牌，核对铭牌参数应完整。 （4）资料：制造厂应按照技术规范书要求，提供下述资料：①出厂试验报告；②使用说明书；③产品合格证；④安装图纸	检查记录表		/
8		阀内冷设备安装	（1）内冷互为备用的两台主循环泵应具有故障切换、保护切换、定时切换、手动切换、远程切换、主循环泵计时复归功能。 （2）管道组装工艺正确，接头紧固力矩应符合工艺要求。 （3）水冷装置各部件应安装端正、整齐，无明显偏差、松动现象。 （4）传感器有校验记录，精度满足要求。 （5）光缆、电缆走向与敷设方式应符合施工图纸要求。 （6）使用于静态保护、控制等逻辑回路的控制电缆，应采用屏蔽电缆，其屏蔽层应按设计要求的接地方式接地。 （7）管网冲洗无杂物，管道加压试验合格	检查记录表		/

续表

序号	阶段	管理内容	管控要点	管理资料	监理	业主
9	施工阶段	阀外冷设备安装	（1）阀外风冷管道接口尺寸符合图纸要求，密封面无划伤、并与管道中心线垂直。 （2）所有风扇电机与地（外壳）之间的绝缘电阻不低于1MΩ。 （3）换热管束、风机、阀门等组件的安装符合设计及产品技术要求	检查记录表		/
10	施工阶段	阀内冷试验	内冷却设备与主管道安装完毕后应先进行一次整体密封试验，试验合格后方可与阀塔管道连接，与阀塔管道连接后再进行一次整体密封试验。试验压力及持续时间应符合产品技术文件要求且无渗漏	检查记录表		/
11	施工阶段	阀外冷试验	压力试验符合工程设计值，试验1h，设备及管路应无破裂或渗漏水现象	检查记录表		/
12	验收阶段	阀内冷实体检查	（1）管道表面及连接处应无裂纹、无锈蚀，表计安装处应密封良好，无渗漏。 （2）阀门位置应正确，无松动。 （3）液位传感器应配置正确、工作正常，液位正常。 （4）二次回路核查各元件、继电器的参数值设置正确。 （5）阀内冷控制保护装置按双重化冗余配置，具备手动或故障时自动切换功能。 （6）内冷水电导率、pH值应符合产品设计要求	验收记录		
13	验收阶段	阀外冷实体检查	（1）管道内外表面无机械损伤，运行过程中无异常振动，无漏水、溢水现象。 （2）管道及阀门运行编号标识清晰可识别。 （3）阀门位置正确，密封良好，手动、电动阀可正常分合。 （4）管道及阀门开展压力试验结果符合要求。 （5）传感器装设位置和安装工艺应便于维护，电缆接头密封良好、有防雨措施。	验收记录		

续表

序号	阶段	管理内容	管控要点	管理资料	监理	业主
13	验收阶段	阀外冷实体检查	（6）外冷水的硬度、pH 值应符合产品设计要求。 （7）风机设备铭牌、运行编号标识齐全、清晰，电机转动部位无锈蚀、无卡涩，动力电缆绝缘良好。 （8）控制系统屏柜内空气开关分合位置正确，通信功能正常、后台界面显示与实际设备运行状态一致	验收记录		
14		资料验收	（1）订货合同、技术协议。 （2）安装使用说明书，图纸、维护手册等技术文件。 （3）重要材料和附表的工厂检验报告和出厂试验报告。 （4）安装检查及安装过程记录。 （5）安装过程中设备缺陷通知单、设备缺陷处理记录。 （6）交接试验报告	验收记录		/

（二）阀冷却系统安装工艺流程控制卡

序号	项目	作业内容	控制要点及标准	检查结果	厂家代表	施工		监理	业主	运行
						作业负责人	质检员			
1	阀冷设备基础等校核	室内孔洞尺寸校核	测量设备室孔洞预留的高度和宽度，与水冷却系统设备长、宽、高尺寸进行核对，确保水冷系统主机、管道能顺利进入设备间						/	/
		水冷系统基础尺寸校核	按照水冷却系统土建施工图用拉尺、水平尺等测量工具测量水冷系统基础长、宽及表面的坡度，确保满足水冷系统安装条件						/	/

续表

<table>
<tr><th rowspan="2">序号</th><th rowspan="2">项目</th><th rowspan="2">作业内容</th><th rowspan="2">控制要点及标准</th><th rowspan="2">检查结果</th><th rowspan="2">厂家代表</th><th colspan="2">施工</th><th rowspan="2">监理</th><th rowspan="2">业主</th><th rowspan="2">运行</th></tr>
<tr><th>作业负责人</th><th>质检员</th></tr>
<tr><td rowspan="3">1</td><td rowspan="3">阀冷设备基础等校核</td><td>预埋件、预留孔校核</td><td>（1）测量预埋件和预留口的长度、宽度、中心线的标高和相对坐标。
（2）水平或垂直安装的管道支架，要确保全部预埋件在同一水平线或垂线上，并且进行重复检查，与冷却系统土建施工图进行核对</td><td></td><td></td><td></td><td></td><td></td><td>/</td><td>/</td></tr>
<tr><td>屏柜基础尺寸校核</td><td>（1）先确定建筑物基准标高及建筑物轴线，测量基础基准轴心线到建筑物轴线的距离是否与阀冷却系统施工图所标示一致。
（2）检查屏柜预埋管的数量、预埋管的走向，与阀冷却系统施工图进行核对</td><td></td><td></td><td></td><td></td><td></td><td>/</td><td>/</td></tr>
<tr><td>电缆沟及预埋管截面校核</td><td>（1）测量电缆沟的长度、宽度、深度与走向、电缆沟中心线与墙中心线的距离。
（2）测量电缆沟及电缆预埋管位置尺寸，是否与阀冷却系统土建施工图所标示一致，检查电缆预埋管的数量、电缆预埋管的走向，与阀冷却系统土建施工图进行核对</td><td></td><td></td><td></td><td></td><td></td><td>/</td><td>/</td></tr>
<tr><td>2</td><td>泵的安装</td><td>电动机</td><td>（1）电动机与泵连接时，应以泵的轴线为基准找正。
（2）电动机与泵之间有中间机器连接时，应以中间机器轴线为基础找正。
（3）电动机引出线端子压接应良好，编号齐全</td><td></td><td></td><td></td><td></td><td></td><td>/</td><td>/</td></tr>
</table>

续表

序号	项目	作业内容	控制要点及标准	检查结果	厂家代表	施工		监理	业主	运行
						作业负责人	质检员			
2	泵的安装	泵	泵的纵向、横向安装水平误差，各润滑部位加注润滑剂的规格和数量应符合产品的技术规定。记录主泵同心度校准，详见附表14						/	/
3	管道安装	管道外观检查	无变形无凹陷，法兰面平整						/	/
		管道连接	（1）管道连接应密封可靠，法兰连接应与管道同心。 （2）法兰间应保持平行，其偏差不得大于法兰外径1.5‰，且不得大于2mm，不应借法兰螺栓强行连接。 （3）管道法兰密封面无损伤，密封圈安装正确无渗漏，用角尺紧贴密封面，旋转360°观察角尺与密封面有无间隙，允许偏差≤±0.9mm。 （4）法兰间采用跨接线可靠连接，介质流向标识清晰						/	/
		支吊架安装	安装位置符合设计要求，焊接及螺栓连接紧固无松动，支吊架与管道紧密接触，受力均匀无变形						/	/
		穿墙管道	穿墙穿楼板管道有套管保护，并填充柔性阻燃材料，穿墙套管不小于墙厚，穿楼板套管高出楼面50mm						/	/

续表

序号	项目	作业内容	控制要点及标准	检查结果	厂家代表	施工		监理	业主	运行
						作业负责人	质检员			
4	阀门安装	阀门内部检查	清洁无杂物						/	/
		安装位置与进出口方向	维护操作方便，进出口方向正确						/	/
		成排安装	间距均匀，高差≤3mm						/	/
		阀门连接	连接牢固，密封圈安装紧密						/	/
		操动机构	电气元件齐全完好，内部接线正确，行程开关转矩开关及其传动机构灵活可靠						/	/
5	MCC 柜及变频器安装	屏体就位	间隔布置符合设计要求，垂直度＜1.5mm，屏间接缝＜2mm，屏体固定牢靠						/	/
		接地	金属框架和底座接地牢固，导通良好						/	/
		柜上设备	设备型号规格符合设计要求，抽屉推拉无卡阻碰撞，动静触头接触紧密可靠，二次回路连接插件接触良好						/	/
6	离子交换器安装	防腐层	离子交换器装料前，内部防腐层应完好						/	/
		离子交换树脂	不冻裂，不脱水，不混淆，无杂物，装填高度符合产品技术规定						/	/
		除氧装置	安装符合产品技术规定，除氧使用的氮气纯度检验合格						/	/

续表

序号	项目	作业内容	控制要点及标准	检查结果	厂家代表	施工		监理	业主	运行
						作业负责人	质检员			
7	控制保护设备安装	阀内冷控制单元电源	阀内冷控制单元的工作电源禁止采用站用交流电源供电，应采用稳定可靠的站用DC 110V或DC 220V电源供电，或经过具有电气隔离功能的DC/DC变换器输出的直流电供电						/	/
		阀内冷直流输入电源	阀内冷A、B控制系统及公用单元的直流输入电源应相互独立，各有两路冗余且独立的站用直流电源供电						/	/
		控制保护装置及传感器电源	阀内冷水控制保护装置及各传感器电源应由两套电源同时供电，任一电源失电不影响保护及传感器的稳定运行						/	/
		主循环泵电源	主循环泵控制电源应与阀内冷保护装置的电源分开，由各自由独立的电源供电						/	/
		信号电源	A、B两套控制系统使用的24V信号电源应各自独立						/	/
		直流电源切换装置	直流电源切换装置或DC/DC变换器应保证其2路直流输入电源之间具有电气隔离功能，一路直流电源异常或接地时，不会影响另外一路直流电源						/	/

续表

序号	项目	作业内容	控制要点及标准	检查结果	厂家代表	施工		监理	业主	运行
						作业负责人	质检员			
7	控制保护设备安装	控制保护二次回路	（1）跳闸输入、输出回路及其电源按双重化或三重化布置且各自独立。 （2）应根据冗余数量分别接入各自独立的输入输出模块，避免单一模块故障导致所有传感器采样异常。 （3）对于通过硬接点方式送往极控的水冷跳闸指令，其跳闸出口回路应采用双继电器双节点串联出口方式，以防止误动及拒动。 （4）采用双继电器双接点串联出口方式的跳闸回路，每个跳闸接点都应具有动作监视回路并上送后台						/	/
		阀内冷保护配置	（1）阀内冷保护应按双重化配置，每套保护装置应能完成整套阀内冷系统的所有保护功能。 （2）保护出口应采用每套保护两个出口均有动作才出口，防止误动，同时在另一套保护装置检修或故障时，单套系统应能保证保护正确出口，防止拒动。 （3）阀内冷到极控系统的开出信号宜采用无源接点、冗余输出。 （4）当阀内冷系统采用 PLC 控制方式，保护出口跳闸信号接点应采用 A、B 系统两个常开接点串联方式输出，A、B 系统 CPU 同时故障时，应采用 A、B 系统串联的常闭接点方式输出，常闭接点应单独引入到 PLC 系统进行状态监视，接点异常应能发出报警						/	/

续表

<table>
<tr><th rowspan="2">序号</th><th rowspan="2">项目</th><th rowspan="2">作业内容</th><th rowspan="2">控制要点及标准</th><th rowspan="2">检查结果</th><th rowspan="2">厂家代表</th><th colspan="2">施工</th><th rowspan="2">监理</th><th rowspan="2">业主</th><th rowspan="2">运行</th></tr>
<tr><th>作业负责人</th><th>质检员</th></tr>
<tr><td>8</td><td>其他设备安装</td><td>传感器</td><td>（1）所有温度、压力、流量、液位、含氧量、电导率等传感器应满足相应防电磁干扰标准要求。
（2）传感器的装设位置和安装工艺应便于维护，除流量传感器外，其他仪表及变送器应与管道之间采取隔离措施。
（3）所有传感器至少应双重化配置，其中阀进水温度传感器因其重要性应三重化配置，双重化或三重化配置的传感器的供电和测量回路应完全独立，避免单一元件故障引起保护误动</td><td></td><td></td><td></td><td></td><td></td><td>/</td><td>/</td></tr>
<tr><td rowspan="2">9</td><td rowspan="2">泵的安装</td><td>电动机</td><td>（1）电动机与泵连接时，应以泵的轴线为基准找正。
（2）电动机与泵之间有中间机器连接时，应以中间机器轴线为基础找正。
（3）电动机引出线端子压接应良好，编号齐全</td><td></td><td></td><td></td><td></td><td></td><td>/</td><td>/</td></tr>
<tr><td>泵</td><td>泵的纵向、横向安装水平误差，各润滑部位加注润滑剂的规格和数量应符合产品的技术规定</td><td></td><td></td><td></td><td></td><td></td><td>/</td><td>/</td></tr>
</table>

续表

序号	项目	作业内容	控制要点及标准	检查结果	厂家代表	施工		监理	业主	运行
						作业负责人	质检员			
10	管道安装	管道外观检查	无变形无凹陷，法兰端面平整						/	/
		管道连接	（1）管道连接应密封可靠，法兰连接应与管道同心。 （2）法兰间应保持平行，其偏差不得大于法兰外径1.5‰，且不得大于2mm，不应借法兰螺栓强行连接。 （3）管道法兰密封面无损伤，密封圈安装正确无渗漏，用角尺紧贴密封面，旋转360°观察角尺与密封面有无间隙，允许偏差≤±0.9mm。 （4）法兰间采用跨接线可靠连接，介质流向标识清晰						/	/
		支吊架安装	安装位置符合设计要求，焊接及螺栓连接紧固无松动，支吊架与管道紧密接触，受力均匀无变形						/	/
		穿墙管道	穿墙穿楼板管道有套管保护，并填充柔性阻燃材料，穿墙套管不小于墙厚，穿楼板套管高出楼面50mm						/	/
11	超滤装置安装	膜组件外观检查	膜组件不应有破损、粘污、老化、变色、封头开裂等现象，外壳表面均匀光滑						/	/
		水压试验	无渗漏，进水水质符合GB 5749—2022《生活饮用水卫生标准》相关要求						/	/
		水冲洗	出水澄清透明，确认无机械杂质残留						/	/
		膜组件安装	符合产品技术规定						/	/

续表

序号	项目	作业内容	控制要点及标准	检查结果	厂家代表	施工		监理	业主	运行
						作业负责人	质检员			
12	反渗透装置安装	膜组件外观检查	膜元件的长度和直径应与制造厂的生产标准相符，密封圈应完整，弹性好，无扭曲和永久性变形，两端的淡水管内壁和两端面应光滑，无突出物						/	/
		水压试验	无渗漏，进水水质符合 GB 5749—2022 相关要求，水质检测表详见附表 15						/	/
		水冲洗	出水澄清透明，确认无机械杂质残留						/	/
		膜组件安装	膜元件逐支推入膜壳内进行串接，每支元件承插到位，高压泵至膜组件间的法兰垫片采用聚四氟乙烯等耐腐蚀性强的材料，保安过滤器至膜组件的管道内壁保持清洁						/	/
13	软化装置安装	树脂再生装置	安装符合产品技术规定						/	/
		砂过滤器	安装符合产品技术规定						/	/
		加药装置	安装符合产品技术规定						/	/
14	冷却塔安装	本体安装	冷却塔安装应水平，单台冷却塔安装水平度和垂直度允许偏差均为2‰，同一冷却系统的多台冷却器安装时，各台冷却器高差应一致，高差≤30mm						/	/
		隔振器检查	风机的各组隔振器承受荷载的压缩量均匀，高度误差<2mm						/	/

续表

序号	项目	作业内容	控制要点及标准	检查结果	厂家代表	施工		监理	业主	运行
						作业负责人	质检员			
15	盐池施工	盐池清洁	清洁，无杂物						/	/
		盐池内外塑料水管连接	牢固，密封						/	/
		盐池封堵	无渗漏						/	/
16	阀冷却系统试验	密封试验	水冷管道外观检查后进行密封试验，保证管路系统内注满水，不含空气，加压到产品技术规定压力，维持 1h 无渗漏。详见附表 16							

附表 14：主泵同心度校准记录

试验单位			设备双重名称		
电动机型号		生产厂家		额定电流	
转速		功率		设备编号	
检测数据					
A1			B1		
A2			B2		
A3			B3		
A4			B4		
结论					
检测日期			检测人员		
报告日期			编写人员		
审核人员			批准人员		

附表 15：水质检测表

<table>
<tr><th colspan="8">水质电导率检测记录</th></tr>
<tr><td colspan="8">一、基本信息</td></tr>
<tr><td>检测性质</td><td></td><td>检测日期</td><td></td><td>检测人员</td><td></td><td>检测地点</td><td></td></tr>
<tr><td>报告日期</td><td></td><td>编写人员</td><td></td><td>审核人员</td><td></td><td>批准人员</td><td></td></tr>
<tr><td>检测天气</td><td></td><td>环境温度（℃）</td><td></td><td>环境相对湿度（%）</td><td></td><td>气压（kPa）</td><td></td></tr>
<tr><td colspan="8">二、样品信息</td></tr>
<tr><td>设备信息</td><td>设备名称</td><td></td><td>冷却方式</td><td></td><td>水处理方式</td><td colspan="2"></td></tr>
<tr><td>取样原因</td><td colspan="2"></td><td>水温（℃）</td><td colspan="4"></td></tr>
<tr><td colspan="8">三、检测数据</td></tr>
<tr><td>序号</td><td colspan="2">1</td><td colspan="2">2</td><td colspan="3">平均值</td></tr>
<tr><td>$DD_{25℃}$
（μs/cm）</td><td colspan="2"></td><td colspan="2"></td><td colspan="3"></td></tr>
<tr><td>检测仪器</td><td colspan="7"></td></tr>
<tr><td>检测结论</td><td colspan="7"></td></tr>
<tr><td>备注</td><td colspan="7"></td></tr>
</table>

<table>
<tr><th colspan="8">水质 pH 值检测记录</th></tr>
<tr><td colspan="8">一、基本信息</td></tr>
<tr><td>检测性质</td><td></td><td>检测日期</td><td></td><td>检测人员</td><td></td><td>检测地点</td><td></td></tr>
<tr><td>报告日期</td><td></td><td>编写人员</td><td></td><td>审核人员</td><td></td><td>批准人员</td><td></td></tr>
<tr><td>检测天气</td><td></td><td>环境温度（℃）</td><td></td><td>环境相对湿度（%）</td><td></td><td>气压（kPa）</td><td></td></tr>
</table>

续表

水质 pH 值检测记录						
二、样品信息						
设备信息	设备名称		冷却方式		水处理方式	
取样原因			水温（℃）			
三、检测数据						
序号	1		2		平均值	
pH 值（25℃）						
检测仪器						
检测结论						
备注						

水质硬度检测记录							
一、基本信息							
检测性质		检测日期		检测人员		检测地点	
报告日期		编写人员		审核人员		批准人员	
检测天气		环境温度（℃）		环境相对湿度（%）		气压（kPa）	
二、样品信息							
设备信息	设备名称		冷却方式		水处理方式		
取样原因			水温（℃）				
三、检测数据							
序号	1		2		平均值		
总硬度（mmol/L）							
总硬度（mg/L）（以 $CaCO_3$ 计）							

续表

水质硬度检测记录	
检测仪器	
项目结论	
备注	

水质碱度检测记录							
一、基本信息							
检测性质		检测日期		检测人员		检测地点	
报告日期		编写人员		审核人员		批准人员	
检测天气		环境温度（℃）		环境相对湿度（%）		气压（kPa）	
二、样品信息							
设备信息	设备名称		冷却方式		水处理方式		
取样原因			水温（℃）				
三、检测数据							
序号	1		2		平均值		
全碱度（mmol/L）							
全碱度（mg/L）（以 $CaCO_3$ 计）							
检测仪器							
项目结论							
备注							

水质氯化物检测记录							
一、基本信息							
检测性质		检测日期		检测人员		检测地点	

续表

水质氯化物检测记录							
报告日期		编写人员		审核人员		批准人员	
检测天气		环境温度（℃）		环境相对湿度（%）		气压（kPa）	
二、样品信息							
设备信息	设备名称		冷却方式		水处理方式		
取样原因			水温（℃）				
三、检测数据							
序号	1		2		平均值		
氯化物（mg/L）							
检测仪器							
项目结论							
备注							

附表 16： 阀冷却系统试压记录表

试压记录				质量记录号	
				记录顺序号	
项目名称			部件名称		
试压力表编号		压力表量程		压力表检定日期	
试压技术要求					
试验介质：□纯水　□空气　□氩气　□其他：________					
试验类型：□水压试验　□气密试验					

续表

<table>
<tr><td colspan="6" rowspan="2">试压记录</td><td colspan="2">质量记录号</td><td colspan="3"></td></tr>
<tr><td colspan="2">记录顺序号</td><td colspan="3"></td></tr>
<tr><td colspan="11">测试压力 1：________；保压时间：________；</td></tr>
<tr><td colspan="11">测试压力 2：________；保压时间：________；</td></tr>
<tr><td colspan="11">时间与压力变化记录：</td></tr>
<tr><td>时间</td><td></td><td></td><td></td><td></td><td></td><td></td><td></td><td></td><td></td><td></td></tr>
<tr><td>测试压力 1
（bar）</td><td></td><td></td><td></td><td></td><td></td><td></td><td></td><td></td><td></td><td></td></tr>
<tr><td rowspan="2">目　测</td><td colspan="5">□无渗漏</td><td colspan="5">□有渗漏</td></tr>
<tr><td colspan="5">□无变形</td><td colspan="5">□有变形</td></tr>
<tr><td>时间（min）</td><td></td><td></td><td></td><td></td><td></td><td></td><td></td><td></td><td></td><td></td></tr>
<tr><td>测试压力 2
（bar）</td><td></td><td></td><td></td><td></td><td></td><td></td><td></td><td></td><td></td><td></td></tr>
<tr><td rowspan="2">目　测</td><td colspan="5">□无渗漏</td><td colspan="5">□有渗漏</td></tr>
<tr><td colspan="5">□无变形</td><td colspan="5">□有变形</td></tr>
<tr><td colspan="11">备注：
当试压过程压力分两段进行，两段压力应分开两行填写，但时间上应该是连续的</td></tr>
<tr><td colspan="11">试压检验的合格判定：
在试压检验过程中，管道上的焊缝及元件及其连接处应无出现渗漏水现象，无气泡冒出。压力值的变化不超过初始压力的 5%，则判定试压结果为合格</td></tr>
<tr><td colspan="11">试压结果：</td></tr>
<tr><td colspan="11">签名</td></tr>
</table>

十三、直流穿墙套管安装关键工序管控表、工艺流程控制卡

（一）直流穿墙套管安装关键工序管控表

序号	阶段	管理内容	管控要点	管理资料	监理	业主
1	准备阶段	施工图审查	（1）直流穿墙套管就位尺寸与阀厅预留孔洞法兰连接无偏差。 （2）穿墙套管安装图应表示气体压力控制装置	施工图预检记录表、施工图纸交底纪要、施工图会检纪要		
2		方案审查	（1）安全文明施工、试验处理区域布置。 （2）施工电源、安装环境。 （3）设备开箱、安装关键工序。 （4）吊装机械、就位及起重机校验内容。 （5）密封试验、交接试验标准	项目管理实施规划/（专项）施工方案报审表、文件审查记录表		
3		标准工艺实施	（1）执行《国家电网有限公司输变电工程标准工艺　变电工程电气分册》“换流站设备安装—直流穿墙套管安装”要求。 （2）检查施工图纸中标准工艺内容齐全。 （3）检查施工过程标准工艺执行	标准工艺应用记录		/
4		人员交底	所有作业人员（包括厂家人员）均完成技术交底并签字	人员培训交底记录		/
5		设备进场	直流穿墙套管、零部件、SF_6 气体材料，供应商资质文件、材料质量证明文件、复检报告	甲供主要设备（材料/构配件）开箱申请表		/
6		反措要求	（1）直流穿墙套管作用于跳闸的非电量保护继电器是否设置三副独立的跳闸接点。 （2）直流穿墙套管的 SF_6 压力或密度继电器是否分级设置报警和跳闸。	检查记录表		/

续表

序号	阶段	管理内容	管控要点	管理资料	监理	业主
6	准备阶段	反措要求	（3）直流穿墙套管末屏接地方式是否牢固，末屏接线不应松动。 （4）直流穿墙套管 SF_6 充气套管是否在阀厅外或户内直流场外加装可观测 SF_6 气体压力的表计，是否具有在线补气功能，压力值是否远传至监视后台	检查记录表		/
7	施工阶段	外观验收	（1）开箱前，外观完好。 （2）金属法兰密封面平整，无砂眼，无锈蚀，粘接部位无脱胶、起鼓等现象。 （3）伞形结构、干弧距离、爬电比距与技术规范或技术协议一致。 （4）伞套和金属附件结合处粘接牢靠。 （5）设备出厂铭牌齐全、参数正确，铭牌上所标示的内容应完整并符合国家标准的要求	检查记录表		/
8		冲击记录仪拆除见证	检查本体三维冲击记录仪在运输及就位过程中受到的冲击值符合制造厂规定或小于3g	冲撞记录表		/
9		绝缘电阻	套管主绝缘的绝缘电阻不应低于10GΩ，末屏对法兰的绝缘电阻不应低于1GΩ，且与出厂试验值无明显差别	检查记录表		/
10		主绝缘介质损耗及电容量测量	介质损耗因数（$\tan\delta$）及电容量测量值，应与出厂试验值无明显差别，必要时核定介损温度曲线，厂家出具技术说明	检查记录表		/
11		起重设备的选取	根据直流穿墙套管长度、重量，安装高度，安装作业半径，吊车吊装曲线表，选择适合吨位的吊车进行套管吊装	检查记录表		/
12		套管吊装	（1）检查安装起吊方式，吊点位置、套管吊装角度。 （2）套管中部的连接法兰正确就位。 （3）法兰固定螺丝力矩紧固情况	旁站监理记录表		/
13		气体试验	检漏无渗漏，每一独立气室的年漏气率不大于0.5%。SF_6 水分含量 $\leqslant 250\mu L/L$	检查记录表		/

续表

序号	阶段	管理内容	管控要点	管理资料	监理	业主
14	验收阶段	实体检查	（1）紧固件接螺栓应齐全、紧固。 （2）外观伞裙有无划伤、破损。 （3）均压环表面应光滑无划痕，安装牢固且方向正确，户外均压环易积水部位最低点应有排水孔，孔径 ϕ6～8mm。 （4）套管引线及线夹引线应无散股、扭曲、断股现象。 （5）绝缘净空距检查，高压带电体至零电位物体间距离应满足设计要求。 （6）充 SF_6 套管外观无渗漏，压力应正常	验收记录		
15		资料验收	（1）安装使用说明书、出厂报告。 （2）交接试验报告和特殊试验报告	验收记录		/

（二）直流穿墙套管安装工艺流程控制卡

序号	项目	作业内容	控制要点及标准	检查结果	厂家代表	施工		监理	业主	运行
						作业负责人	质检员			
1	设备进场验收	冲撞记录检查	三维冲撞记录仪数值满足制造厂要求，最大值不超过 3g，原始记录留存并归档						/	/
		套管	光滑均匀，胶套无损坏及划痕，管体保持干燥						/	/
		密封性检查	用压力表检查套管内部压力符合设备说明书要求						/	/
		气体阀门	密封性能完好						/	/
		防爆膜、密度继电器接头、密封垫等附件检查	附件箱中附件齐全，满足设备说明书要求						/	/

续表

序号	项目	作业内容	控制要点及标准	检查结果	厂家代表	施工		监理	业主	运行
						作业负责人	质检员			
1	设备进场验收	各连接处的螺栓	齐全、连接牢靠						/	/
		防爆装置	密封圈完好，无破损，无变形，弹性良好，防爆膜无损坏，密封性能完好						/	/
		屏蔽罩	无损坏、变形、划痕及氧化膜						/	/
		密度继电器试验	完好且常开常闭触点符合设计要求，开闭触点压力值检查合格						/	/
2	SF_6 气体检测	SF_6 气体钢瓶微水含量	≤40.36μL/L						/	/
		SF_6 气体质量	气瓶抽样送检						/	/
3	套管安装准备	排出氮气	将运输保护氮气排除直到1标准大气压为止						/	/
		更换运输支撑件	拆除运输防爆膜和支撑件、重新安装附表箱中运行时使用的支撑件，安装密封圈时涂密封胶，螺栓紧固符合设备说明书要求						/	/
		抽真空注气	真空度≤2mbar；充入经过检验的 SF_6 气体，注气速度适中，保证气管路不明显结霜；注气到125kPa（20℃），具体按照厂家技术标准执行						/	/
		检漏	宜用保护膜严密包扎套管伞裙，静置24h，用气体探测仪检查无泄漏						/	/

续表

序号	项目	作业内容	控制要点及标准	检查结果	厂家代表	施工		监理	业主	运行
						作业负责人	质检员			
3	套管安装准备	末屏（如有）	末屏应密封良好						/	/
		试验	主绝缘电阻＞10G、末屏＞1G						/	/
			介损与电容量与出厂值无明显变化						/	/
		复核连接面	套管安装固定点要进行施工验收，核对固定铁板的孔距、对角线尺寸，确保固定铁板尺寸与套管固定法兰尺寸配套						/	/
4	套管吊装	套管保护	用软质布覆盖包好复合绝缘子及法兰两侧绝缘伞裙						/	/
		吊点绑扎	不得损坏镀银层及复合伞裙						/	/
		配重调节	用起重机起吊套管至一定高度，通过调整配重重量并调整链条葫芦，使套管达到设计要求角度						/	/
		提升套管	缓慢、安全，两端平衡，提升速度均匀						/	/
		套管穿墙	缓慢、安全，作业人员在户外和户内严格控制摆动幅度						/	/
		套管固定	所有安装孔全部对准后，起重机静止，十字法固定螺栓						/	/
		螺栓固定	无遗漏、力矩符合要求						/	/
		气路引下安装	检查铜管连接工艺，包扎检漏无泄漏						/	/
		套管补气	补气压力及方法以厂家产品技术要求为准						/	/
		均压环安装	室外均压环安装时注意把排水孔朝下						/	/

续表

序号	项目	作业内容	控制要点及标准	检查结果	厂家代表	施工		监理	业主	运行
						作业负责人	质检员			
5	接地施工	末屏接地（如有）	直流穿墙套管末屏接地方式设计应保证牢固，防止末屏接线松动导致套管损坏						/	/
6	在线监测装置安装	SF_6 在线监测安装	直流穿墙套管 SF_6 充气套管应在阀厅外或户内直流场外加装可观测 SF_6 气体压力的监测柜，压力值应远传至监视后台						/	/
7	高压试验	绝缘电阻	主绝缘电阻＞10G、末屏＞1G，详见附表 17						/	/
		介损测量	介损与电容量与出厂值无明显变化						/	/
8	气体试验	检漏	无渗漏						/	/
		SF_6 气体分解物	二氧化硫小于 1μL/L，硫化氢小于 1μL/L						/	/
		SF_6 气体压力	应达到额定压力						/	/
		SF_6 气体湿度	20℃（充气 48h 后），应不超过 250μL/L						/	/
9	压力值分系统调试	告警值试验	A、B 系统均有报文						/	/
		跳闸试验	A、B、C 单一系统有报文无动作；当任意两个系统有报文将会有动作跳闸						/	/
10	模拟量显示	在监控显示正确的压力值	监控 A、B 系统均有显示正确的压力值						/	/

续表

序号	项目	作业内容	控制要点及标准	检查结果	厂家代表	施工		监理	业主	运行
						作业负责人	质检员			
11	验收	SF_6气体检查	（1）SF_6密度继电器交接校验合格，贴校验合格证。 （2）动作整定值与定值一致。 （3）充气套管气体压力表或密度继电器引至便于巡视直接观察位置；装设方便观测的密度（压力）表计。 （4）充气套管应无渗漏，其年漏气率应小于0.5%，压力表或密度继电器指示正常；现场检查SF_6气体密度或压力应正常，不应有过高或过低，按最低环境温度和最高运行温度计算，不应出现报警或超压；SF_6气体密度继电器的跳闸接点不应少于三对，并按“三取二”逻辑出口							
		套管检查	硅橡胶及接触面无损伤							
		气体继电器检查	气体继电器检验合格，工作状态良好							
		末屏（如有）	末屏应密封良好，接地方式应可靠，并确认末屏适配器采用铝合金材质							
		安装工艺	（1）穿墙套管直接安装在钢板上时，套管周围不得形成闭合磁路。 （2）穿墙套管水平安装时，其法兰应在外侧；600A及以上母线穿墙套管端部的金属夹板（紧固件除外）应采用非磁性材料；套管接地端子应可靠接地。							

续表

序号	项目	作业内容	控制要点及标准	检查结果	厂家代表	施工		监理	业主	运行
						作业负责人	质检员			
11	验收	安装工艺	（3）主通流回路要求：阀厅侧接头接触电阻不应超过10μΩ，直流场接头接触电阻不应超过15μΩ							
		封堵检查	套管封堵采用防火材料进行封堵，并不得使用导磁材料							
		信号回路检查	SF_6气体压力跳闸接点不应少于三对，并按“三取二”逻辑出口，跳闸接点直接接入控制保护系统或非电量保护屏，判断逻辑装置及其电源应冗余配置；SF_6气体压力跳闸接点和模拟量采样不应经中间元件转接，应直接接入控制保护系统或非电量保护屏，跳闸回路不采用常闭接点；逐一开盖检查非电量保护接线盒跳闸接点腐蚀和紧固情况；非电量继电器的每一副节点应进行信号检查，非电量进行传动试验							
		图纸资料、专用工器具移交	图纸、资料齐全							
			专用工器具齐全							

附表 17：穿墙套管试验报告

1. 基本信息					
设备铭牌					
安装位置					
试验依据	国家电力行业标准 DL/T 274—2012《±800kV 高压直流设备交接试验》及厂家技术标准				

2. 绝缘电阻测量（单位：GΩ）				
使用仪器				
标准要求	套管主绝缘不应低于 10000MΩ；末屏对法兰绝缘电阻不应小于 1000MΩ			
套管	测量部位	施加电压（kV）	出厂值	测量值
	一次对末屏			
	末屏对地			
试验日期				
试验环境	温度： 湿度：			

3. 介质损耗正切值及电容量测量						
使用仪器						
标准要求	电容值与出厂值比较变化超过±5%时，要查明原因；tanδ 不大于 0.5%					
测量部位	施加电压（kV）	tanδ（%）		Cx（pF）		
		出厂值	测量值	出厂值	测量值	互差（%）
一次对末屏						
试验日期						
试验环境	温度： 湿度：					

4. 试验结论	
结论	

十四、直流转换开关安装关键工序管控表、工艺流程控制卡

（一）直流转换开关安装关键工序管控表

序号	阶段	管理内容	管控要点	管理资料	监理	业主
1	准备阶段	施工图审查	（1）直流断路器基础误差应满足设计图纸及产品技术文件的要求。 （2）直流断路器预埋件、电缆穿线管预留孔、接地线位置正确，符合国家规范及设计图纸及产品技术文件的要求。 （3）设备接地端子的位置应便于接地体的安装，接地端子的数量应与设备双接地或单接地的要求一致。 （4）断路器操作平台单独设置基础支撑，不宜设置在电缆沟上，爬梯与地面角度不超45°	施工图预检记录表、施工图纸交底纪要、施工图会检纪要		
2		方案审查	（1）基础土建交安装检查。 （2）SF_6气体含水量要求。 （3）抽真空、充气要求。 （4）密封试验（SF_6）内容。 （5）气体密度继电器、压力表、压力动作阀校验。 （6）电气试验验收内容。 （7）二次施工及设备接地	项目管理实施规划/（专项）施工方案报审表、文件审查记录表		
3		标准工艺实施	（1）执行《国家电网有限公司输变电工程标准工艺　变电工程电气分册》“换流站设备安装—直流断路器安装”要求。 （2）检查施工图纸中标准工艺内容齐全。 （3）检查施工过程标准工艺执行	标准工艺应用记录		/
4		人员交底	所有作业人员（包括厂家人员）均完成技术交底并签字	人员培训交底记录		/
5		设备进场	（1）供应商资质文件（营业执照、安全生产许可证、产品的检验报告、企业质量管理体系认证或产品质量认证证书）齐全，包括：六氟化硫（SF_6）气体、动力电缆、接地铜排、接地线等。	甲供主要设备（材料/构配件）开箱申请表、乙供主要		/

续表

序号	阶段	管理内容	管控要点	管理资料	监理	业主
5	准备阶段	设备进场	（2）材料质量证明文件（包括产品出厂合格证、检验、试验报告）完整，包括：断路器本体、隔离开关、汇控柜、SF_6密度继电器、二次电缆。 （3）复检报告合格［包括六氟化硫（SF_6）气体、SF_6密度继电器］	材料及构配件供货商资质报审表、乙供工程材料/构配件/设备进场报审表		/
6	准备阶段	反措要求	加强安装工艺质量管控，严格按照设计单位提供的方案采购金具，严禁金具在装配现场开孔，确保金具质量合格	检查记录表		/
7	施工阶段	外观验收	（1）基础平整无积水、牢固，水平、垂直误差符合要求，无损坏。 （2）安装牢固、外表清洁完整，支架及接地引线无锈蚀和损伤。 （3）机构箱机构密封完好，机构箱开合顺畅、箱内无异物。 （4）基础牢固，水平、垂直误差符合要求	检查记录表		/
8	施工阶段	接地检查	（1）底座与构架可靠接地，导通良好。 （2）支架与主地网可靠接地，接地引下线连接牢固，无锈蚀、损伤、变形。 （3）接地无锈蚀，压接牢固，标识清楚，与地网可靠相连	检查记录表		/
9	施工阶段	二次接线端子	（1）二次引线连接紧固、可靠，内部清洁；电缆备用芯带绝缘帽。 （2）应做好二次线缆的防护，避免由于绝缘电阻下降造成误动	检查记录表		/
10	施工阶段	抽真空	（1）现场环境温度满足要求，湿度满足要求。 （2）禁止使用麦氏真空计。 （3）真空度符合要求不大于 133Pa，真空处理结束后应检查抽真空管的滤芯是否有油渍。 （4）真空保持时间不得少于 5h	检查记录表、旁站监理记录表		/
11	施工阶段	SF_6气体性能	（1）必须经SF_6气体质量监督管理中心抽检合格，并出具检测报告。 （2）充气前应对每瓶气体测量湿度，若满足 GB/T 12022 对新气的要求，方可充入	检查记录表		/

续表

序号	阶段	管理内容	管控要点	管理资料	监理	业主
12	施工阶段	充气	（1）充气前，充气设备及管路应洁净、无水分、无油污，管路连接部分应无渗漏。使用后应妥善保管，不得落地，避免充气过程中引入异物。 （2）充气时，使 SF_6 气瓶瓶口低于气室底部。充气后，先关闭开关本体侧阀门，再关闭气瓶阀门	检查记录表、旁站监理记录表		/
13		密封试验	（1）采用灵敏度不低于 1×10^{-6}（体积比）的检漏仪对直流断路器各密封部位、管道接头等处进行检测时，检漏仪不应报警。 （2）必要时，进行定量检漏。采用局部包扎检漏法，以 24h 的漏气量换算，每一个气室年漏气率满足规范要求；泄漏值的测量应在直流断路器充气 24h 后进行	检查记录表		/
14		接地检查	直流断路器接地采用双引下线接地，接地铜排、镀锌扁钢截面积满足设计要求。接地引下线应有专用的色标；紧固螺钉或螺栓应使用热镀锌工艺，其直径不应小于 12mm，接地引下线无锈蚀、损伤、变形	检查记录表		/
15	验收阶段	实体检查	（1）直流断路器及构架、机构箱安装应牢靠，连接部位螺栓压接牢固，满足力矩要求，平垫、弹簧垫齐全、螺栓外露长度符合要求，用于法兰连接紧固的螺栓，紧固后螺纹一般应露出螺母 2～3 圈，各螺栓、螺纹连接件应按要求涂胶并紧固划标志线。 （2）采用垫片（厂家调节垫片除外）调节直流断路器水平的，支架或底架与基础的垫片不宜超过 3 片，总厚度不应大于 10mm，且各垫片间应焊接牢固。 （3）一次接线端子无松动、无开裂、无变形，表面镀层无破损。 （4）金属法兰与瓷件胶装部位粘合牢固，防水胶完好。 （5）均压环无变形，安装方向正确，防水孔无堵塞。	验收记录		

续表

序号	阶段	管理内容	管控要点	管理资料	监理	业主
15	验收阶段	实体检查	（6）直流断路器外观清洁无污损，油漆完整。 （7）设备基础无沉降、开裂、损坏。 （8）铭牌：设备出厂铭牌齐全、参数正确。 （9）标识：标识清晰正确。 （10）所有电缆管（洞）口应封堵良好。 （11）内部测量 TA 位置正确，满足设计及产品技术要求。 （12）引线连接应符合设计和产品技术文件的规定，并应位置正确、接线美观、连接可靠。各引线连接后电气装置的安全净距应符合设计和产品技术文件规定	验收记录		
16		资料验收	（1）安装使用说明书、出厂报告。 （2）交接试验报告和特殊试验报告	验收记录		/

（二）直流转换开关安装工艺流程控制卡

序号	项目	作业内容	控制要点及标准	检查结果	厂家代表	施工		监理	业主	运行
						作业负责人	质检员			
1	基础复测	基础检查	（1）基础表面是否清洁。 （2）预埋件偏差≤2mm						/	/
2	开箱清点	开箱检查	（1）根据厂家提供的装箱清单核对设备到货情况是否缺少。 （2）设备是否破损						/	/
3	底座安装	底座安装	（1）基础轴线误差标准：≤±4mm。 （2）各类螺栓力矩值满足设计要求。 （3）水平误差标准：≤±1mm						/	/

续表

序号	项目	作业内容	控制要点及标准	检查结果	厂家代表	施工		监理	业主	运行
						作业负责人	质检员			
4	支架组装	支架组装	（1）垂直度偏差≤5mm。 （2）顶面水平度偏差≤2mm/m						/	/
5	本体安装	极柱地面组装	断路器极柱在安装到支架前已经紧固完毕，紧固力矩按照设计要求执行						/	/
		操作机构安装	（1）操作机构在整台断路器安装完毕之前不得进行操作。 （2）不能对弹簧进行储能						/	/
		极柱与操作机构之间的拉杆安装	极柱与操作机构之间的拉杆安装前，断路器的极柱需调整至分闸位置						/	/
		确保安装水平度	（1）垂直度偏差≤5mm。 （2）紧固力矩参照厂家说明执行						/	/
		均压环安装	（1）安装后的均压环表面应无毛刺。 （2）均压环最低点应打≤ϕ8mm 泄水孔						/	/
6	六氟化硫检测及气体检测系统安装	六氟化硫检测及气体检测系统安装	六氟化硫气体含水量≤150mL/L						/	/
			（1）充入六氟化硫气体时，人员需根据充气压力表确定充入气体压力。 （2）若是充入混合气体，则首先充入六氟化硫						/	/
			气体检测系统安装过程中要保证安装环境的洁净度						/	/
			进行电气试验前，应使用专用工具对设备进行检漏试验						/	/

续表

序号	项目	作业内容	控制要点及标准	检查结果	厂家代表	施工		监理	业主	运行
						作业负责人	质检员			
7	一次引连线安装	一次引连线安装	（1）内部测量TA位置正确，满足设计及产品技术要求。 （2）引线连接应符合设计和产品技术文件的规定，并应位置正确、接线美观、连接可靠。 （3）各引线连接后电气装置的安全净距应符合设计和产品技术文件规定						/	/
8	二次接线施工	电缆接线	电缆接线要求牢固，多根电缆不得接入同一个端子内。厂家内部接线满足国网标准工艺要求						/	/
		电缆敷设	电缆的最小弯曲半径不小于20倍的电缆外径						/	/
		电缆保护管检查	（1）线缆引管内部无堵塞且内壁光滑、管内无积水。 （2）管道敷设时，应确保穿管口高出硬化地面至少10cm且与基础固定牢靠，防止地面沉降引发穿管下沉						/	/
9	绝缘平台安装	绝缘平台安装	（1）各支撑绝缘子的垂直度偏差不大于$1.5H/1000$（H为绝缘子高度，单位：mm），绝缘平台水平度偏差不大于$L/1000$（L为绝缘平台长度，单位：mm）。						/	/

续表

序号	项目	作业内容	控制要点及标准	检查结果	厂家代表	施工		监理	业主	运行
						作业负责人	质检员			
9	绝缘平台安装	绝缘平台安装	（2）绝缘平台的斜拉绝缘子的拉紧调节装置应连接可靠，安装位置正确，各个绝缘拉紧装置的调节拉杆应均衡收紧，应拧紧、锁紧螺母。 （3）绝缘平台调整完成并完成地脚螺栓、斜拉绝缘子螺栓紧固后，方可安装平台上的设备						/	/
10	电容安装	螺栓安装	（1）电容器底座钢板下部调节用地脚螺帽宜为两个。 （2）安装后防松帽应紧固到位						/	/
		电容器组布置	电容器组安装时应按厂家桥臂平衡配置及层次位置布置组装电容器组						/	/
		电容器组安装调平	（1）电容器塔组装时应调平，其水平度≤2mm，若厂家有特殊规定则按厂家规定调整支架水平。 （2）绝缘子应受力均匀，同一轴线上的各绝缘子中心线应在同一垂直线上，合格后方能继续上层电容器层的吊装工作						/	/
11	电抗安装	电抗器调平	组装后的电抗器的支柱绝缘子对角的两柱绝缘子的上法兰中心对中心直线距离与设计值误差不能超过±1mm						/	/
			绝缘子上支架平台平面度误差不大于±1mm						/	/

续表

序号	项目	作业内容	控制要点及标准	检查结果	厂家代表	施工		监理	业主	运行
						作业负责人	质检员			
12	避雷器安装	避雷器组安装	避雷器应安装垂直，垂直度满足产品的技术规定。如需调整，可在法兰间用厂家提供的专用金属片校正，但应保证其导电良好						/	/
13	绝缘介质施工	SF_6气体检验标准	气瓶数 1 瓶时，抽 1 瓶。气瓶数 2～40 瓶时，抽 2 瓶。气瓶数 41～70 瓶时，抽 3 瓶。气瓶数 71 瓶以上时，抽 4 瓶。抽样检验有一项不符合要求时，应以两倍量气瓶数重新抽样复验，复验结果应有一项不符合要求时，整批不通过验收						/	/
		密封试验	（1）采用灵敏度不低于 1×10^{-6}（体积比）的检漏仪对直流断路器各密封部位、管道接头等处进行检测时，检漏仪不应报警。 （2）必要时，可采用局部包扎法进行气体泄漏测量。以 24h 的漏气量换算，每一个气室年漏气率不应大于 0.5%；泄漏值的测量应在充气 24h 后进行						/	/
14	电气试验	绝缘拉杆的绝缘电阻测量	在常温下测量的绝缘拉杆绝缘电阻不应低于 10000MΩ			/	/			
		主回路电阻测量	测试结果应符合产品技术规范的规定要求			/	/			
		瓷套管、复合套管试验	（1）使用 2500V 绝缘电阻表测量，绝缘电阻不应低于 1000MΩ。 （2）复合套管应进行憎水性测试；耐压试验可随设备一起进行			/	/			

续表

序号	项目	作业内容	控制要点及标准	检查结果	厂家代表	施工		监理	业主	运行
						作业负责人	质检员			
14	电气试验	辅助开关与主触头时间配合试验	对断路器合－分时间及操动机构辅助开关的转换时间与断路器主触头动作时间之间的配合试验检查，合分时间应符合产品技术规范要求							
		SF_6直流断路器的分、合闸速度	应在直流断路器的额定操作电压、气压或液压下进行，实测数值应符合产品技术规范要求（现场无条件安装采样装置的直流断路器，可不进行本试验）							
		直流断路器分合闸直流电阻值	测量合闸线圈、分闸线圈直流电阻应合格，与出厂试验值的偏差不超过±5%			/	/			
15	高速隔离开关电气试验	绝缘电阻测量	整体绝缘电阻值测量，应符合产品技术规范要求							
		主回路电阻测量	测试结果应符合产品技术规范要求							
		辅助和控制回路试验	采用2500V绝缘电阻表进行绝缘试验，绝缘电阻大于10MΩ							
16	电容器安装测量	电容电容量测量	（1）应对每一台电容器和整组电容器的电容量进行测量。 （2）实测电容量应符合产品技术规范要求							
17	电抗器测量	绕组直流电阻测量	实测直流电阻值与同温下出厂试验值相比，变化不应大于2%							
		电感测量	实测电感值与出厂试验值相比，应无明显变化							

十五、 直流电压测量装置安装关键工序管控表、 工艺流程控制卡

（一）直流电压测量装置安装关键工序管控表

序号	阶段	管理内容	管控要点	管理资料	监理	业主
1	准备阶段	施工图审查	（1）直流分压器规格、型号是否满足使用要求。 （2）直流分压就位尺寸与基础是否有偏差。 （3）直流分压器安装位置正确	施工图预检记录表、施工图纸交底纪要、施工图会检纪要		
2		方案审查	（1）人员组织、机具配置情况。 （2）安全文明施工区域布置。 （3）安装工艺是否有合理。 （4）安装环境的要求	施工方案报审表、文件审查记录表		
3		标准工艺实施	（1）检查施工图纸中标准工艺内容齐全。 （2）检查施工过程标准工艺执行	标准工艺应用记录		/
4		人员交底	所有作业人员（包括厂家人员）均完成技术交底并签字	人员培训交底记录		/
5		设备进场	（1）组部件与技术规范书或技术协议中厂家、型号、规格一致。 （2）组部件具备出厂质量证书、合格证、试验报告。 （3）组部件进厂验收、检验、见证记录齐全	甲供主要设备（材料/构配件）开箱申请表		/
6		反措要求	（1）远端模块、合并单元、接口单元及二次输出回路设置能否满足保护冗余配置的要求，应完全独立；备用模块及备用光纤应充足、可用。 （2）测量传输环节中的模块，如合并单元、模拟量输出模块、差分放大器等，应由两路独立电源或两路电源经DC/DC转换耦合后供电，每路电源具有失电监视功能。 （3）直流分压器对应各冗余控保系统的二次测量板卡宜独立设计且相互隔离，单一模块或单一回路故障不应导致保护误出口。 （4）测量回路应具备完善的自检功能，当测量回路或电源异常时，应能够给控制或保护装置提供防止误出口的信号	资料检查		/

续表

序号	阶段	管理内容	管控要点	管理资料	监理	业主
7	施工阶段	本体安装	（1）安装牢固，垂直度应符合要求，本体各连接部位应牢固可靠。 （2）铭牌应位于易于观察的同一侧	检查记录表		/
8		设备支架检查	底座、支架牢固，无倾斜变形；架构外涂漆层清洁，无严重积尘	检查记录表		/
9		接地检查	设备支架应有两点与主地网不同点连接，接地引下线规格满足设计要求，标识清晰，导通良好	检查记录表		/
10		端子箱和接线盒	（1）户外端子箱和接线盒设计等级应至少达 IP55 防尘防水等级，户外接线盒外壳和汇控单元的接地符合要求。 （2）户外端子箱和接线盒的选材应合理，避免长期运行后变形进水	资料检查		/
11		气体密度继电器或压力表（充气式）	（1）压力正常、无泄漏、标识明显、清晰。 （2）校验合格，报警值（接点）正常。 （3）应设有防雨罩	检查记录表		/
12		直流分压比检查	一次侧输入端施加不小于 0.1p.u. 的直流电压。检查二次控制保护系统测量值，包括极性检查和幅值检查，测量精度应满足技术规范书要求	检查记录表		/
13	验收阶段	实体检查	（1）组部件：产品与技术规范书或技术协议中关于厂家、型号、规格等描述一致，产品外观检查良好。 （2）铭牌：完整清晰，无锈蚀。 （3）接地良好。 （4）电压测量装置本体的二次接线盒密封良好	检查记录表		
14		资料验收	（1）安装使用说明书、出厂报告。 （2）交接试验报告和特殊试验报告	验收记录		/

（二）直流电压测量装置安装工艺流程控制卡

序号	项目	作业内容	控制要点及标准	检查结果	厂家代表	施工		监理	业主	运行
						作业负责人	质检员			
1	基础复测	基础复测	（1）基础表面是否干净。 （2）预埋件偏差≤2mm						/	/
2	开箱清点	开箱检查	根据厂家提供的装箱清单核对设备到货情况以及设备是否破损						/	/
3	底座安装	设备底座安装	各类螺栓力矩值满足设计要求						/	/
4	直流分压器本体安装	直流分压器本体安装	安装时，使用厂家提供的专用吊环进行吊装，安装过程中注意保护硅橡胶						/	/
			测量垂直度是否满足厂家要求						/	/
5	均压环及电气连接	顶部均压环下半部分	均压环表面光滑无毛刺，在最低点打不大于 ϕ8mm 泄水孔						/	/
		电气连接	接触面表面应打磨光滑并涂抹专用导电膏						/	/
		顶部均压环上半部分	均压环表面光滑无毛刺，在最低点打不大于 ϕ8mm 泄水孔						/	/
		安装两侧及底部均压环							/	/
6	抽真空充 SF_6 气体	抽真空充 SF_6/N_2 气体	（1）抽真空的真空度、温度与保持时间应符合制造厂工艺要求。 （2）SF_6 气体检验结果应符合相关要求。 （3）使用专用工具进行检漏						/	/

续表

序号	项目	作业内容	控制要点及标准	检查结果	厂家代表	施工		监理	业主	运行
						作业负责人	质检员			
7	电缆施工	电缆敷设	（1）电缆的最小弯曲半径不小于20倍的电缆外径。 （2）光纤的最小弯曲半径不应小于10cm						/	/
7	电缆施工	电缆接线	一个接线端子不得同时接多根电缆						/	/
7	电缆施工	电缆保护管要求	（1）线缆电缆保护管内部无堵塞且内壁光滑、管内无积水。 （2）管道敷设时，应确保穿管口高出硬化地面至少10cm且固定牢靠，防止地面沉降引发穿管下沉						/	/
8	电气交接试验	直流分压比检查	（1）一次侧输入端施加不小于0.1p.u.的直流电压。检查二次控制保护系统测量值，测量精度应满足技术规范书要求。 （2）厂家数/电转换等模块软件版本进行记录固化。完成分系统试验后，如需对软件版本或参数进行调整，需按照更改管理规定严格执行			/	/			
9	电气交接试验	电压限制装置功能验证	试验方法和要求参见厂家提供的设备技术文件。一般使用不超过1000V绝缘电阻表施加于电压限制装置的两个端子上，应能识别出电压限制装置内部放电			/	/			

续表

序号	项目	作业内容	控制要点及标准	检查结果	厂家代表	施工		监理	业主	运行
						作业负责人	质检员			
10	电气交接试验	低压回路工频耐压试验	试验电压为2kV，持续时间为1min							
11		隔离放大器的检查	检查结果及方法应符合产品技术文件规定			/	/			
12		系统功能检查	（1）传输电缆（光缆）故障、远端电子模块故障、合并单元故障时能够给相应控制保护系统发出告警信号，且应按照故障严重程度告警设置等级。 （2）数据帧频率达到设计规范要求。 （3）传输通道异常时，装置应具有自检及报警功能，应能够闭锁相关保护。 （4）传输温度补偿电缆故障，对应主机状态变化应正确，告警事件等级设置应正确，电子模块故障特征应相对应。 （5）传输调制电缆故障，对应主机状态变化应正确，告警事件等级设置应正确，电子模块故障特征应相对应。 （6）备用光纤代替主用光纤，1min后对应主机状态变化应正确，应无任何告警信号，各主机采集的模拟量信号应正常			/	/			

十六、直流电流测量装置安装关键工序管控表、工艺流程控制卡

（一）直流电流测量装置安装关键工序管控表

1. 零磁通电流互感器关键工序管控表

序号	阶段	管理内容	管控要点	管理资料	监理	业主
1	准备阶段	施工图审查	（1）零磁通电流互感器规格、型号是否满足使用要求。 （2）零磁通电流互感器就位尺寸与基础、立柱与顶板是否有偏差。 （3）零磁通电流互感器接线位置及距离是否正确	施工图预检记录表、施工图纸交底纪要、施工图会检纪要		
2		方案审查	（1）人员组织、机具配置情况。 （2）安全文明施工区域布置。 （3）安装工艺是否有合理。 （4）安装环境的要求	施工方案报审表、文件审查记录表		
3		标准工艺实施	（1）检查施工图纸中标准工艺内容齐全。 （2）检查施工过程标准工艺执行	标准工艺应用记录		/
4		人员交底	所有作业人员（包括厂家人员）均完成技术交底并签字	人员培训交底记录		/
5		设备进场	（1）装订铭牌，核对铭牌参数完整性，型号及参数应与合同一致。 （2）核对合格证、检验报告、出厂证明文件。 （3）包装箱材料应满足工艺要求，包装及密封应良好。 （4）核对到货设备、清单与合同三者应一致	甲供主要设备（材料/构配件）开箱申请表		/
6		外观检查	（1）本体外观应无破损、无裂纹。 （2）铭牌、标志、接地栓、接地符号应符合要求。 （3）复合绝缘子表面应无损伤、无裂纹	甲供主要设备（材料/构配件）开箱申请表		/
7		反措要求	（1）结构型式应满足当地抗地震和系统抗冲击要求。 （2）通道配置的磁通电流互感器等设备测量传输环节中的模块，如电子单元、合并单元、模拟量输出模块、差分放大器等，应由两路独立电源或两路电源经 DC/DC 转换耦合后供电，每路电源具有失电监视功能。 （3）电磁抗干扰度的电磁兼容试验，抗干扰性能应符合标准要求	检查记录表		/

续表

序号	阶段	管理内容	管控要点	管理资料	监理	业主
8	施工阶段	外观检查	（1）组部件：设备本体及支架外涂漆层清洁、无锈蚀、漆膜完好、色彩一致，无影响设备运行的异物附着。 （2）铭牌：设备出厂铭牌应齐全、清晰可识别。 （3）资料：安装使用说明书、试验报告齐全	检查记录表		/
9		本体安装	（1）检查外观完好。 （2）检查螺栓紧固力矩	检查记录表		/
10		螺栓、螺母检查	设备固定和导电部位使用 8.8 级及以上热镀锌螺栓	检查记录表		/
11		试验	（1）极性检查：一次回路注入直流电流，检查极性应与端子标志一致。 （2）绝缘电阻测量：一次绕组对二次绕组及外壳、各二次绕组间及其对外壳的绝缘电阻，由于结构原因而无法测量时可不进行。绝缘电阻不宜低于 1000MΩ。 （3）测量精度试验：一次回路注入直流电流，检查精度满足技术规范书要求。 （4）接触电阻：测量主通流回路接头直流电阻直流场不应超过 15μΩ	试验报告		
12		进出线端连接	（1）引线应无散股、扭曲、断股现象。 （2）固定牢固可靠，应有螺栓防松措施。 （3）非压接金具不应大于同样长度导线电阻的 1.1 倍	检查记录表		/
13		接地引下线	无松脱、位移、断裂及严重腐蚀	检查记录表		/
14	验收阶段	现场检查	出入线距离是否满足安全要求	现场检查		/
15		资料验收	（1）安装使用说明书、出厂报告。 （2）交接试验报告和特殊试验报告	验收记录		/

2. 光电流互感器关键工序管控表

序号	阶段	管理内容	管控要点	管理资料	监理	业主
1	准备阶段	施工图审查	（1）光电流互感器型号是否满足使用要求。 （2）光电流互感器就位尺寸与基础是否有偏差。 （3）光电流互感器周围环境是否满足带电距离要求	施工图预检记录表、施工图纸交底纪要、施工图会检纪要		
2		方案审查	（1）人员组织、机具配置情况。 （2）安全文明施工区域布置。 （3）施工工艺是否满足安装合理性	施工方案报审表、文件审查记录表		
3		标准工艺实施	（1）检查施工图纸中标准工艺内容齐全。 （2）检查施工过程标准工艺执行	标准工艺应用记录		/
4		人员交底	所有作业人员（包括厂家人员）均完成技术交底并签字	人员培训交底记录		/
5		设备进场	（1）核对铭牌参数完整性，型号及参数应与合同一致。 （2）核对装箱文件和附表。 （3）包装箱材料应满足工艺要求，包装及密封应良好。 （4）核对到货设备、清单与合同三者应一致	甲供主要设备（材料/构配件）开箱申请表		/
6		材料外观检查	（1）本体外观应无破损、无裂纹。 （2）铭牌、标志、接地栓、接地符号应符合要求。 （3）瓷套表面应无破损、釉面均匀，复合绝缘、复合硅橡胶绝缘表面应无损伤、无裂纹。 （4）接线盒外壳应完好。 （5）本体连接光纤或线缆应盘放并可靠固定，确保不受到轴向拉力。 （6）设备开箱完好，外观无损坏，未受潮	甲供主要设备（材料/构配件）开箱申请表		/

续表

序号	阶段	管理内容	管控要点	管理资料	监理	业主
7	准备阶段	反措要求	（1）结构型式应满足当地抗地震和系统抗冲击要求。 （2）保护配合采用不同性质的电流互感器（光和电磁式等）构成的差动保护，应设计具有防止互感器暂态特性不一致引起保护误动的措施。 （3）二次系统： 1）设备的远端模块、合并单元、接口单元及二次输出回路设置应满足控制保护冗余配置要求，本体应至少配置一个冗余远端模块，该远端模块至接口柜的光纤应做好连接并经测试后作为热备用。 2）测量回路应具备完善的自检功能，当测量回路或电源异常，应能够给控制或保护装置提供防止误出口的信号。 3）测量传输环节中的模块，如合并单元、模拟量输出模块等，应由两路独立电源或两路电源经DC/DC转换耦合后供电，每路电源具有监视功能。 4）光电流互感器传输环节存在接口单元或接口屏时，双极及阀组电流信号不得共用一个接口模块或板卡，应完全独立，避免单极或阀组测量系统异常，影响另外一极或其他阀组直流系统运行。 5）直流电流互感器回路故障自检延时需与控制系统切换时间相配合，避免测量回路故障时控制系统无法及时切换。 6）二次回路应有充足、可用的备用光纤，备用光纤一般不低于在用光纤数量的100%，且不得少于3根，防止由于备用光纤数量不足导致测量系统不可用。 7）直流光电流互感器二次回路应简洁、可靠，光电流互感器输出的数字量信号宜直接接入直流控制保护系统，避免经多级数模、模数转化后接入。 8）直流滤波器运行时，控制、保护系统监测到直流滤波器光电流互感器回路异常应发严重故障报警，不得发紧急故障报警；直流滤波器未投入运行时，控制系统监测到直流滤波器光电流互感器测量回路异常时应发轻微故障报警。	检查记录表		/

续表

序号	阶段	管理内容	管控要点	管理资料	监理	业主
7	准备阶段	反措要求	9）光电流互感器合并单元应具备两块完全冗余的电源板，任一电源板失电不应影响合并单元及相关控制保护系统正常运行。 （4）引线连接设计： 1）光电流互感器的引线设计时，需考虑增加防止连接导线和金具在地震、大风等恶劣条件摆动的措施。 2）直流光电流互感器与管母等部位若采用软连接方式，结构设计要合理，避免因晃动短接导致测量异常引起直流闭锁。 （5）电磁抗扰度：抗干扰性能应符合标准要求，通过电磁兼容试验，获得相应的评价标准	检查记录表		/
8	施工阶段	外观检查	底座、支架牢固，无倾斜变形	检查记录表		/
9	施工阶段	本体安装	（1）传感环型互感器均压环安装时，应注意上下层均压环的横支架一侧为绝缘材质，以避免金具与通流回路形成两点接触，形成分流回路。 （2）多节绝缘支柱互感器起吊安装时应均匀受力，除了互感器两端吊点外，应适当增加辅助吊点避免起吊过程中绝缘支柱弯曲受损。 （3）安装过程中，应确保互感器安装方向与施工安装图纸一致，安装完成后应检查确认设备处于竖直状态	检查记录表		/
10	施工阶段	电缆、光缆敷设	（1）需线缆入地的互感器，线缆转接箱至互感器本体之间线缆、线缆转接箱至屏柜之间的线缆均应采用预埋线缆引管保护，严禁线缆无保护入地。 （2）预埋引道应具备良好的密闭性能和防锈蚀能力；管道需要现场焊接加长时，应确保焊接点的密闭性能和整体的防水性能；管道应按设计要求设置排水坡度。 （3）管道敷设时，应确保穿管口高出硬化地面至少 10cm 且与基础固定牢靠，防止地面沉降引发穿管下沉。 （4）管道敷设之后，应对管道口采取防护措施进行临时封堵，避免异物、雨水等进入管道，影响后期施工和产品运行安全	检查记录表		/

续表

序号	阶段	管理内容	管控要点	管理资料	监理	业主
11	施工阶段	电缆、光纤接线要求	（1）本体自带调制电缆的内外屏蔽只在设备底座处单端接一次地，在转接箱内不接地，同时需做好绝缘处理避免意外接地。此外，需保证调制电缆有效双绞至接线端子处。 （2）本体自带调制电缆与调制器中继电缆的内外屏蔽层之间需保证良好绝缘。 （3）调制罐引出电缆内外屏蔽应在调制罐内可靠接地。 （4）线缆转接箱内光纤应由专业人员使用专用藤仓牌熔接机，熔接时保证满足环境要求，光纤熔接点损耗低于 0.04dB 以下。 （5）光纤熔接完成后均应对熔点进行红光检查，可以有效识别熔点周围光纤涂覆层是否受损伤	检查记录表		/
12		光纤衰耗测试	满足产品技术规范书要求，最大允许衰减不大于 6dB	试验记录		/
13	验收阶段	外观检查	（1）本体及支架外涂漆层清洁、无锈蚀、漆膜完好、色彩一致，无影响设备运行的异物附着。 （2）底座、支架牢固，无倾斜变形	检查记录表		/
14		硅橡胶绝缘子	（1）表面清洁、无裂纹及破损，无影响设备运行的障碍物、附着物等。 （2）硅橡胶绝缘子应无龟裂、起泡和脱落。 （3）绝缘子垂直度应符合要求	检查记录表		/
15		试验	（1）设备厂家调试完成后固化软件版本并记录，软件版本更新或更改需按照国家电网相关管理规定走审批手续。 （2）极性检查：一次回路注入直流电流，检查极性应与端子标志及图纸一致。 （3）测量精度试验：一次回路注入直流电流，检查精度满足技术规范书要求。 （4）接触电阻：测量主通流回路接头直流电阻直流场不应超过 15$\mu\Omega$	检查记录表		

续表

序号	阶段	管理内容	管控要点	管理资料	监理	业主
16	验收阶段	接地	（1）应保证有两根与主接地网不同地点连接的接地引下线。 （2）互感器的外壳接地牢固可靠	检查记录表		/
17		资料验收	（1）安装使用说明书、出厂报告。 （2）交接试验报告和特殊试验报告	验收记录		/

（二）直流电流测量装置安装工艺流程控制卡

1. 零磁通电流互感器安装工艺流程控制卡

序号	项目	作业内容	控制要点及标准	检查结果	厂家代表	施工		监理	业主	运行
						作业负责人	质检员			
1	基础复测	基础检查	（1）标高符合设计要求。 （2）基础表面是否清洁						/	/
2	开箱清点	开箱检查	根据厂家提供的装箱清单核对设备到货情况以及设备是否破损						/	/
3	总安装	设备支架安装	安装前清除杯口内的泥土或积水后进行二次灌浆，灌浆时用振捣棒振实，不得碰击木楔，并及时留置试块						/	/
4		吊装就位	吊装应严格按产品技术规定进行，不得损伤绝缘伞裙和光纤；装置垂直度、水平度误差应符合产品技术规定						/	/
5		螺栓紧固	符合设计的力矩要求						/	/

续表

序号	项目	作业内容	控制要点及标准	检查结果	厂家代表	施工		监理	业主	运行
						作业负责人	质检员			
6	电缆施工	电缆敷设	（1）电缆的最小弯曲半径不小于20倍的电缆外径。 （2）光纤的最小弯曲半径应不小于10cm						/	/
7		电缆接线	一个接线端子不得同时接多根电缆						/	/
8		电缆保护管敷设	（1）电缆保护管内部无堵塞且内壁光滑、管内无积水。 （2）管道敷设时，应确保穿管口高出硬化地面至少10cm且固定牢靠，防止地面沉降引发穿管下沉						/	/
9	交接试验	极性检查	（1）一次回路注入直流电流，检查极性应与端子标志一致。 （2）厂家数/电转换、合并单元等模块软件版本进行记录固化。完成分系统试验后，如需对软件版本或参数进行调整，需按照更改管理规定严格执行			/	/			
10		测量精度试验	一次回路注入直流电流，检查精度满足技术规范书要求			/	/			
11		接触电阻测量	主通流回路接头直流电阻直流场不应超过15μΩ，阀厅不超过10μΩ			/	/			
12		绝缘电阻测量	测量一次绕组对二次绕组及外壳、各二次绕组间及其对外壳的绝缘电阻，由于结构原因而无法测量时可不进行。绝缘电阻不宜低于1000MΩ							

2. 光电流互感器安装工艺流程控制卡

序号	项目	作业内容	控制要点及标准	检查结果	厂家代表	施工		监理	业主	运行
						作业负责人	质检员			
1	基础复测	基础检查	（1）安装单位、制造厂负责检查基础表面清洁程度，负责检查构筑物的预埋件应符合设计要求。 （2）预埋件平整度偏差≤2mm						/	/
2	开箱清点	开箱检查	设备到货后，需要由厂家协同安装单位负责将设备开箱清点并做好记录，并将易碎件等不能保存户外的附表，移交给安装单位放入库房进行保管，根据厂家提供的装箱清单核对设备到货情况以及设备是否破损							
3	总装配	吊装	当绝缘子长度超过5m时，现场吊装搬运时宜三点受力搬运。吊点选择满足产品技术要求						/	/
		紧固件检查	各类螺栓力矩值满足设计要求						/	/
		垂直度检查	符合厂家技术文件要求						/	/
		安装互感器关节抱箍	应保持两端绝缘支柱位于同一水平轴线上，确保关节法兰处密封圈位于抱箍凹槽内，禁止安装连接件时生敲硬击						/	/
4	设备安装	均压环安装	均压环安装应水平，表面光滑无毛刺，在最低点打不大于ϕ8mm泄水孔						/	/

续表

序号	项目	作业内容	控制要点及标准	检查结果	厂家代表	施工		监理	业主	运行
						作业负责人	质检员			
4	设备安装	传感环型互感器均压环安装	应注意上下层均压环的横支架一侧为绝缘材质，以避免金具与通流回路形成两点接触，形成分流回路						/	/
		多节绝缘支柱互感器起吊	起吊时应均匀受力，除了互感器两端吊点外，应适当增加辅助吊点，避免起吊过程中绝缘支柱弯曲受损						/	/
		不锈钢螺栓安装	应进行润滑防锁死处理						/	/
5	光纤及电缆施工	电缆敷设	（1）电缆的最小弯曲半径不小于 20 倍的电缆外径。 （2）光纤的最小弯曲半径不应小于 10cm						/	/
		电缆接线	一个接线端子不得同时接多根电缆						/	/
		光纤熔接	光纤熔接点损耗低于 0.04dB						/	/
		电缆保护管敷设	（1）电缆保护管内部无堵塞且内壁光滑、管内无积水。 （2）管道敷设时，应确保穿管口高出硬化地面至少 10cm 且固定牢靠，防止地面沉降引发穿管下沉						/	/
6	交接试验	接触电阻测量	主通流回路接头直流电阻直流场不应超过 15μΩ，阀厅不超过 10μΩ						/	/

续表

序号	项目	作业内容	控制要点及标准	检查结果	厂家代表	施工		监理	业主	运行
						作业负责人	质检员			
7	交接试验	极性检查	（1）一次回路注入直流电流，检查极性应与端子标志相一致，与图纸一致。 （2）厂家数/电转换、合并单元等模块软件版本进行记录固化。完成分系统试验后，如需对软件版本或参数进行调整，需按照更改管理规定严格执行							
8		光参数检查	一次回路注入直流电流，检查光参数工作正常						/	/
9		光纤衰耗测试	满足产品技术规范书要求，最大允许衰减不大于 6dB						/	/

十七、电缆敷设关键工序管控表、工艺流程控制卡

（一）电缆敷设关键工序管控表

序号	阶段	管理内容	管控要点	管理资料	监理	业主
1	准备阶段	施工图审查	（1）电缆及电缆构筑物的防火方式是否与初步设计审批文件一致。 （2）各种类型电缆在电缆构筑物中的排列顺序、电缆之间的距离要求、电缆敷设深度、电缆及电缆的弯曲半径要求以及电缆防火要求等是否进行了说明。 （3）电缆清册应完整齐备，特别是二次专业提供的相关电缆。 （4）端子排电缆设计，强、弱电电缆是否分开	施工图预检记录表、施工图纸交底纪要、施工图会检纪要		

续表

序号	阶段	管理内容	管控要点	管理资料	监理	业主
2	准备阶段	方案审查	（1）电缆敷设排版图。 （2）安全文明施工区域布置。 （3）电缆敷设工艺流程。 （4）电缆支架、桥架及电缆埋管路径检查。 （5）电缆到货验收、质量检验。 （6）电缆头制作工艺检查。 （7）电缆接地线安装工艺检查。 （8）电缆转弯半径、防火封堵要求检查。 （9）安全保证措施检查。 （10）电磁屏蔽封堵工艺要求	项目管理实施规划/（专项）施工方案报审表、文件审查记录表		
3	准备阶段	标准工艺实施	（1）电缆敷设执行国家电网有限公司标准工艺“全站电缆施工”要求。 （2）检查施工图纸中标准工艺内容齐全。 （3）检查施工过程标准工艺执行	标准工艺应用记录		/
4	准备阶段	人员交底	所有作业人员均完成技术交底并签字	人员培训交底记录		/
5	准备阶段	设备进场	（1）供应商资质文件（营业执照、安全生产许可证、产品的检验报告、企业质量管理体系认证或产品质量认证证书）齐全，包括：电缆、接地铜排、接地线、桥架、支架、镀锌管等。 （2）材料质量证明文件（包括产品出厂合格证、检验、试验报告）完整，包括：电缆、接地铜排、接地线、桥架、支架、镀锌管等。 （3）复检报告合格（包括：电缆是否钢铠受潮、铜屏蔽层、电缆芯线、电缆绝缘情况等）	甲供主要设备（材料/构配件）开箱申请表、乙供主要材料及构配件供货商资质报审表、乙供工程材料/构配件/设备进场报审表		

续表

序号	阶段	管理内容	管控要点	管理资料	监理	业主
6	准备阶段	反措要求	（1）新投运变电站不同站用变压器低压侧至站用电屏的电缆应尽量避免同沟敷设，对无法避免的，则应采取防火隔离措施。 （2）直流电源系统应采用阻燃电缆。两组及以上蓄电池组电缆，应分别铺设在各自独立的通道内，并尽量沿最短路径敷设	检查记录表		/
7	施工阶段	外观验收	（1）电缆两端应用防水密封套密封，密封套和电缆的重叠长度不应小于200mm。 （2）电缆外观无损伤、封端严密。当外观检查有怀疑时，应进行潮湿判断，绝缘电阻测试应合格。 （3）热镀锌支架镀锌层应完好，铁件无扭曲、变形，支架规格、型号及各层间距离应与施工图纸一致。 （4）镀锌钢管镀锌层完好，无穿孔、裂缝和显著的凹凸不平，内壁应光滑。 （5）资料：安装使用说明书、试验报告齐全	检查记录表		/
8		电缆支架安装	（1）电缆沟内焊接部位应作防腐处理。 （2）当直线段安装钢制电缆桥架超过30m、铝合金或玻璃钢制电缆桥架超过15m时，应有伸缩装置，其连接宜采用伸缩连接板；电缆桥架跨越建筑物伸缩缝处应设置伸缩装置	检查记录表		/
9		支架电缆敷设	（1）电缆排列应符合设计图纸要求。 （2）交流动力电力电缆，在普通支架上敷设不宜超过1层。 （3）直线段电缆在支架上不应出现弯曲或下垂现象，转角处应增加绑扎点；最底层电缆距地面高度应在100mm以上，电缆绑扎带间距均匀、缠绕方向一致，绑扎线头应隐蔽向下	检查记录表		/

续表

序号	阶段	管理内容	管控要点	管理资料	监理	业主
10	施工阶段	电缆穿管及敷设	（1）电缆保护管应与主地网可靠连接，接地导通良好，保护管管口不得穿入电缆沟内。 （2）在孔隙口及电缆周围采用有机堵料进行密实封堵，电缆周围的有机堵料厚度不得小于20mm。用防火包填充或无机堵料浇筑，塞满孔洞。电缆管口封堵露出管口厚度≥10mm。 （3）电缆保护管与设备基础、电缆沟进行刚性连接，避免场地沉降带动电缆保护管一起沉降。 （4）动力电缆与控制电缆之间应设置层间耐火隔板	检查记录表		/
11	验收阶段	实体检查	（1）终端表面干净、无污秽、密封完好，终端绝缘管材无开裂，套管及支撑绝缘子无损伤。 （2）电气连接点固定件无松动、无锈蚀，电缆头接线端子材料应选择正确，压接可靠，单芯电缆终端头端子接引应使用双螺栓固定。 （3）电缆终端应有固定支撑。 （4）新建电缆工程不能安装电缆中间接头。 （5）标牌及标识清晰、明确，标牌应写明起止设备名称、电缆型号、长度等信息。 （6）电缆按要求涂刷防火涂料。 （7）单芯电缆固定应采用非导磁性固定夹具将电缆固定在电缆支架上。 （8）室外构架电缆必须加装防撞护套。 （9）室外电缆终端应有防水措施。 （10）地线连接紧固可靠。 （11）接地扁铁无锈蚀。 （12）孔洞封堵完好。 （13）相序标识清晰正确	验收记录		
12	验收阶段	资料验收	（1）安装使用说明书、出厂报告。 （2）交接试验报告和特殊试验报告	验收记录		/

（二）电缆敷设工艺流程控制卡

序号	项目	作业内容	控制要点及标准	检查结果	厂家代表	施工		监理	业主	运行
						作业负责人	质检员			
1	施工准备	施工准备	（1）吊车、电焊机、安全工器具、其他小型工器具等准备齐全、验证合格。 （2）应注意线盘上标明的放线方向。保证电缆出线从电缆盘的上端引出		/				/	/
2	材料进场检查	材料检查	（1）电缆外观无损伤、封端严密。 （2）热镀锌支架镀锌层应完好，铁件无扭曲、变形，支架规格、型号及各层间距离应与施工图纸一致。 （3）通长扁钢合格证齐全，质量完好。 （4）复合支架质保资料应齐全，外观无裂痕、破损、色差。 （5）镀锌钢管质量证明文件齐全，镀锌层完好，无穿孔、裂缝和显著的凹凸不平，内壁应光滑。 （6）用于直埋沟垫层的材料应采用软土或沙子，其中不应有石块或其他硬质杂物		/				/	/
3	电缆埋管及敷设	钢管弯制	（1）电缆保护管的内径，不应小于电缆外径或多根电缆包络外径的1.5倍。 （2）每根电缆管的弯头不应超过3个，直角弯不应超过2个。 （3）电缆管需与就近基础进行焊接防沉降。 （4）电缆管切割后必须进行钝化处理，以防损伤电缆，切割部位应进行防腐处理		/				/	/

续表

序号	项目	作业内容	控制要点及标准	检查结果	厂家代表	施工		监理	业主	运行
						作业负责人	质检员			
3	电缆埋管及敷设	钢管配置及接地	（1）电缆保护管埋设深度不应小于0.5m，在排水沟下方通过时，距排水沟不宜小于0.3m。 （2）电缆保护管水平敷设时，应排列整齐，走向一致，排管之间固定牢固，管路不应有纵横交叉等现象。 （3）进入机构箱的电缆管应与基础固定支撑，其埋入地下水平段下方的回填土必须夯实，避免因地面下沉造成电缆管受力造成机构箱下沉。 （4）电缆保护管严禁对接焊，宜采用套管焊接的方式，套接的短套管长度不应小于电缆管外径的2.2倍，焊接完成后进行防腐处理。 （5）电缆保护管应与主地网可靠连接，接地导通良好		/				/	/
		电缆穿设	（1）电缆穿管时不应破坏电缆外绝缘层、不应扭绞，穿管应顺畅，管内应无积水、泥土等杂物。 （2）电缆敷设在导管中应避免有接头，当电缆敷设路径较长，确实需要接头时，应将接头放在电缆井和支架上，并做好记录。 （3）电缆号牌绑扎应用专用尼龙扎带或扎线。不可用铁丝、棉线、胶布等绑扎。电缆号牌绑扎应牢固，固定方式一致，高度一致，号牌正面统一朝外		/				/	/

续表

序号	项目	作业内容	控制要点及标准	检查结果	厂家代表	施工		监理	业主	运行
						作业负责人	质检员			
3	电缆埋管及敷设	钢管覆盖	（1）检查电缆保护管接地可靠，焊接部位防腐规范，穿管固定牢靠。 （2）电缆保护管回土覆盖时，沟内及回填土不得含有体积较大的硬质渣石，回填后进行适当夯实、平整		/				/	/
4	直埋电缆开挖	直埋沟开挖	（1）电缆沟深度0.7m，宽度应根据电缆数量确定，同时应保证电缆转弯处有足够的转弯半径。 （2）开挖后对沟底、沟壁进行清理修复		/					
		沟底垫层施工	（1）沟底整平后，进行底部垫层施工。 （2）垫层厚度100mm，其中不应有石块或其他硬质杂物		/				/	/
5	电缆设施安装及电缆敷设	电缆支架安装	（1）电缆沟内焊接部位应作防腐处理。 （2）通长扁铁与预埋件接触部位上下两边均应满焊，扁钢与扁钢搭接头宜采取冷弯，保持平滑过渡。 （3）电缆沟通长扁铁经过伸缩缝处，应做伸缩处理		/				/	/
		电缆敷设	（1）按电缆施放清单策划路径，由长至短进行电缆敷设，减少交叉。同一层宜摆放同一种规格或外径的电缆。 （2）电缆排列应符合施工图纸要求，电缆支架最上层敷设高低压电力电缆，底部敷设防火隔板，强电、弱电控制电缆，信号及通信电缆依次由上而下依次顺序敷设。		/				/	/

续表

序号	项目	作业内容	控制要点及标准	检查结果	厂家代表	施工		监理	业主	运行
						作业负责人	质检员			
5	电缆设施安装及电缆敷设	电缆敷设	（3）交流动力电力电缆，在普通支架上敷设不宜超过1层。 （4）电缆应从盘的上端引出，施放过程防止电缆外护层受到磨损。 （5）电缆敷设时应排列整齐，不宜交叉，应及时固定，并在电缆两端装设临时标识牌。 （6）直线段电缆在支架上不应出现弯曲或下垂现象，转角处应增加绑扎点；最底层电缆距地面高度应在100mm以上，绑扎线头应隐蔽向下。 （7）电缆敷设前应对电缆始端进行防护包裹，防止敷设过程中端头受损、受潮。 （8）电缆敷设时，电缆小沟转弯处、过渡管口、道口处应采取防护措施，以免损伤电缆外护套。 （9）单芯动力电缆三相必须按品字形排列。控制电缆允许多层排列，但不宜超过桥架或支架的允许充满度。 （10）电缆最小弯曲半径满足标准工艺要求。 （11）电力电缆与控制电缆不得穿入同一保护管。 （12）交流单芯电缆不得穿入闭合的钢管内		/				/	/

续表

序号	项目	作业内容	控制要点及标准	检查结果	厂家代表	施工		监理	业主	运行
						作业负责人	质检员			
6	直埋电缆回填	土方回填	（1）电缆回填前，应通知监理进行隐蔽工程验收，经验收合格后方可回填。 （2）回填土应分层夯实		/					
		标识桩设置	直埋电缆每隔50～100m处、电缆接头、转弯、进入建筑物处等部位应设置明显的标识		/					
7	电缆敷设尾工	电缆整理	（1）电缆绑扎应整齐、牢固，表层无污染物。 （2）电缆标识牌，绑扎牢固，排列整齐		/				/	/

十八、控保设备安装及二次接线关键工序管控表、工艺流程控制卡

（一）控保设备安装及二次接线关键工序管控表

序号	阶段	管理内容	管控要点	管理资料	监理	业主
1	准备阶段	施工图审查	（1）屏柜基础误差应满足设计图纸及产品技术文件的要求。 （2）屏柜预埋件、电缆敷设沟道位置正确，符合国家规范及设计图纸及产品技术文件的要求	施工图预检记录表、施工图纸交底纪要、施工图会检纪要		
2		方案审查	（1）人员组织、小型工器具、安全用具准备情况。 （2）安全文明施工区域布置。 （3）屏柜安装、固定、接地。 （4）附件安装。 （5）电缆布置、标识。 （6）芯线整理、布置、标识。 （7）屏蔽处理。 （8）封堵施工	项目管理实施规划/（专项）施工方案报审表、文件审查记录表		

续表

序号	阶段	管理内容	管控要点	管理资料	监理	业主
3	准备阶段	标准工艺实施	（1）执行《国家电网有限公司输变电工程标准工艺　变电工程电气分册》"主控及直流设备安装"要求。 （2）检查施工图纸中标准工艺内容齐全。 （3）检查施工过程标准工艺执行	标准工艺应用记录		/
4		人员交底	所有作业人员（包括厂家人员）均完成技术交底并签字	人员培训交底记录		/
5		设备进场	（1）供应商资质文件齐全（营业执照、安全生产许可证、产品的检验报告、企业质量管理体系认证或产品质量认证证书），包括：电缆、铜排、铜缆、扁钢、封堵。 （2）材料质量证明文件完整（包括产品出厂合格证、检验、试验报告），包括：屏柜、电缆、铜排、铜缆、扁钢、封堵	甲供主要设备（材料/构配件）开箱申请表、乙供主要材料及构配件供货商资质报审表、乙供工程材料/构配件/设备进场报审表		/
6		反措要求	（1）在保护室屏柜下层的电缆室（或电缆沟道）内，将铜排（缆）的首端、末端分别连接，形成保护室内的等电位地网。该等电位地网应与变电站主地网一点相连，连接点设置在保护室的电缆沟道入口处。 （2）为防止地网中的大电流流经电缆屏蔽层，应在开关场二次电缆沟道内沿二次电缆敷铜排（缆）；铜排（缆）的一端在开关场的每个就地端子箱处与主地网相连，另一端在保护室的电缆沟道入口处与主地网相连，铜排不要求与电缆支架绝缘。 （3）接有二次电缆的开关场就地端子箱内应设有铜排，二次电缆屏蔽层、保护装置及辅助装置接地端子、屏柜本体通过铜排接地。 （4）由一次设备直接引出的二次电缆的屏蔽层应使用截面不小于4mm多股铜质软导线仅在就地端子箱处一点接地，在一次设备的接线盒（箱）处不接地，二次电缆经金属管从一次设备的接线盒（箱）引至电缆沟，并将金属管的上端与一次设备的底座或金属外壳良好焊接，金属管另一端应在距一次设备3～5m之外与主接地网焊接	检查记录表		/

续表

序号	阶段	管理内容	管控要点	管理资料	监理	业主
7	施工阶段	开箱检查	（1）屏柜应存放在室内，或能避风、雪、雨、沙的干燥场所，并采取防倾倒措施。 （2）产品与技术规范书或技术协议中关于厂家、型号、规格等描述一致，产品外观检查良好。 （3）主铭牌、标识牌信息完整。 （4）资料：安装使用说明书、试验报告齐全	检查记录表		/
8		屏柜就位	（1）屏柜吊装轻吊轻放，倒运过程对屏柜外表油漆及玻璃柜门采取保护措施，避免造成损伤。 （2）屏柜安装要牢固可靠，采用螺栓固定。 （3）屏柜固定螺栓与屏柜底部预留安装螺孔保持匹配。 （4）成列屏柜检查顶部误差	检查记录表		/
9		屏柜接地	（1）屏柜框架和底座接地良好。 （2）屏柜内二次接地铜排使用软铜线与专用接地铜排可靠连接。 （3）屏柜可开启门应用软铜线与屏柜框架做可靠连接。 （4）静态保护和控制装置屏柜内宜设置接地铜排，其预留接地孔满足使用需求	检查记录表		/
10		电缆排列	（1）引入屏柜的电缆排列应整齐，尽量避免交叉，直径相近的电缆应尽可能布置在同一层。 （2）电缆排列宽度合理，留有接线空间，避免离端子排过近，不便于接线	检查记录表		/
11		电缆固定	（1）电缆排列成束后，宜制作卡具进行固定，在卡具与电缆之间放置护垫，避免电缆受力变形。 （2）金属卡具及固定螺栓制作过程切割面应作钝化和防腐处理	检查记录表		/

续表

序号	阶段	管理内容	管控要点	管理资料	监理	业主
12	施工阶段	电缆头制作	（1）各屏、柜、箱的电缆头制作后的高度应一致。 （2）电缆屏蔽层应可靠接地，在端子箱处使用软铜线单端连接至等电位铜排上。 （3）电缆头制作时缠绕密实、牢固，热缩管长度一致，并与电缆外径匹配	检查记录表		/
13		芯线核对	（1）电缆号头管与芯线应匹配，长度一致、字体统一、清晰，标识准确。 （2）芯线两侧准确核对后及时套入号头管，并防止脱落	检查记录表		/
14		二次接线	（1）屏柜（箱）内的电缆芯线，顺直后排列整齐。 （2）采取线槽接线方式的屏柜（箱），每根电缆的芯线也应单独成束引入槽盒。 （3）芯线接入端子排时，要求弧度自然、一致，芯线保持水平。 （4）多股芯线接线时，应使用与芯线匹配的线鼻，压接牢固。 （5）不同截面芯线不允许接在同一个接线端子上。 （6）配线应整齐、清晰并标识	检查记录表		/
15		屏蔽线接地	屏蔽线连接紧固、接地良好、排列自然美观	检查记录表		/
16		电缆挂牌	电缆挂牌标识正确、字迹清晰、固定牢固、整齐美观	检查记录表		/
17		备用芯护套加装	（1）备用芯应留至端子最远处，高度一致。 （2）备用芯绑扎整齐，并标明电缆型号及编号。 （3）芯线导体不得外漏，备用芯护套与线芯匹配	检查记录表		/
18		封堵施工	在预留的屏柜孔洞底部铺设厚度为 10mm 的防火板，在孔隙口用无机防火堵料进行密实封堵，用防火包填充或无机防火堵料浇注，塞满孔洞	检查记录表		/

续表

序号	阶段	管理内容	管控要点	管理资料	监理	业主
19	验收阶段	实体检查	（1）屏柜基础平行预埋槽钢垂直度偏差、平行间距误差、单根槽钢平整度及平行槽钢整体平整度误差复测。 （2）检查屏柜外观面漆无明显剐蹭痕迹，外壳无变形，屏柜面和门把手完好，内部电气元件固定无松动。 （3）相邻屏柜以每列已组立好的第一面屏柜为齐，使用厂家专用螺栓连接，调整好屏柜之间缝隙后紧固底部连接螺栓和相邻屏柜连接螺栓，紧固件应经防腐处理，所有安装螺栓紧固可靠。 （4）屏柜（箱）框架和底座接地良好，有防震垫的屏柜每列屏有两点以上明显接地。 （5）屏柜内应分别设置接地母线和等电位屏蔽母线，有接地标识。 （6）屏柜可开启门有软铜导线做可靠连接接地。 （7）电缆号牌、芯线和所配导线的端部的回路编号应正确，字迹清晰且不易褪色。 （8）电缆芯线接线应准确、连接可靠，绝缘符合要求，屏柜内导线不应有接头，导线与电气元件间连接牢固可靠。 （9）备用芯应满足端子排最远端子接线要求，应套标有电缆编号的号码管，且线芯不得裸露。 （10）电缆进入屏柜内部孔洞处防火封堵施工到位	验收记录		/
20		资料验收	（1）安装使用说明书、出厂报告。 （2）交接试验报告和特殊试验报告	验收记录		/

（二）控保设备安装及二次接线工艺流程控制卡

<table>
<tr><th rowspan="2">序号</th><th rowspan="2">项目</th><th rowspan="2">作业内容</th><th rowspan="2">控制要点及标准</th><th rowspan="2">检查结果</th><th rowspan="2">厂家代表</th><th colspan="2">施工</th><th rowspan="2">监理</th><th rowspan="2">业主</th><th rowspan="2">运行</th></tr>
<tr><th>作业负责人</th><th>质检员</th></tr>
<tr><td rowspan="4">1</td><td rowspan="4">施工准备</td><td>施工准备</td><td>吊车、电钻、平板移动器、安全工器具、其他小型工器具等准备齐全、验证合格</td><td></td><td></td><td></td><td></td><td></td><td>/</td><td>/</td></tr>
<tr><td>基础复测</td><td>（1）基础型钢与主地网明显且不少于两点可靠连接。
（2）屏柜型钢基础水平误差<1mm/m，全长水平误差<5mm。
（3）屏柜型钢基础不直度误差<1mm/m，全长不直度误差<5mm。
（4）屏柜位置型钢基础误差及不平行度全长<5mm。
（5）预留孔洞位置、外形尺寸满足施工图纸要求</td><td></td><td></td><td></td><td></td><td></td><td>/</td><td>/</td></tr>
<tr><td>安装环境检查</td><td>（1）控保屏柜存储于温/湿度严格受控的环境，严格防止潮气，锈蚀，淋雨。
（2）保证室内环境洁净，不进行任何室内产生灰尘的工作，避免灰尘危害电子设备，影响设备寿命。
（3）合并单元对环境要求高，没有工作时保持柜门关闭</td><td></td><td></td><td></td><td></td><td></td><td>/</td><td>/</td></tr>
<tr><td>开箱检查</td><td>依据产品装箱清单清点合格证、出厂试验报告、安装说明书、备品备件及专用工器具应齐全</td><td></td><td></td><td></td><td></td><td></td><td>/</td><td>/</td></tr>
<tr><td>2</td><td>屏柜安装</td><td>本体安装</td><td>（1）依据施工图纸及厂家技术文件核对屏柜型号及电气装置，准确就位。
（2）屏柜安装要牢固可靠，应采用螺栓固定，不得与基础型钢焊接固定。
（3）屏柜四脚固定螺栓与屏柜底部预留安装螺孔保持匹配，固定螺栓应采用镀锌螺栓。</td><td></td><td></td><td></td><td></td><td></td><td>/</td><td>/</td></tr>
</table>

续表

序号	项目	作业内容	控制要点及标准	检查结果	厂家代表	施工		监理	业主	运行
						作业负责人	质检员			
2	屏柜安装	本体安装	（4）成列屏柜顶部误差＜5mm，屏柜面误差应满足相邻两盘面＜1mm，成列盘面＜5mm，盘（柜）间接缝＜2mm。 （5）屏柜安装结束外观应完好、无损伤，内部电器元件固定牢固						/	/
		盘柜接地	（1）屏柜框架和底座接地良好。 （2）柜内二次接地铜排应用截面积不小于 $50m^2$ 黄绿软铜线与专用接地铜排可靠连接。 （3）屏柜可开启门应用软铜线与屏柜框架可靠连接。 （4）屏柜可开启门用端部压接有终端附件的多股软铜导线（截面不小于 $4mm^2$）可靠与金属构架接地						/	/
3	防火封堵	盘柜底部封堵	盘、柜底部以厚度≥10mm 防火板封隔，隔板安装平整牢固，安装中造成的工艺缺口、缝隙使用有机堵料密实地嵌于孔隙中，并做线脚，线脚厚度≥10mm，宽度≥20mm，电缆周围的有机堵料的宽度≥40mm，呈几何图形，面层平整						/	/
4	施工准备	工器具检车及图纸核对	（1）标签机、号头机、挂牌打印机、二次接线工具及消耗性材料准备齐全、验证合格。 （2）根据原理图核对二次接线图；依据盘柜（箱）内电缆根数、型号、接线空间进行二次接线工艺策划						/	/

续表

序号	项目	作业内容	控制要点及标准	检查结果	厂家代表	施工		监理	业主	运行
						作业负责人	质检员			
5	电缆进入盘柜施工	电缆排列	（1）引入盘柜（箱）的电缆排列应整齐，尽量避免交叉，直径相近的电缆应尽可能布置在同一层。 （2）电缆排列宽度合理，留有接线空间，避免离端子排过近，不便于接线						/	/
6	电缆终端制作	电缆固定	（1）金属卡具及固定螺栓制作过程切割面应作钝化和防腐处理。 （2）金属卡具固定时，在卡具与电缆之间放置护垫，避免电缆受力变形						/	/
		电缆头制作	（1）各屏、柜、箱的电缆头制作后的高度应一致，二次接线电缆头应高出屏（箱）底部100～150mm。 （2）电缆钢铠、屏蔽层剥离时不应损伤电缆芯线、绝缘层。 （3）钢带接地应采用单独的接地线引出，不宜和电缆的屏蔽层在同一位置引出。 （4）电缆屏蔽层应可靠接地。 （5）户外短电缆屏蔽层在端子箱处使用截面积不小于4mm^{2}的多股软铜线单端可靠连接至等电位铜排上						/	/
7	二次回路接线	芯线核对	（1）电缆号头管与芯线应匹配，长度一致、字体统一、清晰，标识准确。 （2）芯线两侧准确核对后及时套入号头管，并防止脱落						/	/

续表

序号	项目	作业内容	控制要点及标准	检查结果	厂家代表	施工		监理	业主	运行
						作业负责人	质检员			
7	二次回路接线	二次接线	（1）每根电缆应单独成束绑扎，成排电缆应绑扎紧密，扎带间距统一（15～20cm），成排电缆的扎带应顺序扣接在一起，扎带的接头应转在内侧。 （2）采取线槽接线方式的屏柜（箱），每根电缆的芯线也应单独成束引入槽盒。 （3）螺栓式端子，接线鼻弯制方向与紧固方向相同，大小与螺栓保持一致，两根芯线并接时，中间应加平垫片。 （4）多股芯线接线时，应使用与芯线匹配的线鼻，压接牢固。 （5）每个接线端子不得超过两根接线，不同截面芯线不允许接在同一个接线端子上						/	/
		屏蔽线接地	（1）保证一个接地螺栓上安装不超过2个接地线鼻子要求。 （2）信号接地宜采用并联一点接地方式						/	/
		标识设置	电缆挂牌标识正确、字迹清晰、固定牢固、整齐美观						/	/
		备用芯护套加装	（1）备用芯应留至端子最远处，预留长度一致。 （2）备用芯绑扎整齐，并标明电缆型号及编号。 （3）芯线导体不得外漏，备用芯护套与线芯匹配						/	/

续表

序号	项目	作业内容	控制要点及标准	检查结果	厂家代表	施工		监理	业主	运行
						作业负责人	质检员			
8	控保设备及二次接线验收	各输入输出信号检查	按照设计图纸，逐一核对各控制保护接口柜各输入/输出信号。确保所有信号与设计图纸一致							
		二次回路及屏柜检查	确保所有二次接线满足绝缘要求。保证柜内接线整齐，等电位接地满足要求，环境洁净							
		各接口信号检查	核实控保系统与阀控系统、水冷系统、换流变压器TEC接口、火灾报警系统的接口状态，确保接口通信状态正常、准确							
		远动、远传系统信号核对	确保现场与各级调度通信状态，核实远传点表，保证与各级调度信号传输准确无误							
		控保装置无异常告警	核查直流控保范围内柜内装置无异常告警、装置运行正常							
		跳闸出口检查	确保站内控保系统相关保护跳闸回路接线正确，保护动作能够正确跳开对应开关							
9		二次接线工艺	检查二次接线工艺满足标准工艺要求，接线牢固，不松动							
10		屏柜封堵	逐个检查屏柜封堵满足防火及标准工艺要求							
11		接地工艺	逐个检查等电位接地工艺满足标准工艺要求							

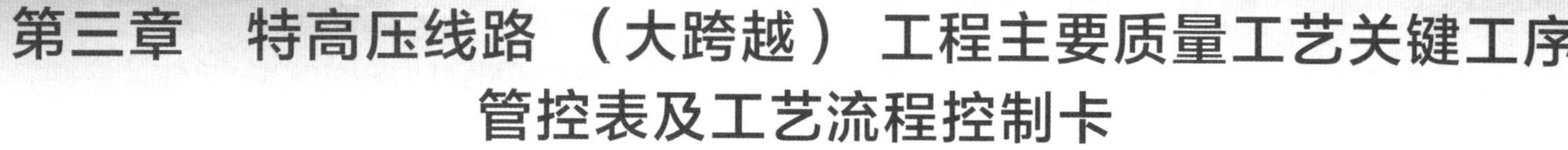

第三章 特高压线路（大跨越）工程主要质量工艺关键工序管控表及工艺流程控制卡

第一节 基础及接地工程

一、灌注桩基础施工关键工序管控表、工艺流程控制卡

（一）灌注桩基础施工关键工序管控表

序号	阶段	管理内容	管控要点	管理资料	监理	业主
1	准备	施工图审查	（1）设计标高与现场标高是否相符。 （2）图纸转角度数、横担方向、线路方向、转角塔基础预高等是否标明，与现场实际是否相符，审查基础图纸尺寸与杆塔图纸的契合度。 （3）灌注桩施工方式、终孔条件、孔深、孔径等是否符合规范要求。 （4）钢筋型号、使用量、钢筋安装方式是否满足现场施工需求。 （5）图纸地质描述与地勘报告是否一致，相应探孔位置是否明确。 （6）混凝土强度要求、桩头与承台连接方式是否明确详细	图纸预检记录、设计图纸交底纪要、施工图会检纪要		
2		方案审查	（1）方案设计是否合理，是否具有可行性。 （2）使用商品混凝土时，商品混凝土使用的原材料检测要求是否符合规范要求。 （3）对钢筋加工、套丝、制弯、绑扎要求是否符合规范要求。 （4）孔深、孔径、泥浆比重控制措施是否得当。沉渣控制（一次清孔、二次清孔）措施是否完善。 （5）钢筋笼吊装控制、标高控制措施是否满足图纸及规范要求。 （6）浇筑高度控制（带承台的桩头凿除后保证混凝土质量）措施是否具备可执行性，控制措施是否完善。	方案审查记录、方案报审表、专项方案审查纪要		

续表

序号	阶段	管理内容	管控要点	管理资料	监理	业主
2	准备	方案审查	(7)特殊施工工艺，针对特殊地质采取的特殊施工工艺(CT 探孔、声测管埋设、注浆、灌填等)，是否进行详细阐述，施工措施与安全、质量、技术控制措施是否得当，是否具备可执行性。 (8)桩基检测(高应变、低应变、静载试验、取芯试验)等是否详细阐述说明并满足规程规范要求，检测桩位和检测措施满足施工要求	方案审查记录、方案报审表、专项方案审查纪要		
3		实测实量	(1)实测实量验收项目包含基建安质〔2021〕27 号文件规定项目清单。 (2)实测实量仪器(全站仪、经纬仪、塔尺、卷尺、百米绳、坍落度桶、泥浆三件套、回弹仪、钢筋扫描仪、通规、止规)准备到位	实测实量记录表		/
4		标准工艺实施	执行《国家电网有限公司输变电工程标准工艺　架空线路工程分册》"基础工程——钻孔灌注桩基础施工"要求	标准工艺应用记录		
5		人员交底	参加本项施工的管理人员及作业人员交底	人员培训交底记录、站班会记录		/
6		材料进场	(1)灌注桩施工使用材料包括钢筋、混凝土。 (2)供货商资质文件(一般包括营业执照、生产许可证、产品/典型产品的检验报告、企业质量管理体系认证或产品质量认证证书等)齐全。 (3)材料质量证明资料(一般包括产品出厂合格证、检验、试验报告等)合格有效。 (4)复检报告(钢筋、混凝土，按有关规定进行取样送检，并在检验合格后报监理项目部查验)合格。 (5)产品自检	供应商报审表、原材进场报审表、试验检测报告、产品自检记录		

续表

序号	阶段	管理内容	管控要点	管理资料	监理	业主
7	施工	钢筋制作	（1）钢筋是否按要求见证取样。 （2）检查现场钢筋连接是否合格，直螺纹接头、焊接接头是否按照要求取样，接头制作、验收、试验是否满足 JGJ—107、JGJ—18 规范规程要求。 （3）钢筋隐蔽工程验收是否按照规定如期进行	见证取样记录、试验检测报告、钢筋工程验收记录		/
8	施工	灌注桩成孔	（1）桩基地质情况是否符合设计要求，是否存在地质缺陷（溶洞、破碎带、裂隙等），存在地质缺陷时需体现处理措施和处理结果。 （2）孔径允许偏差符合 JGJ 94—2008《建筑桩基技术规范》要求。 （3）孔深不应小于设计深度。 （4）孔垂直度偏差符合规范要求。 （5）孔底沉渣厚度满足图纸及规范要求。 （6）桩基成孔过程中，机械使用性能是否满足现场需要	灌注桩钻孔现场验收记录		/
9	施工	钢筋笼安装	（1）桩钢筋保护层是否厚度满足要求。 （2）钢筋笼直径、长度、主筋间距、箍筋间距是否满足规范要求。 （3）监理是否进行监理旁站	钢筋隐蔽工程记录、监理旁站记录		/
10	施工	混凝土浇筑	（1）施工前钢筋是否验收合格。 （2）混凝土配合比是否进行检查（坍落度）。 （3）监理是否进行监理旁站。 （4）浇筑过程中对是否混凝土进行试块制作见证。 （5）浇筑方量是否满足设计图纸要求，并按照规范要求，满足其超灌量数值要求	浇筑施工记录、监理旁站记录、试块试压报告		/

续表

序号	阶段	管理内容	管控要点	管理资料	监理	业主
11	施工	桩头凿除(如有承台)	(1)桩头凿除过程确保混凝土质量良好。 (2)桩头凿除后标高是否符合规范要求,桩头是否平整。 (3)桩头凿除过程不得损坏灌注桩内部钢筋。 (4)施工过程监理旁站并验收	桩头凿除记录		/
12	施工	桩基检测	(1)灌注桩检测单位资质是否满足现场施工要求。 (2)是否按照规范要求进行灌注桩检测,检测数量和桩位选取是否按照设计图纸和施工方案进行。 (3)桩基检测过程监理旁站	试验单位资质报审、灌注桩施工方案、监理施工日志		/
13	验收	实测实量	(1)孔底沉渣或虚土厚度、桩基轴线位移、桩径允许偏差、垂直偏差、桩位允许偏差测量、基础根开及对角线、同组地脚螺栓对立柱中心偏移。 (2)主筋间距偏差、主筋保护层厚度、主筋长度偏差测量。 (3)混凝土坍落度检测。 (4)混凝土强度自检	实测实量记录、隐蔽工程记录、浇筑施工记录		/
14	验收	资料验收	各项验评资料、施工记录,归档资料齐全并签字盖章	验评记录、隐蔽验收记录、三级自检记录		

（二）灌注桩基础施工工艺流程控制卡

<table>
<tr><th rowspan="2">序号</th><th rowspan="2">项目</th><th rowspan="2">作业内容</th><th rowspan="2">控制要点及标准</th><th rowspan="2">检查结果</th><th colspan="2">施工</th><th rowspan="2">监理</th></tr>
<tr><th>作业负责人</th><th>质检员</th></tr>
<tr><td rowspan="3">1</td><td rowspan="3">方案的编写及交底</td><td>方案编写</td><td>（1）方案编制应包括灌注桩施工参数、现场平面布置图、地质情况。
（2）方案编制应包括灌注桩施工工艺流程、施工顺序。
（3）方案编制包含不良地质灌注桩施工方法及施工方案比选。
（4）方案编制应包括溶洞处理方式，紧急情况下应急处理措施。
（5）方案编制应包括质量控制措施和质量通病防治分析和控制措施</td><td></td><td></td><td></td><td></td></tr>
<tr><td>交底对象</td><td>参与机械成孔、钢筋加工安装、混凝土浇筑、作业管理及作业人员</td><td></td><td></td><td></td><td></td></tr>
<tr><td>交底内容</td><td>工程概况与特点、作业程序、操作要领、注意事项、质量控制、应急预案、安全作业等</td><td></td><td></td><td></td><td></td></tr>
<tr><td>2</td><td>线路复测情况检查</td><td>★线路复测</td><td>（1）转角桩角度：转角桩的角度值，用方向法测量，对应设计值偏差≤1′30″。
（2）档距：杆塔位中心桩或直线桩的桩间距离相对设计值的偏差≤1%。
（3）被跨越物高程：被跨越物高程与断面图高程偏差≤0.5m。
（4）塔位桩高程：杆塔位桩高程与设计高程偏差≤0.5m。
（5）地形凸起点高程：线路经过地形凸起点高程与设计高程偏差≤0.5m。
（6）直线塔桩横线路位置偏移：偏差与设计相比≤50mm。
（7）被跨物距离：被跨越物与邻近杆（塔）位距离与设计偏差≤1%。
（8）地凸点距离：地形凸起点、风偏危险点与近杆（塔）位距离与设计偏差≤1%</td><td></td><td></td><td></td><td></td></tr>
<tr><td rowspan="3">3</td><td rowspan="3">钢筋、混凝土原材检查</td><td>钢筋检验</td><td>对钢筋进场进行检查，检查钢筋表面质量，表面无锈蚀，钢筋进场报告齐全，实验室检验合格</td><td></td><td></td><td></td><td></td></tr>
<tr><td>混凝土用砂检验</td><td>（1）应符合 GB/T 14684—2022《建设用砂》的有关规定。
（2）砂进场时应抽样检查，并经有相应资格的检验单位验收，合格后方可采用</td><td></td><td></td><td></td><td></td></tr>
<tr><td>混凝土用碎石检验</td><td>（1）工程所用的碎石、卵石应符合 GB/T 14685《建设用卵石、碎石》的相关要求。
（2）现场用碎石颗粒大小应相差不大，含泥量、含水率满足规范要求</td><td></td><td></td><td></td><td></td></tr>
</table>

续表

<table>
<tr><th rowspan="2">序号</th><th rowspan="2">项目</th><th rowspan="2">作业内容</th><th rowspan="2">控制要点及标准</th><th rowspan="2">检查结果</th><th colspan="2">施工</th><th rowspan="2">监理</th></tr>
<tr><th>作业负责人</th><th>质检员</th></tr>
<tr><td rowspan="3">3</td><td rowspan="3">钢筋、混凝土原材检查</td><td>混凝土用水泥检验</td><td>水泥保管过程中应防止受潮。不同厂家、不同等级、不同品种、不同批号的水泥应分别放置，标识应清晰，不得混用</td><td></td><td></td><td></td><td></td></tr>
<tr><td>掺合料检验</td><td>混凝土工程使用粉煤灰和高炉粒化矿渣粉，其质量应符合GB 1596《用于水泥和混凝土中的粉煤灰》和GB/T 18046《用于水泥、砂浆和混凝土中的粒化高炉矿渣粉》的规定</td><td></td><td></td><td></td><td></td></tr>
<tr><td>外加剂检验</td><td>混凝土所用外加剂的质量及应用技术应符合GB 8076《混凝土外加剂》、GB 50119《混凝土外加剂应用技术规范》及有关环境保护的规定</td><td></td><td></td><td></td><td></td></tr>
<tr><td>4</td><td>混凝土配合比检查</td><td>混凝土配合比检测</td><td>满足JGJ 55—2011《普通混凝土配合比设计规程》规范要求</td><td></td><td></td><td></td><td></td></tr>
<tr><td rowspan="2">5</td><td rowspan="2">钢筋笼制作检查</td><td>钢筋接头检查</td><td>全数检查钢筋接头，按现行行业标准JGJ 107《钢筋机械连接技术规程》、JGJ 18《钢筋焊接及验收规程》的规定确定</td><td></td><td></td><td></td><td></td></tr>
<tr><td>接头取样</td><td>（1）接头试件应现场截取。
（2）检查钢筋机械连接接头100%全数检查。
（3）机械连接接头的现场检验按验收批进行，同一施工条件下采用同一批材料的同等级、同型式、同规格的接头每500个为一验收批。不足500个接头也按一验收批计。每批随机切取3个试件进行拉伸试验，长度500mm，对于A级接头，另取2条钢筋作为母材抗拉试验。
（4）钢筋焊接外观检查每批抽样10%，且不少于10件，力学性能检验每批随机抽样一组。
（5）同一焊工完成的同直径同牌号同类型的接头每批数量：
1）闪光对焊300个接头，一周内累计不足300个也为一批；
2）电阻点焊300个接头，一周内累计不足300个也为一批；</td><td></td><td></td><td></td><td></td></tr>
</table>

续表

序号	项目	作业内容	控制要点及标准	检查结果	施工		监理
					作业负责人	质检员	
5	钢筋笼制作检查	接头取样	3）电弧焊同型式接头300个接头，不足也应作为一批； 4）电渣压力焊300个接头，不足也作为一批； 5）预埋件T形接头300个接头，一周内累计不足300个也为一批； 6）气压焊300个接头，不足也应作为一批				
		★钢筋绑扎	（1）钢筋笼直径偏差：±10mm。 （2）主筋间距偏差：±10mm。 （3）箍筋间距偏差：±20mm。 （4）钢筋笼长度偏差：±50mm				
6	★灌注桩成孔检查	孔径	孔径允许偏差符合JGJ 94—2008《建筑桩基技术规范》要求				
		孔深	孔深≥设计深度				
		孔垂直度	孔垂直度偏差＜桩长的1%				
7	钢筋笼安装检查	分段安装	（1）钢筋笼下放前，根据设计孔深，对钢筋笼分段下放，分段钢筋笼连接采用单面搭接焊，相邻的钢筋各种接头应互相错开≥35D距离，且在该区段范围内，同一截面接头数不能超过主筋总数的50%。 （2）钢筋笼入孔时应吊直扶稳，缓慢下落，避免与孔壁碰撞				
		钢筋笼保护板安装	符合设计要求				
8	混凝土浇筑检查	数据复核	混凝土浇筑前，复核基础根开、顶面标高、桩间距（群桩）等尺寸，确保与设计文件一致				
		开盘鉴定	首次使用的配合比应进行开盘鉴定，其工作性应满足设计配合比的要求				

续表

序号	项目	作业内容	控制要点及标准	检查结果	施工		监理
					作业负责人	质检员	
8	混凝土浇筑检查	坍落度检查	符合设计要求				
		试件取样留置	（1）当采用桩基础时应每根桩取1组，承台、连梁每基应取1组。 （2）单基或连续浇筑混凝土超过100m^3时应增加1组，并以此类推；每次连续浇筑超过1000m^3时，超过部分每增加200m^3应加取一组。 （3）当原材料变化、配合比变更时应另外制作。 （4）混凝土或砂浆的强度检验应以试块为依据，试块的制作应每基取一组。当需要其他强度鉴定时，外加试块组数由各工程自定				
		混凝土运输、浇筑及间歇	混凝土运输、浇筑及间歇的全部时间不应超过混凝土的初凝时间（90min），同一施工段的混凝土应连续浇筑，并应在底层混凝土初凝之前将上一层混凝土浇筑完毕				
		搅拌	浇制中设专人控制混凝土的搅拌，随时检查混凝土的搅拌过程，防止出现搅拌不均匀或搅拌过度造成的离析				
		下料高度	混凝土垂直自由下落高度不得超过3m，超过时应使用溜槽、串斗，防止混凝土离析				
		超灌量	灌注桩浇筑过程中，记录关注量，与设计图纸关注量做比对，确保超灌量≥1.10				
9	破桩头施工检查（如有承台）	标高测量	由测量人员对基坑坑底标高、待破桩头位置标高进行测量。测量完成后，在桩身进行标注，并在桩身画出环切线				
		桩头破除	在桩身进行3cm深环向切割，切割完成后使用风镐进行破除，将表面浮浆等全部清除				
		桩头修整	桩头破除完成后，对桩头进行人工修整，确保破除桩头面平整，干净				

续表

序号	项目	作业内容	控制要点及标准	检查结果	施工		监理
					作业负责人	质检员	
10	桩基检测检查	桩基检测	配合专业桩基检测部门进行桩基检测，包括高应变、低应变、声波检测、桩基静载试验、取芯，桩号选取与施工方案保持一致				
11	★结构尺寸检查	孔径允许偏差	符合 JGJ 94—2008 要求				
		孔深偏差	孔深≥设计孔深				
		孔垂直度偏差	孔垂直度偏差<桩长的 1%				
		钢筋保护层厚度	（1）水下：－20mm。 （2）非水下：－10mm				
		钢筋笼直径	钢筋笼直径允许偏差±10mm				
		主筋间距	主筋间距允许偏差±10mm				
		箍筋间距	箍筋间距允许偏差±20mm				
		钢筋笼长度	钢筋笼长度允许偏差±50mm				
		立柱及承台断面尺寸	立柱及承台断面尺寸允许偏差－1%				
		基础根开及对角线	基础根开及对角线允许偏差：一般塔±2‰，高塔±0.7‰				
		基础顶面高差	基础顶面高差允许偏差 5mm				

续表

序号	项目	作业内容	控制要点及标准	检查结果	施工		监理
					作业负责人	质检员	
11	★结构尺寸检查	同组地脚螺栓对立柱中心偏移	同组地脚螺栓对立柱中心偏移允许偏差10mm				
		整基基础中心位移	整基基础中心位移允许偏差：顺线路方向30mm，横线路方向30mm				
		整基基础扭转	整基基础扭转允许偏差：一般塔10′，高塔5′				
		地脚螺栓露出混凝土面高度	地脚螺栓露出混凝土面高度允许偏差：−5～10mm				
12	外观检查	混凝土颜色	颜色基本一致、无明显色差；无气泡、蜂窝、麻面				
13	混凝土强度检查	混凝土强度检查	浇筑时制作标养试块和同条件试块。同条件等效养护龄期可取按日平均温度逐日累积达到600℃·d时所对应的龄期，0℃及以下的龄期不计入。等效养护龄期不应小于14d，不宜大于60d。标准养护时间为28d				
14	通病防治	桩位分坑	桩基施工前通过GPS、全站仪2种方式进行放样比对				
15		钢筋机械连接	（1）直螺纹钢筋丝头端部应进行切平。钢筋丝头长度应满足产品设计要求。 （2）丝头露出长度为0～2p（p为螺纹的螺距），且不宜超过2p				
16		钢筋笼制作	（1）浇筑前，钢筋笼外侧需设置垫块。注意检查钢筋保护层变化情况，钢筋或模板发生偏移时及时进行调整。 （2）保护层厚度的负偏差不得大于5mm				

二、掏挖基础施工关键工序管控表、工艺流程控制卡

（一）掏挖基础施工关键工序管控表

序号	阶段	管理内容	管控要点	管理资料	监理	业主
1	准备	施工图审查	（1）设计标高与现场标高是否相符。 （2）图纸转角度数、横担方向、线路方向、转角塔基础预高等是否标明，与现场实际相符，基础图纸尺寸与杆塔图纸契合。 （3）掏挖基础施工方式、孔深、孔径、底板直径等是否符合规范要求。 （4）钢筋型号、使用量、钢筋安装方式足够满足现场施工需求。 （5）图纸地质情况与地勘报告是否一致，相应探孔位置是否明确。 （6）混凝土强度要求是否明确详细	图纸预检记录、设计图纸交底纪要、施工图会检纪要		
2	准备	方案审查	（1）方案设计是否合理，是否具有可行性 （2）使用商品混凝土时，商品混凝土使用的原材料检测要求是否符合规范要求。 （3）对钢筋加工、套丝、制弯、绑扎要求是否符合规范要求。 （4）孔深、孔径控制措施是否得当。 （5）钢筋笼吊装控制、标高控制措施是否满足图纸及规范要求。 （6）浇筑高度控制措施是否具备可执行性，控制措施是否完善。 （7）施工措施与安全、质量、技术控制措施是否得当，是否具备可执行性	方案审查记录、方案报审表、专项方案审查纪要		
3	准备	实测实量	（1）实测实量验收项目包含基建安质〔2021〕27号文件规定项目清单。 （2）实测实量仪器（全站仪、经纬仪、塔尺、卷尺、百米绳、坍落度桶、回弹仪、钢筋扫描仪、通规、止规）准备到位	实测实量记录表		/
4	准备	标准工艺实施	执行《国家电网有限公司输变电工程标准工艺　架空线路工程分册》“基础工程——掏挖基础施工”要求	标准工艺应用记录		
5	准备	人员交底	参加本项施工的管理人员及作业人员	人员培训交底记录、站班会记录		/

续表

序号	阶段	管理内容	管控要点	管理资料	监理	业主
6	准备	材料进场	（1）掏挖基础施工使用材料包括钢筋、混凝土。 （2）供货商资质［一般包括营业执照、生产许可证、产品（典型产品）的检验报告、企业质量管理体系认证或产品质量认证证书等］齐全。 （3）材料质量证明文件（一般包括产品出厂合格证、检验、试验报告等）合格有效。 （4）复检报告（钢筋、混凝土，按有关规定进行取样送检，并在检验合格后报监理项目部查验）。 （5）产品自检	供应商报审表、原材进场报审表、试验检测报告、产品自检记录		
7	施工	钢筋制作	（1）钢筋是否按要求见证取样。 （2）检查现场钢筋连接是否合格，直螺纹接头、焊接接头是否按照要求取样，接头制作、验收、试验是否满足 JGJ—107、JGJ—18 规范规程要求。 （3）钢筋隐蔽工程验收是否按照规定如期进行	见证取样记录、试验检测报告、钢筋工程验收记录		/
8	施工	直孔钻进、人工掏挖	（1）基础放样时应核实边坡稳定控制点在自然地面以下，并保证基础埋深不小于设计值。 （2）掏挖施工应根据地形、地质条件，尽可能采用机械掏挖。当采取人工掏挖方式时应采用一体化装置等安全保证措施，对孔壁风化严重或砂质层应采取护壁措施			/
9	施工	钢筋绑扎	（1）钢筋加工符合 GB 50204—2015 要求，钢筋箍筋、拉筋的末端应按设计要求做弯钩。弯钩的弯折角度、弯折后平直段长度应符合标准规定。 （2）钢筋绑扎牢固、均匀、满扎，不得跳扎。钢筋连接应符合 JGJ 18—2012 和 JGJ 107—2016 要求，在同一连接区段内纵向受力钢筋的接头面积百分率应符合设计要求；设计无要求时，受拉接头不宜大于 50%，受压接头可不受限制。 （3）钢筋保护层厚度控制符合设计要求	钢筋隐蔽工程记录、监理旁站记录		/

续表

序号	阶段	管理内容	管控要点	管理资料	监理	业主
10	施工	混凝土浇筑	（1）施工前钢筋是否验收合格。 （2）混凝土配合比是否进行检查（坍落度）。 （3）监理是否进行监理旁站。 （4）浇筑过程中是否对混凝土进行试块制作见证。 （5）浇筑方量是否满足设计图纸要求	浇筑施工记录、监理旁站记录、试块试压报告		/
11	验收	实测实量	（1）基础根开及对角线、孔径允许偏差、垂直偏差、孔位允许偏差测量、底板直径、同组地脚螺栓对立柱中心偏移。 （2）主筋间距偏差、主筋保护层厚度、主筋长度偏差测量。 （3）混凝土坍落度检测。 （4）混凝土强度自检	实测实量记录、隐蔽工程记录、浇筑施工记录		/
12		资料验收	各项验评资料、施工记录，归档资料齐全并签字盖章	验评记录、隐蔽验收记录、三级自检记录		

（二）掏挖基础施工工艺流程控制卡

序号	项目	作业内容	控制要点及标准	检查结果	施工		监理
					作业负责人	质检员	
1	方案的编写及交底	方案编写	（1）方案编制应包括基础施工参数、现场平面布置图、地质情况。 （2）方案编制应包括基础施工工艺流程、施工顺序。 （3）方案应编制紧急情况下应急处理措施。 （4）方案编制应包括质量控制措施和质量通病防治分析和控制措施				
		交底对象	对参与钢筋加工安装、混凝土浇筑、作业管理及作业人员进行专项技术交底				
		交底内容	工程概况与特点、作业程序、操作要领、注意事项、质量控制、应急预案、安全作业等				

续表

序号	项目	作业内容	控制要点及标准	检查结果	施工		监理
					作业负责人	质检员	
2	线路复测情况检查	★线路复测	（1）转角桩角度：转角桩的角度值，用方向法测量，对应设计值偏差≤1′30″。 （2）档距：杆塔位中心桩或直线桩的桩间距离相对设计值的偏差≤1%。 （3）被跨越物高程：被跨越物高程与断面图高程偏差≤0.5m。 （4）塔位桩高程：杆塔位桩高程与设计高程偏差≤0.5m。 （5）地形凸起点高程：线路经过地形凸起点高程与设计高程偏差≤0.5m。 （6）直线塔桩横线路位置偏移：偏差与设计相比≤50mm。 （7）被跨物距离：被跨越物与邻近杆（塔）位距离与设计偏差≤1%。8. 地凸点距离：地形凸起点、风偏危险点与近杆（塔）位距离与设计偏差≤1%				
3	钢筋、混凝土原材检查	钢筋检验	对钢筋进场进行检查，检查钢筋表面质量，表面无锈蚀，钢筋进场报告齐全，实验室检验合格				
		混凝土用砂检验	（1）应符合GB/T 14684的有关规定。 （2）砂进场时应抽样检查，并经有相应资格的检验单位验收，合格后方可采用				
		混凝土用碎石检验	（1）工程所用的碎石、卵石应符合GB/T 14685的相关要求。 （2）现场用碎石颗粒大小应相差不大，含泥量、含水率满足规范要求				
		混凝土用水泥检验	水泥保管过程中应防止受潮。不同厂家、不同等级、不同品种、不同批号的水泥应分别放置，标识应清晰，不得混用				
		掺合料检验	混凝土工程使用粉煤灰和高炉粒化矿渣粉，其质量应符合GB 1596和GB/T 18046的规定				
		外加剂检验	混凝土所用外加剂的质量及应用技术应符合GB 8076、GB 50119及有关环境保护的规定				

续表

序号	项目	作业内容	控制要点及标准	检查结果	施工		监理
					作业负责人	质检员	
4	混凝土配比检查	混凝土配比检测	满足 JGJ 55—2011 规范要求				
5	钢筋制作检查	钢筋接头检查	全数检查钢筋接头，按现行行业标准 JGJ 107、JGJ 18 的规定确定				
		接头取样	（1）接头试件应现场截取。 （2）检查钢筋机械连接接头 100%全数检查。 （3）机械连接接头的现场检验按验收批进行，同一施工条件下采用同一批材料的同等级、同型式、同规格的接头，每 500 个为一验收批。不足 500 个接头也按一验收批计。每批随机切取 3 个试件进行拉伸试验，长度 500mm，对于 A 级接头，另取 2 条钢筋作为母材抗拉试验。 （4）钢筋焊接外观检查每批抽样 10%，且不少于 10 件，力学性能检验每批随机抽样一组。 （5）同一焊工完成的同直径同牌号同类型的接头每批数量： 1）闪光对焊 300 个接头，一周内累计不足 300 个也为一批； 2）电阻点焊 300 个接头，一周内累计不足 300 个也为一批； 3）电弧焊同型式接头 300 个接头，不足也应作为一批； 4）电渣压力焊 300 个接头，不足也作为一批； 5）预埋件 T 形接头 300 个接头，一周内累计不足 300 个也为一批； 6）气压焊 300 个接头，不足也应作为一批				
		钢筋绑扎	符合设计及规范要求				
6	掏挖成孔检查	孔径	孔径允许偏差符合规范要求				
		孔深	孔深不应小于设计深度				

续表

序号	项目	作业内容	控制要点及标准	检查结果	施工		监理
					作业负责人	质检员	
7	安装一体化装置（人工掏挖）	安装一体化装置	符合安全技术等规范要求				
8	扩底作业	扩底作业	（1）基础主柱开挖深度距设计要求埋深尚有 100～200mm 时，检查主柱直径正确后，用钢尺在主柱坑壁上量出基础底部掏挖部分位置线。 （2）由掏挖位置线下方 20～40mm 外开始挖掘扩大头部分。 （3）基坑开挖至距设计要求埋深尚有约 50mm 时，在基坑底部钉出基坑中心桩，边挖掘边检查尺寸，直至基坑周边尺寸符合施工图要求。 （4）基坑底部应预留 50mm 暂不挖，待清理基坑时再进行修整。掏挖过程要求认真、细致				
9	混凝土浇筑检查	数据复核	混凝土浇筑前，复核基础根开、顶面标高、桩间距等尺寸，确保与设计文件一致				
		开盘鉴定	首次使用的配合比应进行开盘鉴定，其工作性应满足设计配合比的要求				
		★坍落度检查	混凝土使用强度应符合设计要求，坍落度符合规范要求。浇筑前，对进场商品混凝土坍落度进行验证				
		试件取样留置	（1）耐张塔和悬垂转角塔基础每基应取一组。 （2）一般线路的悬垂直线塔基础，同一施工班组每 5 基或不满 5 基应取一组。 （3）按大跨越设计的直线塔基础，每腿应取一组，但当基础混凝土量不超过同工程中大转角或终端塔基础时，则应每基取一组。 （4）当采用桩基础时应每根桩取 1 组，承台、连梁每基应取 1 组。 （5）单基或连续浇筑混凝土超过 $100m^3$ 时应增加 1 组，并以此类推；每次连续浇筑超过 $1000m^3$ 时，超过部分每增加 $200m^3$ 应加取一组。 （6）当原材料变化、配合比变更时应另外制作。 （7）混凝土或砂浆的强度检验应以试块为依据，试块的制作应每基取一组。当需要其他强度鉴定时，外加试块组数由各工程自定				

续表

序号	项目	作业内容	控制要点及标准	检查结果	施工		监理
					作业负责人	质检员	
9	混凝土浇筑检查	混凝土运输、浇筑及间歇	混凝土运输、浇筑及间歇的全部时间不应超过混凝土的初凝时间（90min），同一施工段的混凝土应连续浇筑，并应在底层混凝土初凝之前将上一层混凝土浇筑完毕				
		搅拌	浇制中设专人控制混凝土的搅拌，随时检查混凝土的搅拌过程，防止出现搅拌不均匀或搅拌过度造成的离析				
		下料高度	混凝土垂直自由下落高度不得超过3m，超过时应使用溜槽、串斗，防止混凝土离析				
10	★结构尺寸检查	孔径允许偏差	实际孔径≥设计孔径				
		孔深偏差	孔深≥设计孔深				
		立柱及承台断面尺寸	立柱及承台断面尺寸允许偏差－1%				
		钢筋保护层厚度	钢筋保护层厚度允许偏差－5mm				
		基础根开及对角线	基础根开及对角线允许偏差：一般塔±2‰，高塔±0.7‰				
		同组地脚螺栓对立柱中心偏移	同组地脚螺栓对立柱中心偏移允许偏差10mm				
		整基基础中心位移	整基基础中心位移允许偏差：顺线路方向30mm，横线路方向30mm				

续表

序号	项目	作业内容	控制要点及标准	检查结果	施工		监理
					作业负责人	质检员	
10	★结构尺寸检查	整基基础扭转	整基基础扭转允许偏差：一般塔10′，高塔5′				
		地脚螺栓露出混凝土面高度	地脚螺栓露出混凝土面高度允许偏差−5～10mm				
		基础顶面高差	基础顶面高差允许偏差5mm				
11	外观检查	混凝土颜色	颜色基本一致、无明显色差；无气泡、蜂窝、麻面				
12	混凝土强度检查	混凝土强度检查	浇筑时制作标养试块和同条件试块。同条件等效养护龄期可取按日平均温度逐日累计达到600℃·d时所对应的龄期，0℃及以下的龄期不计入。等效养护龄期不应小于14d，不宜大于60d。标准养护时间为28d				
13	通病防治	分坑定位	掏挖基础施工前通过GPS、全站仪2种方式进行放样比对				
14		钢筋机械连接	（1）直螺纹钢筋丝头端部应进行切平。钢筋丝头长度应满足产品设计要求。 （2）丝头露出长度为0～2p（p为螺纹的螺距），且不宜超过2p				
15		钢筋笼制作	浇筑前，钢筋笼外侧需设置垫块。注意检查钢筋保护层变化情况，钢筋或模板发生偏移时及时进行调整				

三、挖孔基础施工关键工序管控表、工艺流程控制卡

（一）挖孔基础施工关键工序管控表

序号	阶段	管理内容	管控要点	管理资料	监理	业主
1	准备	施工图审查	（1）设计标高与现场标高是否相符。 （2）图纸转角度数、横担方向、线路方向、转角塔基础预高等是否标明，与现场实际相符，基础图纸尺寸与杆塔图纸契合。 （3）挖孔基础施工方式、孔深、孔径、底板直径等是否符合规范要求。 （4）钢筋型号、使用量、钢筋安装方式足够满足现场施工需求。 （5）图纸地质情况与地勘报告是否一致，相应探孔位置是否明确。 （6）混凝土强度要求是否明确详细	图纸预检记录、设计图纸交底纪要、施工图会检纪要		
2	准备	方案审查	（1）方案设计是否合理，是否具有可行性。 （2）使用商品混凝土时，商品混凝土使用的原材料检测要求是否符合规范要求。 （3）对钢筋加工、套丝、制弯、绑扎要求是否符合规范要求。 （4）孔深、孔径控制措施是否得当。 （5）钢筋笼吊装控制、标高控制措施是否满足图纸及规范要求。 （6）浇筑高度控制措施是否具备可执行性，控制措施是否完善。 （7）施工措施与安全、质量、技术控制措施是否得当，是否具备可执行性	方案审查记录、方案报审表、专项方案审查纪要		
3	准备	实测实量	（1）实测实量验收项目包含基建安质〔2021〕27号文件规定项目清单。 （2）实测实量仪器（全站仪、经纬仪、塔尺、卷尺、百米绳、坍落度桶、回弹仪、钢筋扫描仪、通规、止规）准备到位	实测实量记录表		/
4	准备	标准工艺实施	执行《国家电网有限公司输变电工程标准工艺　架空线路工程分册》“基础工程——挖孔基础施工”要求	标准工艺应用记录		

续表

序号	阶段	管理内容	管控要点	管理资料	监理	业主
5	准备	人员交底	参加本项施工的管理人员及作业人员	人员培训交底记录、站班会记录		/
6	准备	材料进场	（1）挖孔基础施工使用材料包括钢筋、混凝土。 （2）供货商资质［一般包括营业执照、生产许可证、产品（典型产品）的检验报告、企业质量管理体系认证或产品质量认证证书等］齐全。 （3）材料质量证明文件（一般包括产品出厂合格证、检验、试验报告等）合格有效。 （4）复检报告（钢筋、混凝土，按有关规定进行取样送检，并在检验合格后报监理项目部查验）。 （5）产品自检	供应商报审表、原材进场报审表、试验检测报告、产品自检记录		
7	施工	钢筋制作	（1）钢筋是否按要求见证取样。 （2）检查现场钢筋连接是否合格，直螺纹接头、焊接接头是否按照要求取样，接头制作、验收、试验是否满足 JGJ—107、JGJ—18 规范规程要求。 （3）钢筋隐蔽工程验收是否按照规定如期进行	见证取样记录、试验检测报告、钢筋工程验收记录		/
8	施工	钻机就位及直孔钻进（采用机械钻孔）	（1）钻机工作范围内地面必须保持平整和压实。 （2）使用全站仪采用逐桩坐标法施放桩位点，放样后四周设护桩并复测，误差控制在 5mm 以内。 （3）根据桩位点设置护筒，护筒采用钢护筒，其内径比桩径大 150～200mm。护筒埋设在黏性土中深度不宜小于 1000mm，在砂土中不宜小于 1500mm。护筒顶端要高出原地面 200～300mm。 （4）正确就位钻机，使机体垂直度、钻杆垂直度和桩位钢筋条三线合一。 （5）钻机就位应保持平稳，不发生倾斜、位移。 （6）钻孔作业要根据地质情况调整钻机的钻进速度。钻进时应先慢后快。 （7）钻进过程中经常检查纠正钻机桅杆的水平和垂直度，保证钻孔的垂直度。 （8）设专人对地质状况进行检查	施工原始记录		/

续表

序号	阶段	管理内容	管控要点	管理资料	监理	业主
9	施工	桩孔开挖、护壁施工（采用人工挖孔）	（1）易发生坑壁坍塌的基坑应按设计要求采取可靠的护壁措施。护壁宜采用现浇钢筋混凝土，混凝土强度等级不应低于桩身混凝土强度等级，单节混凝土护壁不超过1m。 （2）每节桩孔护壁做好以后，必须将桩位十字轴线和标高侧设在护壁的上口，用十字线对中，吊线坠向井底投射，以半径尺杆检查孔壁的垂直平整度和孔中心。 （3）采用一体化装置将开挖土吊离桩孔，严禁将土堆在井口。 （4）扩底部分开挖。挖扩底桩应先挖扩底部位桩身的圆柱体，再按扩底部位的尺寸、形状自上而下削土扩充，扩底部分可不浇筑护壁。 （5）终孔后应清理护壁上的淤泥和孔底残渣、积水；孔底不应积水，必要时应用水泥砂浆或混凝土封底	施工原始记录		/
10	施工	混凝土浇筑	（1）地脚螺栓安装前应对螺杆、螺母型号匹配情况进行检查。 （2）现场浇筑混凝土应采用机械搅拌，并应采用机械捣固。在有条件的地区，应使用预拌混凝土。 （3）混凝土下料高度超过3m时，应采取防止离析措施。 （4）冬季施工应采取防冻措施，混凝土拌合物的入模温度不得低于5℃。高温施工时混凝土浇筑入模温度不应高于35℃。雨季施工基坑或模板内采取防止积水措施，混凝土浇筑完毕后应及时采取防雨措施。基础混凝土应根据季节和气候采取相应的养护措施。 （5）基础混凝土应一次浇筑成型，内实外光，杜绝二次抹面、喷涂等修饰。 （6）浇筑完成的基础应及时清除地脚螺栓上的残余水泥砂浆，并对基础及地脚螺栓进行保护	浇筑施工记录、监理旁站记录、试块试压报告		/
11	验收	实测实量	（1）桩基轴线位移、桩径允许偏差、垂直偏差、桩位允许偏差测量、底板直径。 （2）主筋间距偏差、主筋保护层厚度、主筋长度偏差测量。 （3）混凝土坍落度检测。 （4）混凝土强度自检	实测实量记录、隐蔽工程记录、浇筑施工记录		/
12	验收	资料验收	各项验评资料、施工记录，归档资料齐全并签字盖章	验评记录、隐蔽验收记录、三级自检记录		

(二)挖孔基础施工工艺流程控制卡

<table>
<tr><th rowspan="2">序号</th><th rowspan="2">项目</th><th rowspan="2">作业内容</th><th rowspan="2">控制要点及标准</th><th rowspan="2">检查结果</th><th colspan="2">施工</th><th rowspan="2">监理</th></tr>
<tr><th>作业负责人</th><th>质检员</th></tr>
<tr><td rowspan="3">1</td><td rowspan="3">方案的编写及交底</td><td>方案编写</td><td>(1)方案编制应包括施工参数、现场平面布置图、地质情况。
(2)方案编制应包括施工工艺流程、施工顺序。
(3)方案应编制紧急情况下应急处理措施。
(4)方案编制应包括质量控制措施和质量通病防治分析和控制措施</td><td></td><td></td><td></td><td></td></tr>
<tr><td>交底对象</td><td>对参与钢筋加工安装、混凝土浇筑、作业管理及作业人员进行专项技术交底</td><td></td><td></td><td></td><td></td></tr>
<tr><td>交底内容</td><td>工程概况与特点、作业程序、操作要领、注意事项、质量控制、应急预案、安全作业等</td><td></td><td></td><td></td><td></td></tr>
<tr><td>2</td><td>线路复测情况检查</td><td>★线路复测</td><td>(1)转角桩角度:转角桩的角度值,用方向法测量,对应设计值偏差≤1′30″。
(2)档距:杆塔位中心桩或直线桩的桩间距离相对设计值的偏差≤1%。
(3)被跨越物高程:被跨越物高程与断面图高程偏差≤0.5m。
(4)塔位桩高程:杆塔位桩高程与设计高程偏差≤0.5m。
(5)地形凸起点高程:线路经过地形凸起点高程与设计高程偏差≤0.5m。
(6)直线塔桩横线路位置偏移:偏差与设计相比≤50mm。
(7)被跨物距离:被跨越物与邻近杆(塔)位距离与设计偏差≤1%。
(8)地凸点距离:地形凸起点、风偏危险点与近杆(塔)位距离与设计偏差≤1%</td><td></td><td></td><td></td><td></td></tr>
<tr><td rowspan="3">3</td><td rowspan="3">钢筋、混凝土原材检查</td><td>钢筋检验</td><td>对钢筋进场进行检查,检查钢筋表面质量,表面无锈蚀,钢筋进场报告齐全,实验室检验合格</td><td></td><td></td><td></td><td></td></tr>
<tr><td>混凝土用砂检验</td><td>(1)应符合 GB/T 14684 的有关规定。
(2)砂进场时应抽样检查,并经有相应资格的检验单位验收,合格后方可采用</td><td></td><td></td><td></td><td></td></tr>
<tr><td>混凝土用碎石检验</td><td>(1)工程所用的碎石、卵石应符合 GB/T 14685 的相关要求。
(2)现场用碎石颗粒大小应相差不大,含泥量、含水率满足规范要求</td><td></td><td></td><td></td><td></td></tr>
</table>

续表

<table>
<tr><th rowspan="2">序号</th><th rowspan="2">项目</th><th rowspan="2">作业内容</th><th rowspan="2">控制要点及标准</th><th rowspan="2">检查结果</th><th colspan="2">施工</th><th rowspan="2">监理</th></tr>
<tr><th>作业负责人</th><th>质检员</th></tr>
<tr><td rowspan="3">3</td><td rowspan="3">钢筋、混凝土原材检查</td><td>混凝土用水泥检验</td><td>水泥保管过程中应防止受潮。不同厂家、不同等级、不同品种、不同批号的水泥应分别放置，标识应清晰，不得混用</td><td></td><td></td><td></td><td></td></tr>
<tr><td>掺合料检验</td><td>混凝土工程使用粉煤灰和高炉粒化矿渣粉，其质量应符合 GB 1596 和 GB/T 18046 的规定</td><td></td><td></td><td></td><td></td></tr>
<tr><td>外加剂检验</td><td>混凝土所用外加剂的质量及应用技术应符合 GB 8076、GB 50119 及有关环境保护的规定</td><td></td><td></td><td></td><td></td></tr>
<tr><td>4</td><td>混凝土配比检查</td><td>混凝土配比检测</td><td>满足 JGJ 55—2011 规范要求</td><td></td><td></td><td></td><td></td></tr>
<tr><td rowspan="2">5</td><td rowspan="2">钢筋制作检查</td><td>钢筋接头检查</td><td>全数检查钢筋接头，按现行行业标准 JGJ 107、JGJ 18 的规定确定</td><td></td><td></td><td></td><td></td></tr>
<tr><td>接头取样</td><td>（1）接头试件应现场截取。
（2）检查钢筋机械连接接头 100%全数检查。
（3）机械连接接头的现场检验按验收批进行，同一施工条件下采用同一批材料的同等级、同型式、同规格的接头每 500 个为一验收批。不足 500 个接头也按一验收批计。每批随机切取 3 个试件进行拉伸试验，长度 500mm，对于 A 级接头，另取 2 条钢筋作为母材抗拉试验。
（4）钢筋焊接外观检查每批抽样 10%，且不少于 10 件，力学性能检验每批随机抽样一组。
（5）同一焊工完成的同直径同牌号同类型的接头每批数量：
1）闪光对焊 300 个接头，一周内累计不足 300 个也为一批；
2）电阻点焊 300 个接头，一周内累计不足 300 个也为一批；
3）电弧焊同型式接头 300 个接头，不足也应作为一批；</td><td></td><td></td><td></td><td></td></tr>
</table>

续表

序号	项目	作业内容	控制要点及标准	检查结果	施工		监理
					作业负责人	质检员	
5	钢筋制作检查	接头取样	4）电渣压力焊 300 个接头，不足也作为一批； 5）预埋件 T 形接头 300 个接头，一周内累计不足 300 个也为一批； 6）气压焊 300 个接头，不足也应作为一批				
		★钢筋绑扎	（1）钢筋笼直径偏差：±10mm。 （2）主筋间距偏差：±10mm。 （3）箍筋间距偏差：±20mm。 （4）钢筋笼长度偏差：±50mm				
6	安装一体化装置（人工挖孔）	安装一体化装置	符合安全技术等规范要求				
7	首节桩孔开挖、桩孔定位检查	孔径	现浇混凝土护壁型式±50mm，长钢套管护壁型式±20mm				
		孔垂直度	现浇混凝土护壁型式偏差控制在 0.5%，长钢套管护壁型式偏差控制在 1%				
8	首节护壁施工	首节护壁施工	（1）护壁宜采用现浇钢筋混凝土，混凝土强度等级不应低于桩身混凝土强度等级，单节混凝土护壁不超过 1m。 （2）每节桩孔护壁做好以后，必须将桩位十字轴线和标高侧设在护壁的上口，用十字线对中，吊线坠向井底投射，以半径尺杆检查孔壁的垂直平整度和孔中心				

续表

序号	项目	作业内容	控制要点及标准	检查结果	施工		监理
					作业负责人	质检员	
9	第 n 节桩孔开挖、护壁施工	孔径	现浇混凝土护壁型式±50mm，长钢套管护壁型式±20mm				
		孔垂直度	现浇混凝土护壁型式偏差控制在0.5%，长钢套管护壁型式偏差控制在1%				
		护壁施工	（1）护壁宜采用现浇钢筋混凝土，混凝土强度等级不应低于桩身混凝土强度等级，单节混凝土护壁不超过1m。 （2）每节桩孔护壁做好以后，必须将桩位十字轴线和标高侧设在护壁的上口，用十字线对中，吊线坠向井底投射，以半径尺杆检查孔壁的垂直平整度和孔中心				
10	开挖桩底扩大层	开挖桩底扩大层	挖扩底桩应先挖扩底部位桩身的圆柱体，再按扩底部位的尺寸、形状自上而下削土扩充，扩底部分可不浇筑护壁				
11	混凝土浇筑检查	数据复核	混凝土浇筑前，复核基础根开、顶面标高、桩间距等尺寸，确保与设计文件一致				
		开盘鉴定	首次使用的配合比应进行开盘鉴定，其性能应满足设计配合比的要求				
		★坍落度检查	混凝土使用强度应符合设计要求，坍落度符合规范要求。浇筑前，对进场商品混凝土坍落度进行验证				
		试件取样留置	（1）耐张塔和悬垂转角塔基础每基应取一组。 （2）一般线路的悬垂直线塔基础，同一施工班组每5基或不满5基应取一组。 （3）按大跨越设计的直线塔基础，每腿应取一组，但当基础混凝土量不超过同工程中大转角或终端塔基础时，则应每基取一组。 （4）当采用桩基础时应每根桩取1组，承台、连梁每基应取1组。 （5）单基或连续浇筑混凝土超过100m³时应增加1组，并以此类推；每次连续浇筑超过1000m³时，超过部分每增加200m³应加取一组。 （6）当原材料变化、配合比变更时应另外制作。 （7）混凝土或砂浆的强度检验应以试块为依据，试块的制作应每基取一组。当需要其他强度鉴定时，外加试块组数由各工程自定				

续表

序号	项目	作业内容	控制要点及标准	检查结果	施工		监理
					作业负责人	质检员	
11	混凝土浇筑检查	混凝土运输、浇筑及间歇	混凝土运输、浇筑及间歇的全部时间不应超过混凝土的初凝时间（90min），同一施工段的混凝土应连续浇筑，并应在底层混凝土初凝之前将上一层混凝土浇筑完毕				
		搅拌	浇制中设专人控制混凝土的搅拌，随时检查混凝土的搅拌过程，防止出现搅拌不均匀或搅拌过度造成的离析				
		下料高度	混凝土垂直自由下落高度不得超过3m，超过时应使用溜槽、串斗，防止混凝土离析				
12	桩基检测	桩基检测	配合专业桩基检测部门进行桩基检测，桩号选取与施工方案保持一致				
13	★结构尺寸检查	桩径	现浇混凝土护壁型式±50mm，长钢套管护壁型式±20mm				
		桩垂直度偏差	现浇混凝土护壁型式0.5%，长钢套管护壁型式1%				
		立柱及承台断面尺寸	立柱及承台断面尺寸允许偏差−1%				
		钢筋保护层厚度	（1）联梁（承台）保护层厚度允许偏差−5mm。 （2）非水下桩保护层厚度允许偏差−10mm				
		钢筋笼直径	钢筋笼直径允许偏差±10mm				
		主筋间距	主筋间距允许偏差±10mm				
		箍筋间距	箍筋间距允许偏差±20mm				
		钢筋笼长度	钢筋笼长度允许偏差±50mm				
		基础根开及对角线	基础根开及对角线允许偏差：一般塔±2‰，高塔±0.7‰				

续表

序号	项目	作业内容	控制要点及标准	检查结果	施工		监理
					作业负责人	质检员	
13	★结构尺寸检查	基础顶面高差	基础顶面高差允许偏差 5mm				
		同组地脚螺栓对立柱中心偏移	同组地脚螺栓对立柱中心偏移允许偏差 10mm				
		整基基础中心位移	整基基础中心位移允许偏差：顺线路方向 30mm，横线路方向 30mm				
		整基基础扭转	整基基础扭转允许偏差：一般塔 10′，高塔 5′				
		地脚螺栓露出混凝土面高度	地脚螺栓露出混凝土面高度允许偏差－5～10mm				
14	外观检查	混凝土颜色	颜色基本一致、无明显色差；无气泡、蜂窝、麻面				
15	混凝土强度检查	混凝土强度检查	浇筑时制作标养试块和同条件试块。待同条件养护 600°d 时抗压强度检测；浇筑完 28d 后开展现场回弹检测，同时送实验室标养试块进行强度检测				
16	通病防治	分坑定位	掏挖基础施工前通过 GPS、全站仪 2 种方式进行放样比对				
17		钢筋机械连接	（1）直螺纹钢筋丝头端部应进行切平。钢筋丝头长度应满足产品设计要求。 （2）丝头露出长度为 0～2p（p 为螺纹的螺距），且不宜超过 2p				
18		钢筋笼制作	浇筑前，钢筋笼外侧需设置垫块。注意检查钢筋保护层变化情况，钢筋或模板发生偏移时及时进行调整				

四、承台基础施工关键工序管控表、工艺流程控制卡

（一）承台基础施工关键工序管控表

序号	阶段	管理内容	管控要点	管理资料	监理	业主
1	准备	施工图审查	（1）设计标高与现场标高是否相符。 （2）图纸放坡系数是否满足规范要求。 （3）图纸转角度数、横担方向、线路方向是否标明，与现场实际相符。 （4）钢筋型号、使用量、钢筋安装方式足够满足现场施工需求。 （5）斜插钢管（地脚螺栓）间距及出土距离是否满足设计及铁塔组立需求	图纸预检记录、设计图纸交底纪要、施工图会检纪要		
2	准备	方案审查	（1）方案设计是否合理，是否具有可行性。 （2）使用商品混凝土时，商品混凝土使用的原材料检测要求是否符合规范要求。 （3）基坑开挖坡面保护措施是否得当，余土堆放和倒运是否符合要求，截排水、降水措施是否满足要求。 （4）对钢筋加工、套丝、制弯、绑扎要求是否符合规范要求。 （5）钢模板的排版设计，选用的模板是否具有足够的承载能力、刚度和稳定性，能可靠地承受浇筑混凝土的重量、侧压力以及施工荷载，是否有计算书及图片说明。（如有） （6）是否明确模板制作、加工、存放、维护的要求，主要技术参数及质量标准。 （7）是否详细说明不同部位的模板的安装拆除顺序及技术要点。 （8）施工缝（如有）留设位置是否合理及施工缝处理是否满足清水混凝土要求。 （9）混凝土养护措施是否合理，是否制定冬季施工养护方案和措施。 （10）大体积混凝土测温点布置是否合理，测温方式是否满足规范要求，是否有水化热分析和计算。 （11）斜插钢管（地脚螺栓）固定方式是否满足实际施工需求	方案审查记录、方案报审表、专项方案审查纪要		
3	准备	实测实量	（1）实测实量验收项目包含《国网基建部关于印发输变电工程达标投产考核工作手册和质量验收实测实量项目清单的通知》（基建安质〔2021〕27号）文件规定项目清单。 （2）实测实量仪器准备到位。（全站仪、水准仪、塔尺、卷尺、力矩扳手、回弹仪、坍落度桶、钢筋扫描仪）	实测实量记录表		/

续表

序号	阶段	管理内容	管控要点	管理资料	监理	业主
4	准备	标准工艺实施	执行《国家电网有限公司输变电工程标准工艺　架空线路工程分册》“基础工程——承台及连梁浇筑施工”要求			
5		人员交底	参加本项施工的管理人员及作业人员	人员培训交底记录、站班会记录		/
6		材料进场	（1）承台施工使用材料包括钢筋、混凝土、预埋件、地脚螺栓。 （2）供货商资质（一般包括营业执照、生产许可证、产品/典型产品的检验报告、企业质量管理体系认证或产品质量认证证书等）齐全。 （3）材料质量证明文件（一般包括产品出厂合格证、检验、试验报告等）合格有效。 （4）复检报告（钢筋、混凝土、预埋件，按有关规定进行取样送检，并在检验合格后报监理项目部查验）。 （5）产品自检	供应商报审表、原材进场报审表、试验检测报告、产品自检记录		
7	施工	基坑开挖	（1）基坑开挖按设计施工，开挖过程减少对开挖以外的地面的破坏，合理选择弃土的堆放点，注意保护自然植被。 （2）基坑开挖以设计图纸为准，按照不同地质条件规定开挖边坡。开挖后坡面应平整，不应积水，边坡不应坍塌。 （3）开挖深度符合设计及规范要求，坑底应平整。 （4）基坑开挖过程及完成后，基坑支护是否满足使用要求，是否经过受力计算，施工过程中是否进行基坑支护监测	基坑开挖施工记录		/
8		锚固墩垫层施工及锚固墩安装（如有）	（1）锚固墩中心与管端底部锚板中心位置满足要求，不偏心。 （2）锚固墩深度开挖符合设计图纸要求，锚固墩垫层施工符合要求。 （3）锚固墩混凝土强度满足设计图纸要求。 （4）锚固墩地脚螺栓安装数量符合要求，外部满足图纸要求	锚固墩施工记录、锚固墩隐蔽工程		/

续表

序号	阶段	管理内容	管控要点	管理资料	监理	业主
9	施工	垫层施工	（1）垫层施工前桩头是否清理完成，现场废料处理完毕，基坑底部是否按照设计标高进行整平。 （2）垫层浇筑后表面水泥浆是否刮去并找平，施工完成后垫层表面是否平整	垫层施工记录		/
10		插入钢管安装	（1）底段插入式钢管安装前表面是否生锈，是否进行除锈工作。 （2）斜插钢管（地脚螺栓）安装需正确，插入式钢管固定方式满足要求。 （3）斜插钢管（地脚螺栓）和锚固墩连接处地脚螺帽需紧固到位（如有）。 （4）斜插钢管（地脚螺栓）斜率精度是否满足设计要求	插入钢管安装记录		/
11		承台钢筋绑扎	（1）钢筋是否按要求见证取样。 （2）检查现场钢筋连接是否合格，直螺纹接头、焊接接头是否按照要求取样。 （3）钢筋隐蔽工程验收是否按照规定进行	见证取样记录、试验检测报告、钢筋工程验收记录		/
12		承台模板安装	（1）模板接缝是否平整，表面是否平整且清理干净并涂刷脱模剂。 （2）模板与支架的刚度和稳定性是否满足相应基础施工的要求。 （3）模板安装是否验收合格，模板拼缝严密。 （4）模板加固方式是否符合设计要求，受力计算满足现场实际情况	模板安装记录、模板验收记录		/
13		承台混凝土浇筑	（1）施工前钢筋模板验收合格。 （2）混凝土配合比检查。 （3）监理进行监理旁站。 （4）浇筑过程中对混凝土进行试块制作见证。 （5）大体积混凝土浇筑时要分层浇筑	浇筑施工记录、监理旁站记录、试块试压报告		/
14		承台模板拆除	（1）模板拆除前混凝土强度满足拆模要求，拆模不造成混凝土磕碰，不缺棱掉角。 （2）模板拆除后堆放指定位置，专人负责表面清理。 （3）拆模后进行实测实量检查，外观质量、表面平整度、垂直度、尺寸满足图纸要求。 （4）混凝土养护按要求执行	实测实量检查记录、混凝土养护记录		/

续表

序号	阶段	管理内容	管控要点	管理资料	监理	业主
15	施工	混凝土养护	（1）浇筑完成后，使用塑料膜、毛毡、厚棉被等方式进行基础浇筑养护。 （2）确保养护时间，浇筑完成后养护时间不得低于14d。 （3）根据大体积混凝土温度变化曲线，采取远程温度监测方式，滴水养护等方式进行混凝土养护（如有）	大体积混凝土温度监测记录、现场养护记录		/
16	施工	土方回填	（1）完成相应隐蔽工程的检查和验收，做好基坑验收记录。 （2）回填时浇筑混凝土达到一定强度，不能因为回填土受损，回填时使用原土回填。 （3）回填前，将坑内积水排净，将杂物清理干净。 （4）回填时分层回填，每层厚度为300mm，注意保证边缘回填土的压实状态	现场回填记录		/
17	验收	实测实量	（1）实测实量验收项目包含基建安质〔2021〕27号文件规定项目清单。 （2）实测实量仪器（全站仪、水准仪、塔尺、卷尺、力矩扳手、回弹仪、坍落度桶、钢筋扫描仪）准备到位	实测实量记录、隐蔽验收记录、过程验收记录		/
18	验收	资料验收	各项验评资料、施工记录，归档资料齐全并签字盖章	验评记录、隐蔽验收记录、三级自检记录		

（二）承台基础施工工艺流程控制卡

<table>
<tr><th rowspan="2">序号</th><th rowspan="2">项目</th><th rowspan="2">作业内容</th><th rowspan="2">控制要点及标准</th><th rowspan="2">检查结果</th><th colspan="2">施工</th><th rowspan="2">监理</th></tr>
<tr><th>作业负责人</th><th>质检员</th></tr>
<tr><td rowspan="3">1</td><td rowspan="3">方案的编写及交底</td><td>方案编写</td><td>（1）方案编制应包括承台施工参数、现场平面布置图、地质情况。
（2）方案编制应包括承台施工工艺流程、施工顺序。
（3）方案编制包含大体积混凝土施工方法、温度监测要求（如有）。
（4）方案编制应包括质量控制措施和质量通病防治分析和控制措施</td><td></td><td></td><td></td><td></td></tr>
<tr><td>交底对象</td><td>对参与机械开挖、垫层施工、钢筋加工安装、模板安装、混凝土浇筑、作业管理及作业人员进行专项技术交底</td><td></td><td></td><td></td><td></td></tr>
<tr><td>交底内容</td><td>工程概况与特点、作业程序、操作要领、注意事项、质量控制、应急预案、安全作业等</td><td></td><td></td><td></td><td></td></tr>
<tr><td>2</td><td>线路复测情况检查</td><td>★线路复测</td><td>（1）转角桩角度：转角桩的角度值，用方向法测量，对应设计值偏差≤1′30″。
（2）档距：杆塔位中心桩或直线桩的桩间距离相对设计值的偏差≤1%。
（3）被跨越物高程：被跨越物高程与断面图高程偏差≤0.5m。
（4）塔位桩高程：杆塔位桩高程与设计高程偏差≤0.5m。
（5）地形凸起点高程：线路经过地形凸起点高程与设计高程偏差≤0.5m。
（6）直线塔桩横线路位置偏移：偏差与设计相比≤50mm。
（7）被跨物距离：被跨越物与邻近杆（塔）位距离与设计偏差≤1%。
（8）地凸点距离：地形凸起点、风偏危险点与近杆（塔）位距离与设计偏差≤1%</td><td></td><td></td><td></td><td></td></tr>
<tr><td rowspan="2">3</td><td rowspan="2">钢筋、混凝土原材检查</td><td>钢筋检验</td><td>对钢筋进场进行检查，检查钢筋表面质量，表面无锈蚀，钢筋进场报告齐全，实验室检验合格</td><td></td><td></td><td></td><td></td></tr>
<tr><td>混凝土用砂检验</td><td>（1）应符合GB/T 14684的有关规定。
（2）砂进场时应抽样检查，并经有相应资格的检验单位验收，合格后方可采用。
（3）度模数宜大于，砂含泥量≤3.0%，泥块含量≤1.0%</td><td></td><td></td><td></td><td></td></tr>
</table>

续表

序号	项目	作业内容	控制要点及标准	检查结果	施工		监理
					作业负责人	质检员	
3	钢筋、混凝土原材检查	混凝土用碎石检验	（1）工程所用的碎石、卵石应符合 GB/T 14685 的相关要求。 （2）现场用碎石颗粒大小应相差不大，含泥量、含水率满足规范要求				
		混凝土用水泥检验	（1）水泥保管过程中应防止受潮。不同厂家、不同等级、不同品种、不同批号的水泥应分别放置，标识应清晰，不得混用。 （2）大体积混凝土用水泥应选用中、低热硅酸盐水泥，且 3d 的水化热不宜大于 240KJ/kg，7d 的水化热不宜大于 270KJ/k（如有）				
		掺合料检验	混凝土工程使用粉煤灰和高炉粒化矿渣粉，其质量应符合 GB 1596 和 GB/T 18046 的规定				
		外加剂检验	混凝土所用外加剂的质量及应用技术应符合 GB 8076、GB 50119 及有关环境保护的规定				
4	混凝土配比检查	混凝土配比检测	满足 JGJ 55—2011 规范要求				
5	基坑开挖	★分坑及基坑开挖	（1）岩土性质：坑壁及基底岩土性质应符合设计条件。 （2）基坑根开：一般塔±2‰，高塔±0.7‰。 （3）基坑底板：基坑底板尺寸与设计偏差不小于−1%。 （4）整基扭转：整基基础扭转：一般塔 10′；高塔 5′				
6	锚固墩施工（如有）	锚固墩施工	（1）锚固墩中心与管端底部锚板中心重合，不偏心。 （2）锚固墩坑深满足要求，垫层施工厚度和混凝土标号满足图纸要求。 （3）锚固墩顶部深入承台 100mm，满足图纸要求。 （4）地脚螺栓安装位置正确，地脚螺栓外部满足图纸要求				

续表

<table>
<tr><th rowspan="2">序号</th><th rowspan="2">项目</th><th rowspan="2">作业内容</th><th rowspan="2">控制要点及标准</th><th rowspan="2">检查结果</th><th colspan="2">施工</th><th rowspan="2">监理</th></tr>
<tr><th>作业负责人</th><th>质检员</th></tr>
<tr><td>7</td><td>垫层施工</td><td>垫层施工</td><td>（1）原材料及配合比：必须符合设计要求和现行有关标准的规定。
（2）混凝土运输、浇筑及间歇时间：应符合现行有关标准的规定。
（3）垫层强度：垫层强度符合要求后方可进行钢筋绑扎和模板支设</td><td></td><td></td><td></td><td></td></tr>
<tr><td>8</td><td>插入式钢管安装（如有）</td><td>插入式钢管安装</td><td>插入角钢（钢管）底端定位要准确，上端用硬连接可调工具固定，保证其精确位置。插入钢管校正采用全站仪测量，插入钢管在组装完毕后采取固定方式，待模板安装完毕后采用与模板相连接的拉筋固定模板和插入钢管</td><td></td><td></td><td></td><td></td></tr>
<tr><td rowspan="2">9</td><td rowspan="2">承台钢筋绑扎</td><td>钢筋接头检查</td><td>全数检查钢筋接头，按现行行业标准JGJ 107、JGJ 18的规定确定</td><td></td><td></td><td></td><td></td></tr>
<tr><td>接头取样</td><td>（1）接头试件应现场截取。
（2）检查钢筋机械连接接头100%全数检查。
（3）机械连接接头的现场检验按验收批进行，同一施工条件下采用同一批材料的同等级、同型式、同规格的接头每500个为一验收批。不足500个接头也按一验收批计。每批随机切取3个试件进行拉伸试验，长度500mm，对于A级接头，另取2条钢筋作为母材抗拉试验。
（4）钢筋焊接外观检查每批抽样10%，且不少于10件，力学性能检验每批随机抽样一组。
（5）同一焊工完成的同直径同牌号同类型的接头每批数量：
1）闪光对焊300个接头，一周内累计不足300个也为一批；
2）电阻点焊300个接头，一周内累计不足300个也为一批；
3）电弧焊同型式接头300个接头，不足也应作为一批；
4）电渣压力焊300个接头，不足也作为一批；
5）预埋件T形接头300个接头，一周内累计不足300个也为一批；
6）气压焊300个接头，不足也应作为一批</td><td></td><td></td><td></td><td></td></tr>
</table>

续表

序号	项目	作业内容	控制要点及标准	检查结果	施工		监理
					作业负责人	质检员	
9	承台钢筋绑扎	钢筋绑扎	钢筋连接应符合JGJ 18和JGJ 107要求，在同一连接区段内的接头应错开布置，纵向受力钢筋的接头面积百分率应符合设计要求；设计无要求时，受拉接头不应大于50%，受拉钢筋应力较小部位或纵向受压钢筋，接头面积百分率可不受限制。钢筋绑扎牢固、均匀、满扎，不得跳扎				
10	承台模板安装	承台模板安装	（1）模板支护应进行承载力核算，确保混凝土模板具有足够的承载力、刚度和整体稳固性。操作平台应与模板支护系统分离，确保浇筑过程中模板不位移。 （2）模板表面应平整且接缝严密，模板内不应有杂物、积水或冰雪等。 （3）模板安装前表面应均匀涂脱模剂，脱模剂不得沾污钢筋、不得对环境造成污染；脱模剂的质量应符合JC/T 949—2021《混凝土制品用脱模剂》的规定				
11	承台混凝土浇筑	原材料控制	（1）选用商品混凝土，根据工程实际需要，在商品混凝土中加入缓凝剂，使初凝时间为10h，终凝时间为15h，以满足大体积混凝土施工质量需要（如有大体积混凝土）。 （2）要求商品混凝土厂家采用水化热较低的普通硅酸盐水泥，在混凝土强度满足设计要求的前提下，尽量降低水泥用量，从而降低混凝土内部的最高温度（如有大体积混凝土）。 （3）商品混凝土厂家必须先实验确定或委托实验室确定混凝土配合比，混凝土中掺入粉煤灰及其他外加剂时应按国家有关规定执行，其掺量及使用效果应通过实验确定				
		数据复核	混凝土浇筑前，复核基础根开、顶面标高、桩间距等尺寸，确保与设计文件一致				
		开盘鉴定	首次使用的配合比应进行开盘鉴定，其工作性应满足设计配合比的要求				
		坍落度检查	符合设计及规范要求				

续表

序号	项目	作业内容	控制要点及标准	检查结果	施工		监理
					作业负责人	质检员	
11	承台混凝土浇筑	试件取样留置	（1）耐张塔和悬垂转角塔基础每基应取一组。 （2）一般线路的悬垂直线塔基础，同一施工班组每5基或不满5基应取一组。 （3）按大跨越设计的直线塔基础，每腿应取一组，但当基础混凝土量不超过同工程中大转角或终端塔基础时，则应每基取一组。 （4）当采用桩基础时应每根桩取1组，承台、连梁每基应取1组。 （5）单基或连续浇筑混凝土超过100m^3时应增加1组，并以此类推；每次连续浇筑超过1000m^3时，超过部分每增加200m^3应加取一组。 （6）当原材料变化、配合比变更时应另外制作。 （7）混凝土或砂浆的强度检验应以试块为依据，试块的制作应每基取一组。当需要其他强度鉴定时，外加试块组数由各工程自定				
		混凝土运输、浇筑及间歇	混凝土运输、浇筑及间歇的全部时间不应超过混凝土的初凝时间，同一施工段的混凝土应连续浇筑，并应在底层混凝土初凝之前将上一层混凝土浇筑完毕				
		搅拌和振捣	浇制中设专人控制混凝土的搅拌和振捣，随时检查混凝土的搅拌和振捣过程，防止出现振捣不均匀或振捣过度造成的离析				
		下料高度	混凝土垂直自由下落高度不得超过3m，超过时应使用溜槽、串斗，防止混凝土离析				
12	承台模板拆除	承台模板拆除	（1）混凝土达到规定强度后方可拆模。拆模时避免碰撞浇筑完成的基础。拆模后应清除插入钢管上的混凝土残渣。 （2）拆除模板应自上而下进行。拆下的模板应集中堆放。木模板外露的铁钉应及时拔掉或打弯。 （3）基础拆模时应保证混凝土表面及棱角不损坏				

续表

序号	项目	作业内容	控制要点及标准	检查结果	施工		监理
					作业负责人	质检员	
13	混凝土养护	混凝土养护	基础浇制完毕后3h内，基础外露部分应加遮盖物，保持混凝土表面的湿度和温度，基础养护时间不得少于14昼夜。冬季基础养护主要用覆盖法，在基础立柱顶面等易受冻部位包裹稻草或草帘。彩条布遮盖时一定要离开基础顶面300mm以上，以免彩条布结霜冻伤基础顶面				
14	土方回填	土方回填	（1）在回填前，对已完成的隐蔽工程进行检查和验收，并做好基坑验收记录。 （2）基础现浇混凝土应达到一定强度，不至于因回填土而受损时方可回填，回填时采用原土回填。 （3）回填前，将基坑内排水、杂物清理干净，并经现场安质员、监理检查合格后方可回填。 （4）基坑回填时机械或机具不得碰撞承台结构。 （5）基坑雨季回填时，应集中力量，分段施工，工序紧凑，取、运、填、平、压各环节紧跟作业。雨季施工，雨前要及时压完已填土层并将表面压平后，做成一定坡势。雨中不得填筑非透水性土壤。 （6）回填分层分段，回填时每层厚度约300mm，整片回填夯实采用蛙式打夯机。特别注意保证边缘部位回填土的压实质量				
		立柱及各底座断面尺寸	断面尺寸允许偏差－1%				
		钢筋保护层厚度	钢筋保护层厚度允许偏差－5mm				
		基础根开及对角线	基础根开及对角线允许偏差：一般塔±2‰，高塔±0.7‰				

续表

序号	项目	作业内容	控制要点及标准	检查结果	施工		监理
					作业负责人	质检员	
14	土方回填	基础顶面相对高差	基础顶面高差允许偏差5mm				
		同组地脚螺栓对立柱中心偏移	同组地脚螺栓对立柱中心偏移允许偏差10mm				
		整基基础中心位移	整基基础中心位移允许偏差：顺线路方向30mm，横线路方向30mm				
		地脚螺栓露出混凝土面高度	地脚螺栓露出混凝土面高度允许偏差－5～10mm				
		整基基础扭转	整基基础扭转允许偏差：一般塔10′，高塔5′				
15	外观检查	混凝土颜色	颜色基本一致、无明显色差；无气泡、蜂窝、麻面				
16	混凝土强度检查	混凝土强度检查	浇筑时制作标养试块和同条件试块。同条件等效养护龄期可取按日平均温度逐日累计达到600℃·d时所对应的龄期，0℃及以下的龄期不计入。等效养护龄期不应小于14d，不宜大于60d。标准养护时间为28d				
17	通病防治	大体积混凝土开裂（如有大体积混凝土）	（1）根据现场实际温度变化采取相应养护措施。 （2）在覆盖养护或带模养护阶段，混凝土浇筑体表面以40～100mm位置处的温度与混凝土浇筑体表面温度差值不应大于25℃。 （3）结束覆盖养护或拆模后，混凝土浇筑体表面以内40～100mm位置处的温度与环境温度差值不应大于25℃				

续表

序号	项目	作业内容	控制要点及标准	检查结果	施工		监理
					作业负责人	质检员	
18	通病防治	基础表面蜂窝、麻面	基础浇制过程振捣要均匀密实				
19		基础棱角磕碰、损伤	浇筑完成后，等待基础强度到达75%时进行拆模。模板拆除后及时将模板运离现场，防止模板磕碰				

五、钢筋混凝土板柱基础施工关键工序管控表、工艺流程控制卡

（一）钢筋混凝土板柱基础施工关键工序管控表

序号	阶段	管理内容	管控要点	管理资料	监理	业主
1	准备	施工图审查	（1）设计标高与现场标高是否相符。 （2）图纸放坡系数是否满足规范要求。 （3）图纸转角度数、横担方向、线路方向是否标明，与现场实际相符。 （4）钢筋型号、使用量、钢筋安装方式足够满足现场施工需求。 （5）地脚螺栓间距及出土距离是否满足设计及铁塔组立需求	图纸预检记录、设计图纸交底纪要、施工图会检纪要		
2		方案审查	（1）方案设计是否合理，是否具有可行性。 （2）使用商品混凝土时，商品混凝土使用的原材料检测要求是否符合规范要求。 （3）基坑开挖坡面保护措施是否得当，余土堆放和倒运是否符合要求，截排水、降水措施是否满足要求。 （4）对钢筋加工、套丝、制弯、绑扎要求是否符合规范要求。 （5）是否明确模板制作、加工、存放、维护的要求，主要技术参数及质量标准。 （6）是否详细说明不同部位的模板的安装拆除顺序及技术要点。 （7）施工缝（如有）留设位置是否合理及施工缝处理是否满足清水混凝土要求。 （8）混凝土养护措施是否合理，是否制定冬季施工养护方案和措施。 （9）地脚螺栓固定方式是否满足实际施工需求	方案审查记录、方案报审表、专项方案审查纪要		

续表

序号	阶段	管理内容	管控要点	管理资料	监理	业主
3	准备	实测实量	（1）实测实量验收项目包含基建安质〔2021〕27 号文件规定项目清单。 （2）实测实量仪器（全站仪、水准仪、塔尺、卷尺、力矩扳手、回弹仪、坍落度桶、钢筋扫描仪）准备到位	实测实量记录表		/
4	准备	标准工艺实施	执行《国家电网有限公司输变电工程标准工艺　架空线路工程分册》“基础工程——钢筋混凝土板柱基础施工”要求	标准工艺应用记录		
5	准备	人员交底	参加本项施工的管理人员及作业人员	人员培训交底记录、站班会记录		/
6	准备	材料进场	（1）板柱基础施工使用材料包括钢筋、混凝土、预埋件、地脚螺栓。 （2）供货商资质［一般包括营业执照、生产许可证、产品（典型产品）的检验报告、企业质量管理体系认证或产品质量认证证书等］齐全。 （3）材料质量证明文件（一般包括产品出厂合格证、检验、试验报告等）合格有效。 （4）复检报告（钢筋、混凝土、预埋件，按有关规定进行取样送检，并在检验合格后报监理项目部查验）。 （5）产品自检	供应商报审表、原材进场报审表、试验检测报告、产品自检记录		
7	施工	基坑开挖	（1）基坑开挖按设计施工，开挖过程减少对开挖以外的地面的破坏，合理选择弃土的堆放点，注意保护自然植被。 （2）基坑开挖以设计图纸为准，按照不同地质条件规定开挖边坡。开挖后坡面应平整，不应积水，边坡不应坍塌。 （3）开挖深度符合设计及规范要求，坑底应平整。 （4）基坑开挖过程及完成后，基坑支护是否满足使用要求，是否经过受力计算，施工过程中是否进行基坑支护监测	基坑开挖施工记录		/

续表

序号	阶段	管理内容	管控要点	管理资料	监理	业主
8	施工	垫层施工	（1）垫层施工前桩头是否清理完成，现场废料处理完毕，基坑底部是否按照设计标高进行整平。 （2）垫层浇筑后表面水泥浆是否刮去并找平，施工完成后垫层表面是否平整	垫层施工记录		/
9		地脚螺栓安装	（1）地脚螺栓安装前表面是否生锈，是否进行除锈工作。 （2）地脚螺栓安装需正确，固定方式满足要求	地脚螺栓收发台账		/
10		钢筋绑扎	（1）钢筋是否按要求见证取样。 （2）检查现场钢筋连接是否合格，直螺纹接头、焊接接头是否按照要求取样。 （3）钢筋隐蔽工程验收是否按照规定进行	见证取样记录、试验检测报告、钢筋工程验收记录		/
11		模板安装	（1）模板接缝是否平整，表面是否平整且清理干净并涂刷脱模剂。 （2）模板与支架的刚度和稳定性是否满足相应基础施工的要求。 （3）模板安装是否验收合格，模板拼缝严密。 （4）模板加固方式是否符合设计要求，受力计算满足现场实际情况	模板安装记录、模板验收记录		/
12		混凝土浇筑	（1）施工前钢筋模板验收合格。 （2）混凝土配合比检查。 （3）监理进行监理旁站。 （4）浇筑过程中对混凝土进行试块制作见证。 （5）大体积混凝土浇筑时要分层浇筑	浇筑施工记录、监理旁站记录、试块试压报告		/
13		模板拆除	（1）模板拆除前混凝土强度满足拆模要求，拆模不造成混凝土磕碰，不缺棱掉角。 （2）模板拆除后堆放指定位置，专人负责表面清理。 （3）拆模后进行实测实量检查，外观质量、表面平整度、垂直度、尺寸满足图纸要求。 （4）混凝土养护按要求执行	实测实量检查记录、混凝土养护记录		/

续表

序号	阶段	管理内容	管控要点	管理资料	监理	业主
14	施工	混凝土养护	浇筑完成后，使用塑料膜、毛毡、厚棉被等方式进行基础浇筑养护。确保养护时间，浇筑完成后养护时间不得低于 14d	现场养护记录		/
15		土方回填	（1）完成相应隐蔽工程的检查和验收，做好基坑验收记录。 （2）回填时浇筑混凝土达到一定强度，回填时使用原土回填。 （3）回填前，将坑内积水排净，将杂物清理干净。 （4）回填时分层回填，每层厚度为 300mm，注意保证边缘回填土的压实状态	现场回填记录		/
16	验收	实测实量	（1）实测实量验收项目包含基建安质〔2021〕27 号文件规定项目清单。 （2）实测实量仪器（全站仪、水准仪、塔尺、卷尺、力矩扳手、回弹仪、坍落度桶、钢筋扫描仪）准备到位	实测实量记录、隐蔽验收记录、过程验收记录		/
17		资料验收	各项验评资料、施工记录，归档资料齐全并签字盖章	验评记录、隐蔽验收记录、三级自检记录		

（二）钢筋混凝土板柱基础施工工艺流程控制卡

序号	项目	作业内容	控制要点及标准	检查结果	施工		监理
					作业负责人	质检员	
1	方案的编写及交底	方案编写	（1）方案编制应包括施工参数、现场平面布置图、地质情况。 （2）方案编制应包括钢筋混凝土板柱基础施工工艺流程、施工顺序。 （3）方案编制应包括质量控制措施和质量通病防治分析和控制措施				
		交底对象	对参与机械开挖、垫层施工、钢筋加工安装、模板安装、混凝土浇筑、作业管理及作业人员进行专项技术交底				
		交底内容	工程概况与特点、作业程序、操作要领、注意事项、质量控制、应急预案、安全作业等				

续表

序号	项目	作业内容	控制要点及标准	检查结果	施工		监理
					作业负责人	质检员	
2	线路复测情况检查	★线路复测	（1）转角桩角度：转角桩的角度值，用方向法测量，对应设计值偏差≤1′30″。 （2）档距：杆塔位中心桩或直线桩的桩间距离相对设计值的偏差≤1%。 （3）被跨越物高程：被跨越物高程与断面图高程偏差≤0.5m。 （4）塔位桩高程：杆塔位桩高程与设计高程偏差≤0.5m。 （5）地形凸起点高程：线路经过地形凸起点高程与设计高程偏差≤0.5m。 （6）直线塔桩横线路位置偏移：偏差与设计相比≤50mm。 （7）被跨物距离：被跨越物与邻近杆（塔）位距离与设计偏差≤1%。 （8）地凸点距离：地形凸起点、风偏危险点与近杆（塔）位距离与设计偏差≤1%				
3	钢筋、混凝土原材检查	钢筋检验	对钢筋进场进行检查，检查钢筋表面质量，表面无锈蚀，钢筋进场报告齐全，实验室检验合格				
		混凝土用砂检验	（1）应符合GB/T 14684的有关规定。 （2）砂进场时应抽样检查，并经有相应资格的检验单位验收，合格后方可采用				
		混凝土用碎石检验	（1）工程所用的碎石、卵石应符合GB/T 14685的相关要求。 （2）现场用碎石颗粒大小应相差不大，含泥量、含水率满足规范要求				
		混凝土用水泥检验	水泥保管过程中应防止受潮。不同厂家、不同等级、不同品种、不同批号的水泥应分别放置，标识应清晰，不得混用				
		掺合料检验	混凝土工程使用粉煤灰和高炉粒化矿渣粉，其质量应符合GB 1596和GB/T 18046的规定				
		外加剂检验	混凝土所用外加剂的质量及应用技术应符合GB 8076、GB 50119及有关环境保护的规定				
4	混凝土配比检查	混凝土配比检测	满足JGJ 55—2011规范要求				

续表

<table>
<tr><th rowspan="2">序号</th><th rowspan="2">项目</th><th rowspan="2">作业内容</th><th rowspan="2">控制要点及标准</th><th rowspan="2">检查结果</th><th colspan="2">施工</th><th rowspan="2">监理</th></tr>
<tr><th>作业负责人</th><th>质检员</th></tr>
<tr><td>5</td><td>基坑开挖</td><td>★分坑及基坑开挖</td><td>（1）岩土性质：坑壁及基底岩土性质应符合设计条件。
（2）基坑根开：相邻基坑中心的纵向或横向距离及对角方向距离与设计偏差不超过±0.2%。
（3）基坑埋深：基础坑成形后，坑底与基面点垂直距离与设计值偏差不超过 100～0mm。
（4）基坑底板：基坑底板尺寸与设计偏差不小于－1%。
（5）整基基础扭转：一般塔 10′；高塔 5′</td><td></td><td></td><td></td><td></td></tr>
<tr><td>6</td><td>垫层施工</td><td>垫层施工</td><td>（1）原材料及配合比：必须符合设计要求和现行有关标准的规定。
（2）混凝土运输、浇筑及间歇时间：应符合现行有关标准的规定。
（3）垫层强度：垫层强度符合要求后方可进行钢筋绑扎和模板支设</td><td></td><td></td><td></td><td></td></tr>
<tr><td>7</td><td>地脚螺栓安装</td><td>地脚螺栓安装</td><td>地脚螺栓及钢筋规格、符合设计要求，加工质量符合规范且制作工艺良好。安装位置符合设计要求。钢筋表面干净，不得使用表面有颗粒状、片状老锈或有损伤的钢筋</td><td></td><td></td><td></td><td></td></tr>
<tr><td rowspan="2">8</td><td rowspan="2">钢筋绑扎</td><td>钢筋接头检查</td><td>全数检查钢筋接头，按现行行业标准 JGJ 107、JGJ 18 的规定确定</td><td></td><td></td><td></td><td></td></tr>
<tr><td>接头取样</td><td>（1）接头试件应现场截取。
（2）检查钢筋机械连接接头 100%全数检查。
（3）机械连接接头的现场检验按验收批进行，同一施工条件下采用同一批材料的同等级、同型式、同规格的接头每 500 个为一验收批。不足 500 个接头也按一验收批计。每批随机切取 3 个试件进行拉伸试验，长度 500mm，对于 A 级接头，另取 2 条钢筋作为母材抗拉试验。
（4）钢筋焊接外观检查每批抽样 10%，且不少于 10 件，力学性能检验每批随机抽样一组。
（5）同一焊工完成的同直径同牌号同类型的接头每批数量：</td><td></td><td></td><td></td><td></td></tr>
</table>

续表

<table>
<tr><th rowspan="2">序号</th><th rowspan="2">项目</th><th rowspan="2">作业内容</th><th rowspan="2">控制要点及标准</th><th rowspan="2">检查结果</th><th colspan="2">施工</th><th rowspan="2">监理</th></tr>
<tr><th>作业负责人</th><th>质检员</th></tr>
<tr><td rowspan="2">8</td><td rowspan="2">钢筋绑扎</td><td>接头取样</td><td>（1）闪光对焊300个接头，一周内累计不足300个也为一批；
（2）电阻点焊300个接头，一周内累计不足300个也为一批；
（3）电弧焊同型式接头300个接头，不足也应作为一批；
（4）电渣压力焊300个接头，不足也作为一批；
（5）预埋件T形接头300个接头，一周内累计不足300个也为一批；
（6）气压焊300个接头，不足也应作为一批</td><td></td><td></td><td></td><td></td></tr>
<tr><td>钢筋绑扎</td><td>（1）钢筋连接应符合JGJ 18和JGJ 107要求，在同一连接区段内的接头应错开布置，纵向受力钢筋的接头面积百分率应符合设计要求。
（2）设计无要求时，受拉接头不应大于50%，受拉钢筋应力较小部位或纵向受压钢筋，接头面积百分率可不受限制。钢筋绑扎牢固、均匀、满扎，不得跳扎</td><td></td><td></td><td></td><td></td></tr>
<tr><td>9</td><td>模板安装</td><td>模板安装</td><td>（1）模板支护应进行承载力核算，确保混凝土模板具有足够的承载力、刚度和整体稳固性。操作平台应与模板支护系统分离，确保浇筑过程中模板不位移。
（2）模板表面应平整且接缝严密，模板内不应有杂物、积水或冰雪等。
（3）模板安装前表面应均匀涂脱模剂，脱模剂不得沾污钢筋、不得对环境造成污染；脱模剂的质量应符合JC/T 949的规定</td><td></td><td></td><td></td><td></td></tr>
<tr><td rowspan="4">10</td><td rowspan="4">混凝土浇筑</td><td>原材料控制</td><td>商品混凝土厂家必须先实验确定或委托实验室确定混凝土配合比，混凝土中掺入粉煤灰及其他外加剂时应按国家有关规定执行，其掺量及使用效果应通过实验确定</td><td></td><td></td><td></td><td></td></tr>
<tr><td>数据复核</td><td>混凝土浇筑前，复核基础根开、顶面标高、桩间距等尺寸，确保与设计文件一致</td><td></td><td></td><td></td><td></td></tr>
<tr><td>开盘鉴定</td><td>首次使用的配合比应进行开盘鉴定，其工作性应满足设计配合比的要求</td><td></td><td></td><td></td><td></td></tr>
<tr><td>坍落度检查</td><td>符合设计及规范要求</td><td></td><td></td><td></td><td></td></tr>
</table>

续表

<table>
<tr><th rowspan="2">序号</th><th rowspan="2">项目</th><th rowspan="2">作业内容</th><th rowspan="2">控制要点及标准</th><th rowspan="2">检查结果</th><th colspan="2">施工</th><th rowspan="2">监理</th></tr>
<tr><th>作业负责人</th><th>质检员</th></tr>
<tr><td rowspan="4">10</td><td rowspan="4">混凝土浇筑</td><td>试件取样留置</td><td>（1）耐张塔和悬垂转角塔基础每基应取一组。
（2）一般线路的悬垂直线塔基础，同一施工班组每5基或不满5基应取一组。
（3）按大跨越设计的直线塔基础，每腿应取一组，但当基础混凝土量不超过同工程中大转角或终端塔基础时，则应每基取一组。
（4）当采用桩基础时应每根桩取1组，承台、连梁每基应取1组。
（5）单基或连续浇筑混凝土超过100m³时应增加1组，并以此类推；每次连续浇筑超过1000m³时，超过部分每增加200m³应加取一组。
（6）当原材料变化、配合比变更时应另外制作。
（7）混凝土或砂浆的强度检验应以试块为依据，试块的制作应每基取一组。当需要其他强度鉴定时，外加试块组数由各工程自定</td><td></td><td></td><td></td><td></td></tr>
<tr><td>混凝土运输、浇筑及间歇</td><td>混凝土运输、浇筑及间歇的全部时间不应超过混凝土的初凝时间，同一施工段的混凝土应连续浇筑，并应在底层混凝土初凝之前将上一层混凝土浇筑完毕</td><td></td><td></td><td></td><td></td></tr>
<tr><td>搅拌和振捣</td><td>浇制中设专人控制混凝土的搅拌和振捣，随时检查混凝土的搅拌和振捣过程，防止出现振捣不均匀或振捣过度造成的离析</td><td></td><td></td><td></td><td></td></tr>
<tr><td>下料高度</td><td>混凝土垂直自由下落高度不得超过3m，超过时应使用溜槽、串斗，防止混凝土离析</td><td></td><td></td><td></td><td></td></tr>
<tr><td>11</td><td>模板拆除</td><td>模板拆除</td><td>（1）混凝土达到规定强度后方可拆模。拆模时避免碰撞浇筑完成的基础。拆模后应清除插入钢管上的混凝土残渣。
（2）拆除模板应自上而下进行。拆下的模板应集中堆放。木模板外露的铁钉应及时拔掉或打弯。
（3）基础拆模时应保证混凝土表面及棱角不损坏</td><td></td><td></td><td></td><td></td></tr>
</table>

续表

序号	项目	作业内容	控制要点及标准	检查结果	施工		监理
					作业负责人	质检员	
12	混凝土养护	混凝土养护	（1）基础浇制完毕后3h内，基础外露部分应加遮盖物，保持混凝土表面的湿度和温度。 （2）冬季基础养护主要为覆盖法，在基础立柱顶面等易受冻部位包裹稻草或草帘。 （3）彩条布遮盖时一定要离开基础顶面300mm以上，以免彩条布结霜冻伤基础顶面				
13	土方回填	土方回填	（1）在回填前，对已完成的隐蔽工程进行检查和验收，并做好基坑验收记录。 （2）基础现浇混凝土应达到一定强度，不至于因回填土而受损时方可回填，回填时采用原土回填。 （3）回填前，将基坑内排水、杂物清理干净，并经现场安质员、监理检查合格后方可回填。 （4）基坑回填时机械或机具不得碰撞承台结构。 （5）基坑雨季回填时，应集中力量，分段施工，工序紧凑，取、运、填、平、压各环节紧跟作业。雨季施工，雨前要及时压完已填土层并将表面压平后，做成一定坡势。雨中不得填筑非透水性土壤。 （6）回填分层分段，回填时每层厚度约300mm，整片回填夯实采用蛙式打夯机。特别注意保证边缘部位回填土的压实质量				
14	★结构尺寸检查	基础埋深	基础埋深允许偏差−50～100mm				
		立柱及各底座断面尺寸	立柱及各底座断面尺寸允许偏差−1%				
		钢筋保护层厚度	钢筋保护层厚度允许偏差−5mm				
		基础根开及对角线	基础根开及对角线允许偏差：一般塔±2‰，高塔±0.7‰				

续表

序号	项目	作业内容	控制要点及标准	检查结果	施工		监理
					作业负责人	质检员	
14	★结构尺寸检查	基础顶面相对高差	基础顶面高差允许偏差 5mm				
		整基基础扭转	同组地脚螺栓对立柱中心偏移允许偏差 10mm				
		整基基础中心位移	整基基础中心位移允许偏差：顺线路方向 30mm，横线路方向 30mm				
		整基基础扭转	整基基础扭转允许偏差：一般塔 10′，高塔 5′				
		地脚螺栓露出混凝土面高度	地脚螺栓露出混凝土面高度允许偏差：－5～＋10mm				
15	外观检查	混凝土颜色	颜色基本一致、无明显色差；无气泡、蜂窝、麻面				
16	混凝土强度检查	混凝土强度检查	浇筑时制作标养试块和同条件试块。同条件等效养护龄期可取按日平均温度逐日累计达到 600℃·d 时所对应的龄期，0℃及以下的龄期不计入。等效养护龄期不应小于 14d，不宜大于 60d。标准养护时间为 28d				
17	通病防治	混凝土浇筑	基础浇制过程振捣要均匀密实				
18		基础拆模	浇筑完成后，等待基础强度到达 75%时进行拆模。模板拆除后及时将模板运离现场，防止模板磕碰				

六、接地工程关键工序管控表、工艺流程控制卡

（一）接地工程关键工序管控表

序号	阶段	管理内容	管控要点	管理资料	监理	业主
1	准备	施工图审查	（1）设计标高与现场标高是否相符。 （2）接地镀锌圆钢给定量与图纸设计量是否一致，满足现场施工要求。 （3）接地引下线长度是否满足现场实际需求，接地联板安装位置与铁塔预留接地孔安装位置是否一致。 （4）接地圆钢排布、钢筋搭接要求是否明确，现场是否具备施工条件。 （5）接地施工过程防腐要求和防腐措施是否明确	图纸预检记录、设计图纸交底纪要、施工图会检纪要		
2		方案审查	（1）方案设备、工器具、原材料使用是否符合要求和满足质量通病要求。 （2）施工流程和施工方法是否满足现场实际施工需求，可行性高。 （3）接地电阻测量方式和规范设计值是否明确。 （4）接地圆钢布设方式、接头搭接方式、防腐要求是否符合设计图纸要求。 （5）接地沟挖设方式、挖设深度、余土放置地点是否在方案中加以明确。 （6）接地沟回填和防沉层厚度是否按照规范要求进行说明	方案审查记录、方案报审表、专项方案审查纪要		
3		实测实量	（1）实测实量验收项目包含基建安质〔2021〕27号文件规定项目清单。 （2）实测实量仪器（接地绝缘电阻表、卷尺、游标卡尺）准备到位	实测实量记录表		/
4		标准工艺实施	执行《国家电网有限公司输变电工程标准工艺　架空线路工程分册》“接地工程——接地引下线施工、接地体制作施工”要求	标准工艺应用记录		
5		人员交底	参加本项施工的管理人员及作业人员	人员培训交底记录、站班会记录		/

续表

序号	阶段	管理内容	管控要点	管理资料	监理	业主
6	准备	材料进场	（1）接地施工使用材料包括镀锌圆钢、接地引下线、混凝土。 （2）供货商资质［一般包括营业执照、生产许可证、产品（典型产品）的检验报告、企业质量管理体系认证或产品质量认证证书等］齐全。 （3）材料质量证明文件（一般包括产品出厂合格证、检验、试验报告等）合格有效。 （4）复检报告（钢筋按有关规定进行取样送检，并在检验合格后报监理项目部查验）。 （5）产品自检	供应商报审表、原材进场报审表、试验检测报告、产品自检记录		
7	施工	接地沟开挖	接地沟开挖深度符合设计图纸要求，宽度不低于 0.5m	接地沟验收记录		/
8	施工	接地体制作	（1）接地体应采用搭接施焊，圆钢的搭接长度不应小于其直径的 6 倍并应双面施焊；扁钢的搭接长度不应少于其宽度的 2 倍并应四面施焊。圆钢与扁钢搭接长度不应少于圆钢直径的 6 倍，并双面施焊。焊缝应平滑饱满。 （2）现场焊接点应进行防腐处理且符合设计要求，防腐范围不应小于连接部位两端各 100mm。 （3）接地体连接前应清除连接部位的浮锈，接地体间连接必须可靠。 （4）水平接地体埋设应符合遇倾斜地形宜等高线埋设；两接地体间的平行距离不应小于 5m；接地体敷设应平直；对无法按照上述要求埋设的特殊地形，应与设计单位协商解决。 （5）接地体的连接部分需采取防腐处理	接地工程验收记录		/
9	施工	接地回填	（1）接地线和接地模块接触的回填土应采用导电性良好的细碎土并压实。 （2）回填后应筑有防沉层，工程移交时回填土不得低于地面	接地工程施工记录表		/
10	验收	实测实量	接地埋设深度、接地搭接长度、防腐漆涂刷长度、接地电阻值	隐蔽验收记录、接地工程施工记录表		/
11	验收	资料验收	各项验评资料、施工记录，归档资料齐全并签字盖章	验评记录、隐蔽验收记录		

（二）接地工程工艺流程控制卡

序号	项目	作业内容	控制要点及标准	检查结果	施工		监理
					作业负责人	质检员	
1	方案的编写及交底	方案编写	（1）方案编制应包括现场平面布置图、施工作业条件。 （2）方案编制应包括接地施工工艺流程、施工顺序。 （3）方案编制应包括质量控制措施和质量通病防治分析和控制措施。 （4）方案编制应包括安全文明施工和环境保护措施				
		交底对象	对参与接地沟开挖及回填、接地钢筋敷设、现场焊接、作业管理及作业人员进行专项技术交底				
		交底内容	工程概况与特点、作业程序、操作要领、注意事项、质量控制、应急预案、安全作业等				
2	接地原材料检查	接地钢筋检验	对钢筋进场进行检查，检查钢筋表面质量，表面镀锌层保护良好，钢筋进场报告齐全，实验室检验合格				
		接地引下线	（1）接地引下线应进行进场检查，检查钢筋表面质量，表面镀锌层保护良好。 （2）钢筋进场资料齐全				
3	接地施工	接地圆钢敷设	（1）在接地沟内敷设圆钢应顺直，将翘曲的接地钢筋及时处理，使其与接地沟底面贴合。 （2）接地装置的放射线应尽量分散布置，平行间距不得小于5m				
		接地钢筋焊接	钢筋连接采用双面搭接焊，焊接长度满足100mm，敲掉焊渣后焊缝要求饱满，并遵守JGJ 18要求				
		接地防腐	所有焊点应做防腐处理：焊接完成冷却后敲掉焊渣，在焊接部位采用涂锌黄底漆两道，沥青涂刷两道防腐，涂刷范围应超出焊接范围两侧各100mm				

续表

序号	项目	作业内容	控制要点及标准	检查结果	施工		监理
					作业负责人	质检员	
4	接地引下线安装	接地引下线安装	（1）连接于铁塔接地预留孔上。接地体间连接必须可靠。接地引下线与杆塔的连接应良好，并应便于断开测量接地电阻。 （2）引下线与接地体采用双面搭接焊接，焊接长度不少于 100mm，焊肉高度不小于 4mm，不得有焊渣、气泡等杂质。 （3）接地引下线沿着基础保护帽和基础表面走向制弯，引下线沿着基础立柱表面向下到设计埋深后再向水平方向延伸。 （4）地引下线制弯时应使用专用工具，制弯点 R 不小于 10m，制弯点的接地引下线不得损伤圆钢和镀锌层。 （5）安装接地引下线，不得损伤基础和保护帽混凝土表面				
5	接地引下线安装	接地引下线弯制	（1）引下线煨弯宜采用煨弯工具，应使煨弯过程中引下线与基础及保护帽磕碰造成边角破损，影响美观。 （2）接地引下线要紧贴塔材和基础及保护帽表面引下，应顺畅、美观。接地板与塔材应接触紧密。护帽磕碰造成边角破损影响美观。 （3）架空线路杆塔的每一腿都应与接地体线连接。 （4）接地引下线材料、规格及连接方式要符合规定，要进行热镀锌处理。 （5）接地引下线连板与杆塔的连接应接触良好，接地引下线应紧贴塔材和保护帽及基础表面，引下顺畅、美观，便于运行测量检修。 （6）接地引下线引出方位与杆塔接地孔位置相对应。接地引下线应平直、美观。 （7）接地螺栓安装应设防松螺母或防松垫片，宜采用可拆卸的防盗螺栓				
6	接地回填	接地沟回填	接地施工完成并验收合格后，进行接地回填。接地回填时分层回填并夯实，每 30cm 一层				
		防沉层设置	接地回填完成后，设置接地防沉层，防沉层高度为 150～300mm				

续表

序号	项目	作业内容	控制要点及标准	检查结果	施工		监理
					作业负责人	质检员	
7	接地电阻测量	接地电阻测量	接地施工完成后，应逐基对接地电阻进行测量并记录，测量结果乘上季节系数不得大于工频电阻要求值				
8	★接地埋设实体验收	接地体间距	两接地体之间的距离≥5m				
		接地沟深度	符合设计及规范要求				
		接地钢筋焊接长度	（1）接地体应采用搭接施焊，圆钢搭接长度应不小于直径的6倍并双面施焊。 （2）扁钢搭接长度不应小于宽度的2倍并四面施焊				
		接地防腐	镀锌圆钢接地引下线入土处上下500mm范围内应涂刷有机防腐涂料，进行二次防腐				
9	接地引下线验收	接地引下线验收	（1）接地引下线连板与杆塔的连接应接触良好，接地引下线应紧贴塔材和保护帽及基础表面，引下顺畅、美观，便于运行测量检修。 （2）接地引下线引出方位与杆塔接地孔位置相对应。接地引下线应平直、美观。 （3）接地螺栓安装应设防松螺母或防松垫片，宜采用可拆卸的防盗螺栓				
		资料验收	各项验评资料、施工记录，归档资料齐全并签字盖章				
10	通病防治	接地体制作	接地体应采用搭接施焊，圆钢搭接长度不应小于直径的6倍并双面施焊；扁钢搭接长度不应小于宽度的2倍并四面施焊，焊缝要平滑饱满				
11		接地回填	接地体埋深不得小于设计值				
12		基地电阻测量	接地施工完成后，应逐基对接地电阻进行测量并记录，测量结果乘上季节系数不得大于工频电阻要求值				

第二节　杆塔工程及架线工程

一、铁塔组立关键工序管控表、自立式铁塔组立工艺流程控制卡（角钢塔、钢管跨越塔、履带起重机、落地双平臂抱杆、升降机）

（一）铁塔组立关键工序管控表

序号	阶段	管理内容	管控要点	管理资料	监理	业主
1	准备阶段	施工图审查	（1）熟悉施工图设计要点。 （2）关注施工图纸的各个工序环节。 （3）落地抱杆腰环预留安装孔位置和间距满足施工要求。（如需落地抱杆组塔） （4）铁塔图纸与基础、架线图纸相契合	施工图预检记录表、施工图纸交底纪要、施工图会检纪要		
2		方案审查	（1）方案设计是否合理，是否具有可行性。 （2）吊装设备的各类参数值，吊装计算的安全系数、不平衡系数是否符合规范要求。 （3）吊装各段（片、根）的重量、高度，需补强的地方是否图示说明，图示是否详细、明了。 （4）计算是否按照最不利工况进行计算选择受力工器具。 （5）横担及塔头吊装、就位方式。 （6）抱杆落地处地基处理。 （7）抱杆顶升及拆除。 （8）抱杆腰环设置位置、数量是否符合安规要求。 （9）不平衡力矩计算。 （10）汽车起重机吨位及吊装高度。 （11）地锚埋设位置和受力计算是否满足施工需要	（专项）施工方案报审、文件审查记录表		
3		标准工艺	（1）角钢铁塔分解组立施工。 （2）钢管结构大跨越铁塔组立施工	标准工艺应用记录		

续表

序号	阶段	管理内容	管控要点	管理资料	监理	业主
4	准备阶段	人员交底	参加本项施工的管理人员及作业人员	人员培训交底记录、站班会记录		
5		甲供开箱	（1）供应商资质文件（营业执照、安全生产许可证、产品的检验报告、企业质量管理体系认证或产品质量认证证书）齐全。 （2）材料质量证明文件（包括产品出厂合格证、检验、试验报告）合格有效。 （3）甲供材包括塔材、螺栓	甲供主要设备（材料/构配件）开箱申请表、铁塔及螺栓厂家资质文件及质量证明文件		
6		大型设备	（1）设备质量证明文件（包括产品出厂合格证、检验、试验报告），包括：双平臂落地抱杆、履带起重机、汽车起重机、升降机。 （2）检验报告（包括检测报告、型式试验报告），包括：双平臂落地抱杆、履带起重机、汽车起重机、升降机。 （3）安装验收资料	大中型设备进场报审、验收移交资料、日常管理记录		
7		路基处理	大型履带起重机进场前需要进行现场路基处理，确保地基承载力满足现场施工要求（如需）	地基承载力报告		
8	施工阶段	外观验收	（1）塔材镀锌均匀，无磕碰、无色差。 （2）产品与图纸或施工方案中厂家、型号、规格一致、外观检查良好	检查记录表		
9		镀锌层检查	（1）镀锌层厚度最小值满足设计规范要求。 （2）外观整体良好，无磕碰、漏镀锌现象	现场检查记录表		
10		铁塔组立	（1）铁塔吊装方案是否与现场保持一致，是否存在方案现场“两张皮”现象。 （2）现场工器具使用是否按照方案执行，工器具安全系数是否满足要求，使用是否规范。			

续表

序号	阶段	管理内容	管控要点	管理资料	监理	业主
10	验收阶段	铁塔组立	（3）吊点绑扎位置是否与方案保持一致，选取是否合理，是否有防止塔材弯曲的措施和方法。 （4）吊装过程中是否采取措施对塔材镀锌层进行保护，防止镀锌层被破坏。 （5）吊装过程中螺栓规格型号是否按照要求使用，是否存在以小代大的现象；铁塔螺栓是否穿向正确，符合设计和方案要求。 （6）脚钉安装是否顺直，方向是否一致，无露丝现象。 （7）走道、平台、爬梯安装满足设计要求（如有）	检查记录表、施工设计图纸、专项施工方案		
11	验收阶段	实测实量	（1）实测实量验收项目包含基建安质〔2021〕27号文件规定项目清单。 （2）实测实量仪器（全站仪、经纬仪、塔尺、卷尺、力矩检测扳手、镀层扫描仪、塞尺）准备到位	验收记录		
12		资料验收	（1）铁塔厂家质量证明文件、合格证。 （2）甲供材开箱记录。 （3）施工过程验收资料，施工记录。 （4）施工日志和监理日志	厂家资料、甲供材开箱记录、施工记录、施工日志、三级自检记录		

（二）自立式铁塔组立工艺流程管控卡（角钢塔）

序号	项目	作业内容	控制要点及标准	检查结果	施工		监理
					作业负责人	质检员	
1	方案的编写及交底	方案编写	（1）方案编制应包括杆塔施工参数、现场平面布置。 （2）方案编制应包括组塔施工工艺流程、施工顺序。 （3）方案编制应包括质量控制措施和质量通病防治分析和控制措施				
		交底对象	对参与塔材运输、地面组装、高空作业、螺栓紧固、作业管理及作业人员进行专项技术交底				
		交底内容	工程概况与特点、作业程序、操作要领、注意事项、质量控制、应急预案、安全作业等				

续表

<table>
<tr><th rowspan="2">序号</th><th rowspan="2">项目</th><th rowspan="2">作业内容</th><th rowspan="2">控制要点及标准</th><th rowspan="2">检查结果</th><th colspan="2">施工</th><th rowspan="2">监理</th></tr>
<tr><th>作业负责人</th><th>质检员</th></tr>
<tr><td rowspan="2">2</td><td rowspan="2">基础验收</td><td>基础强度验收</td><td>（1）铁塔组立前，应经中间检查验收合格，并取得转序通知书。
（2）分解组立铁塔时，混凝土的抗压强度应达到设计值的70%及以上。
（3）整体组立铁塔时，混凝土的抗压强度达到设计值的100%</td><td></td><td></td><td></td><td></td></tr>
<tr><td>★基础数据验收</td><td>（1）基础跟开及对角线尺寸偏差为±2‰。
（2）整基基础中心与中心桩之间的位移：横线路方向≤30mm，顺线路方向≤30mm。
（3）基础顶面相对高差≤5mm。
（4）整基基础扭转≤10′</td><td></td><td></td><td></td><td></td></tr>
<tr><td rowspan="2">3</td><td rowspan="2">甲供材开箱验收</td><td>塔材开箱验收</td><td>（1）塔材进场对照到货清单核对进场塔材数量和外观情况。
（2）进行六方开箱验收，重点关注塔材尺寸、塔材镀锌层厚度等。
（3）根据GB/T 2694—2018《输电线路铁塔制造技术条件》镀锌层厚度不小于70μm</td><td></td><td></td><td></td><td></td></tr>
<tr><td>螺栓开箱验收</td><td>（1）根据图纸螺栓规格型号及数量核对实际到货情况。
（2）根据DL/T 284—2021《输电线路杆塔及电力金具用热浸镀锌螺栓与螺母》，镀锌层厚度不得小于40μm</td><td></td><td></td><td></td><td></td></tr>
<tr><td rowspan="2">4</td><td rowspan="2">塔材进场摆放</td><td>塔材进场</td><td>（1）塔材的供应能力、运输道路、施工场地、供电等满足铁塔组立要求。
（2）塔材运输过程中，采取衬垫等方式避免锌层被破坏</td><td></td><td></td><td></td><td></td></tr>
<tr><td>塔材摆放</td><td>（1）塔材要定置化摆放，根据吊装位置和吊装顺序及部位进行摆放，方便现场施工作业。
（2）塔材下方要使用垫木与地面隔离，防止锌层等被破坏</td><td></td><td></td><td></td><td></td></tr>
</table>

续表

序号	项目	作业内容	控制要点及标准	检查结果	施工		监理
					作业负责人	质检员	
5	起重机进场及站位	起重机进场	起重机进场前应完成报审流程，起重机、操作人员、起重机指挥、司索工等证件合格并在有效期内				
		起重机站位	（1）起升高度能实现吊物就位。 （2）吊装半径能满足额定载荷要求。 （3）作业过程转台旋转无障碍物。 （4）作业过程特别是吊物起升到最高点时要避免吊臂臂杆与吊物相碰。 （5）吊臂在变幅过程是否有障碍物				
6	地面组装	塔材布置	（1）根据使用起重机的提升高度、重量，合理确定吊装构件的分段、分片及应带附铁（即辅助材）的数量。 （2）根据现场地形，塔段本身有无方向限制，以及地面组装与构件吊装是否同时进行等，确定构件的布置方位。 （3）合理进行构件分段，根据重量确定吊装次数。 （4）组装构件的场地应尽量平整，或加垫木垫平，以免构件受力变形。 （5）吊装的构件要尽可能组装于塔基周围，不可距塔基过远或过近。 （6）组装断面宽大的构件时，为防止构件受弯变形，用钢管或圆木补强				
		地面组装	（1）铁塔各构件的组装应紧密，交叉物件在交叉处留有空隙者应装设相应厚度的垫片或垫圈。 （2）螺栓穿向应一致美观。螺母拧紧后，螺杆露出螺母的长度：对单螺母，不应小于两个螺距；对双螺母，可与螺母相平。螺栓露扣长度不应超过 20mm 或 10 个螺距。 （3）杆塔脚钉安装应齐全，脚蹬侧不得露丝，弯钩朝向应一致向上。 （4）螺栓的穿入方向应符合下列规定： 1）对于立体结构：水平方向由内向外；垂直方向由下向上；				

续表

序号	项目	作业内容	控制要点及标准	检查结果	施工		监理
					作业负责人	质检员	
6	地面组装	地面组装	2）对于平面结构：顺线路方向，由电源侧穿入或按统一方向穿入； 3）横线路方向，两侧由内向外，中间由左向右（指面向受电侧，下同）或按统一方向穿入；垂直地面方向者由下向上； 4）斜向时，由斜下向斜上穿，或取统一方向； 5）对于个别不易安装的螺栓，穿入方向允许变更。 （5）铁塔部件组装有困难时应查明原因，不得强行组装				
		吊件检查	塔片吊装前，应按设计图纸作一次检查，发现问题要及时在地面进行处理，切忌留待高空作业处理				
7	底段吊装	塔脚板安装	（1）塔脚板安装时应与基础面接触良好，有空隙时应垫铁片，并应浇筑水泥砂浆。 （2）杆塔塔脚板安装完成后，作业层班组技术兼质检员、监理工程师应检查地脚螺栓的安装及防卸情况并进行标记				
8	塔身吊装	塔身吊装	（1）在施工过程中需加强对基础和塔材的成品保护。 （2）塔身分片吊装，吊点应选在两侧主材节点处，距塔片上段距离不大于该片高度的1/3，对于吊点位置根开较大、辅材较弱的吊片应采取补强措施。 （3）吊片就位应先低后高，严禁强拉就位。 （4）铁塔组立应有防止钢管变形、磨损的措施，临时接地应连接可靠，每段安装完毕铁塔辅材、螺栓应装齐，严禁强行组装。 （5）在施工过程中需加强对基础和塔材的成品保护				

续表

<table>
<tr><th rowspan="2">序号</th><th rowspan="2">项目</th><th rowspan="2">作业内容</th><th rowspan="2">控制要点及标准</th><th rowspan="2">检查结果</th><th colspan="2">施工</th><th rowspan="2">监理</th></tr>
<tr><th>作业负责人</th><th>质检员</th></tr>
<tr><td rowspan="2">9</td><td rowspan="2">螺栓紧固与缺陷处理</td><td>螺栓紧固</td><td>（1）每段铁塔吊装后应及时将螺栓紧固，下一段螺栓未紧固时严禁吊装上一段塔材。连接螺栓应逐个紧固。
（2）螺栓紧固值不得小于下表（按设计规定执行）：
<table><tr><th>规格</th><th>扭矩值（N·m）</th><th>规格</th><th>扭矩值（N·m）</th></tr><tr><td>M16（6.8）</td><td>80</td><td>M20（6.8）</td><td>160</td></tr><tr><td>M24（6.8）</td><td>280</td><td></td><td></td></tr><tr><td>M16（8.8）</td><td>110</td><td>M20（8.8）</td><td>220</td></tr><tr><td>M24（8.8）</td><td>380</td><td>M27（8.8）</td><td>450</td></tr><tr><td>M30（8.8）</td><td>600</td><td>M33（8.8）</td><td>700</td></tr><tr><td>M36（8.8）</td><td>880</td><td>M39（8.8）</td><td>1100</td></tr></table>
（3）铁塔组立过程中，应对螺栓逐段紧固，整基组立结束后，检查扭矩合格后方可进行验收</td><td></td><td></td><td></td><td></td></tr>
<tr><td>缺陷处理</td><td>少量螺孔位置不对，需扩孔时，扩孔部分不应超过 3mm，超过 3mm 的，对应堵焊后重新打孔，并进行防腐处理。严禁气割进行扩孔或烧孔</td><td></td><td></td><td></td><td></td></tr>
<tr><td>10</td><td>外观验收</td><td>外观质量验收</td><td>（1）杆塔组立完成后，检查杆塔外观质量，杆塔镀锌层良好，无缺失。
（2）杆塔表面干净整洁，无遗留的泥土、杂物等。
（3）杆塔上无缺失的螺栓、塔材等</td><td></td><td></td><td></td><td></td></tr>
</table>

续表

序号	项目	作业内容	控制要点及标准	检查结果	施工		监理
					作业负责人	质检员	
11	★实测实量	节点间主材弯曲允许误差	各相邻主材节点间弯曲度不得超过1/750				
		塔材间隙	（1）各构件的组装应牢靠，交叉处有空隙时应装设相应厚度的垫圈或垫板。螺栓加垫时，每端不宜超过2个垫圈。 （2）螺栓应与构件平面垂直，螺栓头与构件间的接触不应有空隙。螺栓的螺纹不应进入剪切面				
		螺栓紧固力矩	螺栓紧固力矩符合规范要求，且上限不宜超过规定值的20%				
		螺栓紧固率	（1）组塔后：≥95%。 （2）架线后：≥97%				
		铁塔预倾	自立式转角塔、终端塔应组立在斜平面的基础上，向受力反方向预倾斜，预倾斜符合规定				
		直线塔结构倾斜率	对一般塔不大于0.3%，对高塔不大于0.15%。耐张塔架线后不向受力侧倾斜				
		防盗螺栓	防盗螺栓安装到位，安装高度符合设计要求。防松帽安装齐全				
		脚钉	杆塔脚钉安装应齐全，脚蹬侧不得露丝，弯钩朝向应一致向上				
12	资料验收	过程资料验收	对组塔过程资料进行查阅，资料应完整、闭环、符合设计要求				

续表

序号	项目	作业内容	控制要点及标准	检查结果	施工		监理
					作业负责人	质检员	
13	通病防治	铁塔构件变形、镀锌层磨损	（1）对塔材的运输和装卸，应采取防止变形及磨损的措施。 （2）塔材进场检验前，各相关单位应对供应商提供的资料进行审查，必要时对塔材材质和锌层厚度进行复检。 （3）当采用钢丝绳时必须对被绑扎的部位进行保护。 （4）塔材起吊时，要合理选定吊点的位置，对于过宽塔片、过长交叉材必须采取补强措施，对绑扎吊点处要设置圆木并绑扎衬垫材料保护。 （5）地面转向滑车严禁直接利用塔腿、基础立柱代替地锚使用。应设专用卡具，或采用在塔腿内侧根部设置的滑车锚固铁件或锚固孔。 （6）铁塔组装过程中发生构件连接困难时，要认真分析问题的原因，严禁强行组装造成构件变形				
14		螺栓使用不匹配	（1）应按设计图纸及验收规范，核对螺栓等级、规格和数量，匹配使用。 （2）铁塔组立现场，应采用有标识的容器将螺栓进行分类，防止因螺栓混放造成错用。 （3）对因特殊原因临时代用的螺栓做好记录并及时更换				
15		螺栓紧固不到位	（1）设计单位应提供螺栓紧固力矩的范围。螺栓紧固时其最大力矩不宜大于紧固力矩最小值的 120%。 （2）防止紧固工具、螺母擦伤塔材锌层。紧固螺栓宜使用套筒工具，应检查螺帽底部光洁度，采取防止螺杆转动的措施。 （3）交叉铁所用垫块要与间隙相匹配，使用垫片时不得超过 2 个；脚钉备母外侧螺丝不得露扣，确保脚钉紧固。 （4）螺栓紧固时应严格责任制，实行质量跟踪				

（三）自立式铁塔组立工艺流程管控卡（钢管跨越塔）

<table>
<tr><th rowspan="2">序号</th><th rowspan="2">项目</th><th rowspan="2">作业内容</th><th rowspan="2">控制要点及标准</th><th rowspan="2">检查结果</th><th colspan="2">施工</th><th rowspan="2">监理</th></tr>
<tr><th>作业负责人</th><th>质检员</th></tr>
<tr><td rowspan="4">1</td><td rowspan="4">方案的编写及交底</td><td>方案编写</td><td>（1）方案编制应包括杆塔施工参数、现场平面布置。
（2）方案编制应包括组塔施工工艺流程、施工顺序。
（3）方案编制应包括质量控制措施和质量通病防治分析和控制措施</td><td></td><td></td><td></td><td></td></tr>
<tr><td>作业指导书编写</td><td>（1）根据方案完成单段作业指导书编制，一段一编制，一段一报审。
（2）单段作业指导书包括当段塔材参数、螺栓数量及参数，塔材连接等。
（3）作业指导书包括塔材吊装方式，吊点绑扎位置。
（4）作业指导书包括抱杆配合情况，履带起重机、汽车起重机位置及行走路径。
（5）作业指导书包括安全、技术质量控制措施。
（6）作业指导书包括吊件受力计算和工器具选型计算</td><td></td><td></td><td></td><td></td></tr>
<tr><td>交底对象</td><td>对参与塔材运输、地面组装、高空作业、螺栓紧固、作业管理及作业人员进行专项技术交底</td><td></td><td></td><td></td><td></td></tr>
<tr><td>交底内容</td><td>（1）方案交底主要内容为：工程概况与特点、作业程序、操作要领、注意事项、质量控制、应急预案、安全作业等。
（2）作业指导书交底主要内容为：一吊一交底，每日通过站班会对当日工作进行交底，主要包括当日工作，吊装方式、吊点绑扎位置，人员安全行为、质量行为等</td><td></td><td></td><td></td><td></td></tr>
<tr><td rowspan="2">2</td><td rowspan="2">基础验收</td><td>基础强度验收</td><td>（1）铁塔组立前，应经中间检查验收合格，并取得转序通知书。
（2）组立铁塔时，混凝土的抗压强度应达到设计值的100%</td><td></td><td></td><td></td><td></td></tr>
<tr><td>★基础数据验收</td><td>（1）基础跟开及对角线尺寸偏差为±0.7‰。
（2）整基基础中心与中心桩之间的位移：横线路方向≤30mm。
（3）基础顶面相对高差≤5mm。
（4）整基基础扭转≤5′</td><td></td><td></td><td></td><td></td></tr>
</table>

续表

序号	项目	作业内容	控制要点及标准	检查结果	施工		监理
					作业负责人	质检员	
3	甲供材开箱验收	塔材开箱验收	（1）塔材进场对照到货清单核对进场塔材数量和外观情况。 （2）进行开箱验收，重点关注塔材尺寸，塔材镀锌层、塔材航空漆厚度等。 （3）根据GB/T 2694，镀锌层厚度不小于70μm				
		螺栓开箱验收	（1）根据图纸螺栓规格型号及数量核对实际到货情况。 （2）根据DL/T 284，镀锌层厚度不得小于40μm				
4	地基处理	现场地基处理	（1）履带起重机进场前，对现场进行地基处理，进行道路换填，铺设碎石并压实，现场地基满足履带起重机使用承载力要求。 （2）地基处理完成后，通过第三方试验单位对地基承载力进行试验，并取得试验报告				
5	起重机进场及站位	履带起重机进场	履带起重机进场前完成当地部门的备案流程，完成项目报审流程，履带起重机、操作人员、起重机指挥、司索工等证件合格并在有效期内				
		汽车起重机进场	起重机进场前应完成报审流程，起重机、操作人员、起重机指挥、司索工等证件合格并在有效期内				
		起重机站位	（1）起升高度能实现吊物就位。 （2）吊装半径能满足额定载荷要求。 （3）作业过程转台旋转无障碍物。 （4）作业过程特别是吊物起升到最高点时要避免吊臂臂杆与吊物相碰。 （5）吊臂在变幅过程是否有障碍物				
6	塔材进场摆放	塔材进场	（1）塔材的供应能力、运输道路、施工场地、供电等满足铁塔组立要求。 （2）塔材运输过程中，采取衬垫等方式避免锌层被破坏				
		塔材摆放	（1）塔材要靠近吊装位置摆放，根据吊装位置和吊装顺序及部位进行摆放，方便现场施工作业。 （2）塔材下方要使用垫木与地面隔离，防止航空漆等被破坏。 （3）塔材摆放禁止摆放到履带起重机行驶路径上				

续表

序号	项目	作业内容	控制要点及标准	检查结果	施工		监理
					作业负责人	质检员	
7	地面组装	塔材布置	（1）根据使用起重机的提升高度、重量，合理确定吊装构件的分段、分片及应带附铁（即辅助材）的数量。 （2）根据现场地形，塔段本身有无方向限制，以及地面组装与构件吊装是否同时进行等，确定构件的布置方位。 （3）合理进行构件分段，根据重量确定吊装次数，可将两段主材组成一片进行吊装，减少吊装次数。 （4）组装构件的场地应尽量平整，或加垫木垫平，以免构件受力变形。 （5）吊装的构件要尽可能组装于塔基周围，不可距塔基过远或过近。 （6）组装断面宽大的构件时，为防止构件受弯变形，用钢管或圆木补强。 （7）使用双平臂抱杆吊装时，应考虑抱杆吊装半径合理摆放塔材，避免塔材拖拽、斜吊				
		地面组装	（1）铁塔各构件的组装应紧密，交叉物件在交叉处留有空隙者应装设相应厚度的垫片或垫圈。 （2）螺栓穿向应一致美观。螺母拧紧后，螺杆露出螺母的长度：对单螺母不应小于两个螺距；对双螺母可与螺母相平。螺栓露扣长度不应超过 20mm 或 10 个螺距。 （3）杆塔脚钉安装应齐全，脚蹬侧不得露丝，弯钩朝向应一致向上。 （4）螺栓的穿入方向应符合下列规定： 1）对于立体结构：水平方向由内向外；垂直方向由下向上； 2）对于平面结构：顺线路方向，由电源侧穿入或按统一方向穿入； 3）横线路方向，两侧由内向外，中间由左向右（指面向受电侧，下同）或按统一方向穿入；垂直地面方向者由下向上； 4）斜向时，由斜下向斜上穿，或取统一方向； 5）对于个别不易安装的螺栓，穿入方向允许变更。				

续表

序号	项目	作业内容	控制要点及标准	检查结果	施工		监理
					作业负责人	质检员	
7	地面组装	地面组装	（5）法兰螺栓穿向应满足以下要求： 1）垂直方向（主管或直管），由下向上； 2）斜向（斜管），由斜下向斜上穿，或取统一方向； 3）水平方向（法兰节点），由节点向四周穿				
		吊件检查	塔片吊装前，应按设计图纸做一次检查，发现问题要及时在地面进行处理，切忌留待高空作业处理				
8	塔腿吊装	塔腿安装	（1）塔腿安装时，塔腿法兰和基础面不应有空隙；地脚螺栓不得和塔腿法兰、加劲板互相碰撞。 （2）吊装过程中应使用专门的吊具				
9	抱杆安装、调试与验收	抱杆安装	（1）严格履行抱杆安拆专项施工方案编审批流程，方案经过论证、审批后执行。 （2）抱杆安装前严格执行三级交底制度，包括现场施工人员、抱杆操作人员、班组骨干人员及管理人员等与施工有关的人员。 （3）抱杆安装前完成现场布置、履带吊组装、抱杆相应工作部件等准备工作。 （4）抱杆安装前对抱杆进行全面检查，确保抱杆工作良好： 1）结构件无可见的裂纹、磨损和严重锈蚀； 2）主要受力构件上无影响强度的塑性变形； 3）安全装置齐全且在有效期内； 4）钢丝绳合格； 5）滚轮、卷筒等活动件无锈蚀、转动灵活； 6）液压装置、制动器无漏油现象				

续表

序号	项目	作业内容	控制要点及标准	检查结果	施工		监理
					作业负责人	质检员	
9	抱杆安装、调试与验收	抱杆调试	（1）抱杆安装完成后，对抱杆设备、安全装置进行调试。 （2）对抱杆进行设备试验，包括空载试验、复合试验等				
		抱杆验收	（1）抱杆安装完成后，在投入使用前按照标准 Q/GDW 11141《双平臂落地抱杆安装及验收规范》进行验收。 （2）抱杆验收时，应经设备厂家、使用单位、监理单位共同验收，验收合格后方可进行使用。 （3）抱杆验收时应提供： 1）抱杆的出厂合格证、标牌、技术文件、制造企业的资质文件； 2）专项安装方案； 3）主要设备、工器具及材料合格证明； 4）抱杆基础施工记录； 5）地锚埋设检查记录等				
10	塔身吊装	塔身吊装	（1）在施工过程中需加强对基础和塔材的成品保护。 （2）塔身分片吊装，吊点应选在两侧主材节点处，距塔片上段距离不大于该片高度的 1/3，对于吊点位置根开较大、辅材较弱的吊片应采取补强措施。 （3）吊片就位应先低后高，严禁强拉就位。 （4）铁塔组立应有防止钢管变形、磨损的措施，临时接地应连接可靠，每段安装完毕铁塔辅材、螺栓应装齐，严禁强行组装。 （5）在施工过程中需加强对基础和塔材的成品保护				

续表

序号	项目	作业内容	控制要点及标准	检查结果	施工		监理
					作业负责人	质检员	
11	腰环安装	腰环安装	（1）腰环安装前，检查腰环框架等应无变形、开焊、裂纹，腰环摩擦片应作用良好，螺栓、销轴等紧固件齐全。 （2）腰环拉线安装前应经第三方检测，检测合格并出具报告后方可使用。 （3）应用经纬仪调整塔身轴线，使塔机处于以塔身轴线为中心的平衡状态，且使臂架等效于与附着方向垂直的位置。 （4）腰环拉线安装数量应符合设计和方案要求，主拉线、防沉拉线、防扭拉线布置数量充足并合理。 （5）腰环拉线应安装在预设的施工孔内，施工孔经过受力计算满足受力要求。 （6）腰环拉线与塔材接触位置应设置衬垫措施，防止拉线磨损塔材				
12	抱杆顶升	抱杆顶升	（1）抱杆顶升前，应检查电源设备、抱杆顶升油缸。 （2）抱杆顶升时，标准节销轴紧固到位、销子开口＞90°				
13	横担吊装	横担吊装	（1）铁塔组装前应根据塔型结构图仔细地分段核对塔材，对塔材进行外观、重量检查，不符合规范要求的塔材不得组装。 （2）横担吊装采用分段吊装方式，塔身分片吊装，吊点应选在两侧主材节点处，距塔片上段距离不大于该片高度的 1/3，对于吊点位置根开较大、辅材较弱的吊片应采取补强措施。 （3）吊片就位应先低后高，严禁强拉就位				
14	抱杆拆除	抱杆拆除	（1）抱杆头部附件拆除，将抱杆安装的摄像头等部件进行拆除，拆除时避免高空坠物。 （2）抱杆收臂。起步要慢，密切监控钢丝绳张力及异常。双臂接近靠拢时，要减速防止冲击，通过点动控制实现双臂完全收拢，最后将双臂可靠地锁固在一起。 （3）降节。执行和顶升基本相反的操作，逐步自降抱杆。在抱杆头部通过铁塔上平口时，塔上要设专人监护抱杆通过。 （4）拆除腰环装置。随着抱杆不断降节，从上到下顺次拆除腰环装置。腰环拉索要对称平衡松动，拆解后的腰环可靠地固定在抱杆杆身上，随杆身一起下降。				

续表

<table>
<tr><th rowspan="2">序号</th><th rowspan="2">项目</th><th rowspan="2">作业内容</th><th rowspan="2">控制要点及标准</th><th rowspan="2">检查结果</th><th colspan="2">施工</th><th rowspan="2">监理</th></tr>
<tr><th>作业负责人</th><th>质检员</th></tr>
<tr><td>14</td><td>抱杆拆除</td><td>抱杆拆除</td><td>（5）完全拆除。抱杆降节到初始状态不能自降时，用起重机将抱杆从铁塔内完全分解拆除。拆除顺序和安装顺序基本相反，先拆吊臂、再依次是杆头、回转、杆身等，一直到底座</td><td></td><td></td><td></td><td></td></tr>
<tr><td>15</td><td>井筒施工（如有）</td><td>井筒安装</td><td>（1）在施工过程中需加强对井筒基础和井筒材料的成品保护。
（2）井筒吊装就位应先低后高，严禁强拉就位。
（3）井筒吊装有防止钢管变形、磨损的措施，临时接地应连接可靠，每段安装完毕，螺栓应装齐，严禁强行组装。
（4）在施工过程中需加强对井筒基础和材料的成品保护</td><td></td><td></td><td></td><td></td></tr>
<tr><td>16</td><td>螺栓紧固</td><td>螺栓紧固</td><td>（1）每段铁塔吊装后应及时将螺栓紧固，下一段螺栓未紧固时严禁吊装上一段塔材。连接螺栓应逐个紧固。
（2）螺栓紧固值不得小于下表（按设计要求）：
<table>
<tr><th>规格</th><th>扭矩值（N·m）</th><th>规格</th><th>扭矩值（N·m）</th></tr>
<tr><td>M16（6.8）</td><td>80</td><td>M20（6.8）</td><td>100</td></tr>
<tr><td>M24（6.8）</td><td>250</td><td></td><td></td></tr>
<tr><td>M20（8.8）</td><td>220</td><td>M24（8.8）</td><td>380</td></tr>
<tr><td>M27（8.8）</td><td>450</td><td>M30（8.8）</td><td>600</td></tr>
<tr><td>M33（8.8）</td><td>700</td><td>M36（8.8）</td><td>880</td></tr>
<tr><td>M39（8.8）</td><td>1100</td><td>M42（8.8）</td><td>1400</td></tr>
<tr><td>M45（8.8）</td><td>1900</td><td>M48（8.8）</td><td>2100</td></tr>
<tr><td>M52（8.8）</td><td>2300</td><td>M56（8.8）</td><td>2500</td></tr>
<tr><td>M60（8.8）</td><td>2800</td><td>M64（8.8）</td><td>3300</td></tr>
</table></td><td></td><td></td><td></td><td></td></tr>
</table>

续表

序号	项目	作业内容	控制要点及标准	检查结果	施工		监理
					作业负责人	质检员	
16	螺栓紧固	螺栓紧固	（3）钢管法兰螺栓应逐个对称拧紧，使法兰间接触良好。法兰连接螺栓的扭矩允许偏差值应符合设计规定，同一法兰面上的螺栓扭矩值应保持一致。 （4）铁塔组立过程中，应对螺栓逐段紧固，整基组立结束后，检查扭矩合格后方可进行验收				
		缺陷处理	少量螺孔位置不对，需扩孔时，扩孔部分不应超过 3mm，超过 3mm 的，对应堵焊后重新打孔，并进行防腐处理。严禁气割进行扩孔或烧孔				
17	外观验收	外观质量验收	（1）杆塔组立完成后，检查杆塔外观质量，杆塔镀锌层、航空漆良好，无缺失。 （2）杆塔表面干净整洁，无遗留的泥土、杂物等。 （3）杆塔上无缺失的螺栓、塔材等				
18	★实测实量	节点间主材弯曲允许误差	各相邻主材节点间弯曲度不得超过 l/750				
		塔材间隙	（1）各构件的组装应牢靠，交叉处有空隙时应装设相应厚度的垫圈或垫板。 （2）螺栓加垫时，每端不宜超过 2 个垫圈。螺栓应与构件平面垂直，螺栓头与构件间的接触不应有空隙；螺栓的螺纹不应进入剪切面。 （3）高强度螺栓的安装应符合设计及规范要求				
		结构中心与中心桩位移	横线路方向：50mm；顺线路方向：50mm				
		螺栓紧固率	组塔后：≥95%；架线后：≥97%				
		防松防盗	防盗螺栓安装到位，安装高度符合设计要求。防松帽安装齐全				
		脚钉	杆塔脚钉安装应齐全，脚蹬侧不得露丝				
		直线塔结构倾斜率	直线塔结构倾斜率≤1.5‰				

续表

序号	项目	作业内容	控制要点及标准	检查结果	施工		监理
					作业负责人	质检员	
19	资料验收	过程资料验收	对组塔过程资料进行查阅，资料应完整、闭环、符合设计要求				
20	通病防治	铁塔构件变形、镀锌层磨损	（1）对塔材的运输和装卸，应采取防止变形及磨损的措施。 （2）塔材进场检验前，各相关单位应对供应商提供的资料进行审查，必要时对塔材材质和锌层厚度进行复检。 （3）当采用钢丝绳时必须对被绑扎的部位进行保护。 （4）塔材起吊时，要合理选定吊点的位置，对于过宽塔片、过长交叉材必须采取补强措施，对绑扎吊点处要设置圆木并绑扎衬垫材料保护。 （5）地面转向滑车严禁直接利用塔腿、基础立柱代替地锚使用。应设专用卡具，或采用在塔腿内侧根部设置的滑车锚固铁件或锚固孔。 （6）铁塔组装过程中发生构件连接困难时，要认真分析问题的原因，严禁强行组装造成构件变形				
21	通病防治	螺栓使用不匹配	（1）应按设计图纸及验收规范，核对螺栓等级、规格和数量，匹配使用。 （2）铁塔组立现场，应采用有标识的容器将螺栓进行分类，防止因螺栓混放造成错用。 （3）对因特殊原因临时代用的螺栓做好记录并及时更换				
22	通病防治	螺栓紧固不到位	（1）设计单位应提供螺栓紧固力矩的范围。螺栓紧固时其最大力矩不宜大于紧固力矩最小值的120%。 （2）防止紧固工具、螺母擦伤塔材锌层。紧固螺栓宜使用套筒工具，应检查螺帽底部光洁度，采取防止螺杆转动的措施。 （3）交叉铁所用垫块要与间隙相匹配，使用垫片时不得超过2个；脚钉备母外侧螺丝不得露扣，确保脚钉紧固。 （4）螺栓紧固时应严格责任制，实行质量跟踪制度				

续表

序号	项目	作业内容	控制要点及标准	检查结果	施工		监理
					作业负责人	质检员	
23	通病防治	航空漆磨损掉漆	（1）塔材倒运、转移过程中使用毛毡、垫木楔子、橡胶楔子对塔材进行隔离保护，避免塔材之间相互碰撞。 （2）塔材漆面损坏后吊装前在地面进行修补，减少高空工作量。 （3）修补过程加强监督，及时对接塔厂人员，减少修补过程中"漆瘤"发生，确保修补质量				

（四）自立式铁塔组立工艺流程管控卡（履带起重机）

序号	项目	作业内容	控制要点及标准	检查结果	施工		监理
					作业负责人	质检员	
1	方案的编写及交底	方案编写	（1）方案编制应包括施工工况、现场布置、履带起重机技术特性。 （2）方案编制应包括履带起重机安拆工艺流程、现场施工顺序。 （3）方案编制应包括安全、技术控制措施和安全文明施工和应急处置措施。 （4）方案编制应包括各种工况下的受力计算、地基承载力计算等				
		交底对象	参与塔材运输、地面组装、高空作业、履带起重机操作、现场吊装指挥、司索工、作业管理及相关作业人员				
		交底内容	工程概况与特点、作业程序、操作要领、注意事项、质量控制、应急预案、安全作业等				
2	人员准备	人员准备	（1）所有参加施工作业的起重人员和起重机操作人员须具有有效的特殊工种操作证。 （2）凡参加组装的人员，必须熟悉起重机组装的过程和特点，熟悉场地，遵守操作规程。 （3）设置专职安全员，禁止闲杂人员在组装区域停留和行走，禁止在起重机起重臂下站人。 （4）施工人员必须正确穿戴工作服、安全帽和安全带				

续表

序号	项目	作业内容	控制要点及标准	检查结果	施工		监理
					作业负责人	质检员	
3	地基处理	地基处理	（1）施工场地事先清理，必须坚实、开阔，没有与施工机械相干涉的障碍物。 （2）地基应满足承载力和平整度要求。进场前对现场进行地基处理工作，通过换填碎石方式提升地基承载力。 （3）地基处理完成后需经过有资质的第三方检测单位监测，地基承载力合格并出具试验报告后方可进行履带起重机进场				
4	设备进场	设备进场	（1）履带起重机进场前需到当地特种设备管理部门进行备案，备案完成后方可进场。 （2）履带起重机进场通过运输车辆分批次进场，运输过程中保护各个部件，防止出现损坏、磕碰等				
5	履带架安装	履带架安装	（1）履带架的运输车尽可能地接近主体部分。 （2）使用起重机将履带架从运载车辆上吊起。在吊起履带架时，不得超过最大负荷，注意观察角度。 （3）调整移动履带架到车架的相应一侧，缓慢就位。 （4）连接销安装过程中要到位、销子固定良好，弹簧销随连接销同时安装				
6	平衡重安装	平衡重安装	平衡重安装在履带起重机固有的销轴内，吊装过程要平稳，放置时要左右均置，防止车身倾斜				
7	臂架系统安装	臂架系统安装	（1）臂架系统安装时，臂杆中心线与主机中心点重合，组合时起臂杆根部尽量靠近主机，并在起臂杆头部支腿处用道木或薄板垫牢靠。 （2）安装前，将驾驶室内的力矩限制器的模式调整为安装模式。 （3）用汽车起重机将主臂底节吊起，基础臂销孔与机体上的安装孔对正，完成臂架系统安装。 （4）臂架系统安装过程中，检查臂架及拉板是否正确安装，臂架及吊钩上是否有遗留物，防止高空坠落物伤人				

续表

<table>
<tr><th rowspan="2">序号</th><th rowspan="2">项目</th><th rowspan="2">作业内容</th><th rowspan="2">控制要点及标准</th><th rowspan="2">检查结果</th><th colspan="2">施工</th><th rowspan="2">监理</th></tr>
<tr><th>作业负责人</th><th>质检员</th></tr>
<tr><td>8</td><td>信号系统安装</td><td>信号系统安装</td><td>（1）风速仪安装到副臂杆头上。
（2）吊钩监视器成像仪安装到副臂杆头上。
（3）限位开关、副臂起升高度限位开关、副臂下降限位开关、主臂角度传感器、支撑架起升限位开关按照使用地点顺序连接</td><td></td><td></td><td></td><td></td></tr>
<tr><td>9</td><td>钩绳安装</td><td>钩绳安装</td><td>（1）钩绳安装前检查吊钩、起吊绳状态情况，是否超过使用年限或无年检报告等。
（2）钩绳安装过程中检查起吊绳的穿向、外观等</td><td></td><td></td><td></td><td></td></tr>
<tr><td>10</td><td>扳起前检查</td><td>扳起前检查</td><td>（1）履带起重机安装完毕后的试运转工作应由相关单位组成的试运转小组进行，待试运转鉴定合格后，履带起重机方可投入使用。
（2）在试运转之前必须检查金属结构、各动力设备、传动机构、电气设备、安全装置、钢丝绳吊钩及液压油管等是否完好，确认合格后才可进行试运转。
（3）检查内容还包括：
1）各限位开关、幅度限位、力矩传感器、风速仪、航空安全灯等电器元件及其线路是否正常工作，校核工作半径；
2）各显示仪表是否准确有效；
3）部件上安装的附件是否均已正确安装；
4）核查配重的连接方式及重量是否正确；
5）液压油管是否按规定连接</td><td></td><td></td><td></td><td></td></tr>
<tr><td rowspan="2">11</td><td rowspan="2">负荷试验</td><td>静载荷试验</td><td>缓慢吊起重物，离地面 100～150mm，静悬 10min，测量重物上固定垂直高度的变化及主臂的综合变形等，一切正常，缓慢落下重物</td><td></td><td></td><td></td><td></td></tr>
<tr><td>动负荷试验</td><td>缓慢吊起重物，离地面 100～150mm，静悬 10min，在离地 1～5m 范围内做起落钩三次，作回转动作三次，经检查一切正常，缓慢落下重物</td><td></td><td></td><td></td><td></td></tr>
</table>

续表

序号	项目	作业内容	控制要点及标准	检查结果	施工		监理
					作业负责人	质检员	
12	使用注意事项	使用注意事项	（1）起重机作业时，起重臂和重物下方严禁有人停留、工作或通过。重物吊运时，严禁从人上方通过。严禁用起重机载运人员。 （2）严禁使用起重机进行斜拉、斜吊和起吊地下埋设或凝固在地面上的重物以及其他不明重量的物体。 （3）履带式起重机变幅应缓慢平稳，严禁在起重臂未停稳前变换挡位，起重机满载荷或接近满载荷时严禁下落臂杆。 （4）履带式起重机如必须带载行走时，要求行走道路坚实平整，重物应在起重机行走正前方向，重物离地面不得超过 50cm，并拴好拉绳，缓慢行驶。严禁长距离带载行驶。 （5）履带式起重机行走时转弯不应过急，如转弯半径过小，应分次转弯。下坡时严禁空挡滑行				
13	维护保养	维护保养	（1）每日使用前对履带起重机进行常规检查，检查人员状态、各个部件运转是否正常。 （2）定期对履带起重机进行维护保养，确保履带起重机运转正常				
14	设备退场	设备拆除	设备拆除方式与安装相反，设备拆除时专人进行安全监护				
		设备退场	按照规范和项目要求进行退场工作				

（五）自立式铁塔组立工艺流程管控卡（落地双平臂抱杆）

<table>
<tr><th rowspan="2">序号</th><th rowspan="2">项目</th><th rowspan="2">作业内容</th><th rowspan="2">控制要点及标准</th><th rowspan="2">检查结果</th><th colspan="2">施工</th><th rowspan="2">监理</th></tr>
<tr><th>作业负责人</th><th>质检员</th></tr>
<tr><td rowspan="3">1</td><td rowspan="3">方案的编写及交底</td><td>方案编写</td><td>（1）方案编制应包括施工工况、现场布置、抱杆技术特性。
（2）方案编制应包括抱杆安拆工艺流程、现场施工顺序。
（3）方案编制应包括安全、技术控制措施和安全文明施工和应急处置措施。
（4）方案编制应包括各种工况下的受力计算、地基承载力计算等</td><td></td><td></td><td></td><td></td></tr>
<tr><td>交底对象</td><td>参与塔材运输、地面组装、高空作业、抱杆操作、吊装指挥、司索工、作业管理及相关作业人员</td><td></td><td></td><td></td><td></td></tr>
<tr><td>交底内容</td><td>工程概况与特点、作业程序、操作要领、注意事项、质量控制、应急预案、安全作业等</td><td></td><td></td><td></td><td></td></tr>
<tr><td>2</td><td>人员准备</td><td>人员准备</td><td>（1）所有参加施工作业的起重人员和起重机操作人员须具有有效的特殊工种操作证。
（2）凡参加组装的人员，必须熟悉起重机组装的过程和特点，熟悉场地，遵守操作规程。
（3）设置专职安全员，禁止闲杂人员在组装区域停留和行走，禁止在起重机起重臂下站人。
（4）施工人员必须正确穿戴工作服、安全帽和安全带</td><td></td><td></td><td></td><td></td></tr>
<tr><td>3</td><td>现场准备</td><td>现场准备</td><td>（1）施工场地事先清理，必须坚实、开阔，没有与施工机械相干涉的障碍物。
（2）施工前抱杆基础浇筑完成，有完整的抱杆基础施工记录，混凝土强度经第三方检测单位检测合格并出具检测报告</td><td></td><td></td><td></td><td></td></tr>
<tr><td>4</td><td>设备进场</td><td>设备进场</td><td>落地双平臂抱杆进场时通过运输车辆分批次进场，运输过程中保护各个部件，防止出现损坏、磕碰等</td><td></td><td></td><td></td><td></td></tr>
</table>

续表

序号	项目	作业内容	控制要点及标准	检查结果	施工		监理
					作业负责人	质检员	
5	设备进场检查	设备进场检查	（1）安装前，应对抱杆进行全面检查。 （2）发现有下列情况之一的，不得安装： 1）结构件上有可见裂纹、严重磨损和严重锈蚀的； 2）主要受力构件存在影响强度的塑性变形的； 3）安全装置不齐全或失效的； 4）钢丝绳达到报废标准的； 5）滚轮、卷筒等活动件有锈蚀，转动不灵活的； 6）液压装置、制动器等存在漏油现象的				
6	抱杆底架安装	抱杆底架安装	（1）抱杆基础及其处理后的地基承载力应符合抱杆技术文件要求。 （2）底座安装平面应平整，安装调整完成后底座倾斜度不大于3/1000。 （3）装配式底座的固定拉线向上时，对地夹角不得大于15°。拉线能有效承受杆身倾覆力矩及主吊钢丝绳转向载荷，防止底座发生滑移现象。 （4）易受到流水冲刷或积水的抱杆地基及施工地锚，应做好排水措施。 （5）抱杆底座应接地，接地装置应连接可靠，符合DL 5009.2《电力建设安全工作规程　第2部分：电力线路》的规定				
7	顶升系统及杆身	顶升系统及杆身	（1）杆身轴线对支承面垂直度满足JGJ 196《建筑施工塔式起重机安装、使用、拆卸安全技术规程》的规定，独立状态或附着状态下最高附着点以上杆身轴线对支承面垂直度不得大于4/1000，最高附着点下杆身轴线对支承面垂直度不得大于相应高度的2/1000。在每次顶升加节或调整附着后，应在两个互相垂直方向同时检测杆身垂直度。 （2）采用双油缸液压顶升系统时，双油缸行程应有同步功能。溢流阀的调整压力不应大于额定工作压力的110%，油压工作表误差小于5%。 （3）顶升液压系统防过载及保压功能正常，液压缸在有效行程内的任意位置上应准确、平稳地停止。				

续表

序号	项目	作业内容	控制要点及标准	检查结果	施工		监理
					作业负责人	质检员	
7	顶升系统及杆身	顶升系统及杆身	（4）顶升导向轮与标准节之间间隙调整合适，顶升顺畅，无异常噪声。 （5）标准节引入轨道保持水平，轨道两端有防止引进轮滑落的限位措施。 （6）顶升承台的受力部位与标准节上顶升支承部位，应可靠定位和配合，顶升防脱功能可靠有效。 （7）顶升操作应避免磨损杆身标准节上铺设的电缆。 （8）每次顶升完成后，应对所有新引入标准节的连接螺栓进行紧固检查，使螺栓紧固力矩符合技术文件的要求				
8	回转系统及杆头	回转系统及杆头	（1）回转电机应有防雨措施。 （2）穿过回转总成内腔的电缆线应固定可靠，回转动作时不应松动，应有防止与主吊钢丝绳摩擦的措施。 （3）避雷针及红色障碍指示灯应位于杆头最高处				
9	变幅系统及起重臂	变幅系统及起重臂	（1）小车在起重臂上运行平稳，无异常噪声。 （2）变幅钢丝绳排绳应工整。 （3）空载时，最大幅度允差为其设计值的±2%，最小幅度允差为其设计值的±10%。 （4）连接杆头及起重臂的拉杆或拉索及其连接件不得有外观损伤。 （5）起重臂上应有贯穿全臂供操作人员行走的安全绳				
10	起吊系统	起吊系统	（1）主卷扬机应设置独立的地锚，地锚出线对地角度不应大于45°。 （2）主卷扬机宜布置在顺线路或横线路方向上。当受地形限制，主吊钢丝绳需要设置转向时，应有专项措施。转向滑轮应有防止钢丝绳脱槽的装置。 （3）两个吊钩的钩体上应有醒目的区分标识。防脱钩装置可靠，吊钩挂绳处截面磨损量不得超过原高度的10%。 （4）主控台操作人员能观察到主卷扬机工作情况。主卷扬机及主控台距离塔中心不小于铁塔全高的0.5倍。 （5）主卷扬机的性能及使用应符合相关规定。 （6）主吊钢丝绳与地面隔离，不与地面摩擦。钢丝绳通道两侧应有隔离措施				

续表

<table>
<tr><th rowspan="2">序号</th><th rowspan="2">项目</th><th rowspan="2">作业内容</th><th rowspan="2">控制要点及标准</th><th rowspan="2">检查结果</th><th colspan="2">施工</th><th rowspan="2">监理</th></tr>
<tr><th>作业负责人</th><th>质检员</th></tr>
<tr><td>11</td><td>电气及安全控制系统</td><td>电气及安全控制系统</td><td>（1）施工用电应符合 DL 5009.2 及 JGJ 46《施工现场临时用电安全技术规范》的规定。
（2）主控台各种标识准确清晰，主控台操作人员视野开阔。主控台及电控柜门锁应齐全，外观无变形。
（3）所有电控柜及电气设备的金属外壳都应可靠接地，接地线应符合 DL 5009.2 的要求。
（4）所有电缆的承载能力应与其负载相匹配。电缆线需接长时，应采用中间接线盒。地面电缆铺设可采用埋设或架空方式，埋设时电缆上部应有保护盖板，地表应有醒目走向标识。附在抱杆杆身上的电缆应整齐稳固在标准节外廓。抱杆底座处电缆余缆应使用电缆盘。
（5）主控台、电控柜及发电机等电气设备应有防雨、防潮、防污、防震措施。
（6）销轴式起重量传感器应轻敲入位，角度方向符合抱杆技术文件的要求</td><td></td><td></td><td></td><td></td></tr>
<tr><td>12</td><td>视频监控系统</td><td>视频监控系统</td><td>（1）抱杆工作高度大于 70m 时，宜设置高空视频监控系统。一般在抱杆头部安装 2 台高空摄像头，通过主控台控制，监视抱杆两侧平臂小车及吊钩。
（2）视频文件应满足 30d 以上的存储要求，重要的文件应备份保存。
（3）视频监控电缆避免受抱杆动力电缆干扰，视频信号稳定</td><td></td><td></td><td></td><td></td></tr>
<tr><td>13</td><td>腰环系统</td><td>腰环系统</td><td>（1）抱杆腰环装置的设置和抱杆最大独立工作高度应符合抱杆技术文件的规定。
（2）腰环防扭拉线的布置应能防止抱杆杆身出现扭转。
（3）腰环拉线构件及铁塔上的预留施工孔、主材夹具应满足拉线张力的要求。
（4）腰环拉线使用的收紧装置应具有防松、防脱功能。
（5）腰环上导向轮与标准节之间间隙调整合适，顶升顺畅，无异常噪声。
（6）腰环拉线与铁塔主材连接处应有保护塔材表面的措施</td><td></td><td></td><td></td><td></td></tr>
<tr><td>14</td><td>接地系统</td><td>接地系统</td><td>（1）双平臂抱杆安装完成后，及时对其进行接地连接，与基础阶段预埋的接地系统可靠连接。
（2）接地连接完成后，进行接地电阻测试，电阻值不大于 5Ω</td><td></td><td></td><td></td><td></td></tr>
</table>

续表

序号	项目	作业内容	控制要点及标准	检查结果	施工		监理
					作业负责人	质检员	
15	设备调试	基础	检查电缆通过情况，以防损坏				
		塔身	检查塔身连接螺栓是否紧固				
		上下支座	（1）检查与回转支承连接的螺栓紧固情况。 （2）检查电缆的通过情况				
		塔顶	（1）检查吊臂的安装情况。 （2）检查塔顶中间过渡滑轮的连接情况。 （3）保证起升钢丝绳穿绕正确				
		吊臂	（1）检查各处连接销轴、开口销和螺栓的安装。 （2）检查滑轮组的安装。 （3）检查起升、变幅钢丝绳的缠绕及固定情况。 （4）检查载重小车的安装运行情况				
		吊具	（1）检查吊钩的防脱绳装置是否安全、可靠。 （2）检查吊钩有无影响使用的缺陷。 （3）检查起升、变幅钢丝绳的规格、型号是否符合要求。 （4）检查钢丝绳的磨损情况及绳端固定情况				
		机构	（1）检查各机构的安装、运行情况。 （2）各机构的制动器间隙调整合适。 （3）检查各钢丝绳绳头的压紧有无松动				
		安全装置	检查各安全保护装置是否按本说明书的要求调整合格				
		润滑	根据使用说明书检查润滑油位及润滑点				
		钢丝绳	检查起升、变幅钢丝绳穿绕是否正确及是否有干涉				

续表

序号	项目	作业内容	控制要点及标准	检查结果	施工		监理
					作业负责人	质检员	
16	设备试验	空载试验	各机构应分别进行数次运行，然后再做三次综合动作运行，运行过程中各机构不得发生任何异常现象，各机构制动器、操作系统、控制系统、联锁装置及各安全装置动作应准确可靠，否则应及时排除故障				
		负荷试验	（1）负荷运行前，必须在小幅度内吊 1.1 倍额定起重量，调整好起升制动器。 （2）在最大幅度处分别吊对应额定起重量的 25%、50%、75%、100%，按要求进行试验。运行过程中各机构不得发生任何异常现象，各机构制动器、操作系统、控制系统、联锁装置及各安全装置动作应准确可靠				
17	抱杆验收	检验条件	抱杆每次安装完成后，在投入使用前应按 Q/GDW 11141《双平臂落地抱杆安装及验收规范》标准进行检查验收				
		验收资料	（1）抱杆的出厂合格证、标牌、技术文件、制造企业的资质文件。 （2）专项安装方案。 （3）主要设备、工具及材料合格证明。 （4）抱杆基础施工记录。 （5）地锚埋设检查记录				
		验收内容及记录	（1）验收内容包含：安装检查记录、Q/GDW 11141 标准规定的验收资料、抱杆空载试运行、抱杆负载试运行。 （2）《双平臂落地抱杆安装检查验收记录表》内容应准确完整并存档				
18	塔材吊装	塔材吊装	详见《自立式铁塔组立工艺流程控制卡（钢管跨越塔）》部分				

续表

序号	项目	作业内容	控制要点及标准	检查结果	施工		监理
					作业负责人	质检员	
19	抱杆拆除	抱杆拆除	（1）抱杆头部附件拆除，将抱杆安装的摄像头等部件进行拆除，拆除时避免高空坠物。 （2）抱杆收臂。起步要慢，密切监控钢丝绳张力及异常。双臂接近靠拢时，要减速防止冲击，通过点动控制实现双臂完全收拢，最后将双臂可靠地锁固在一起。 （3）降节。执行和顶升基本相反的操作，逐步自降抱杆。在抱杆头部通过铁塔上平口时，塔上要设专人监护抱杆通过。 （4）拆除腰环装置。随着抱杆不断降节，从上到下顺次拆除腰环装置。腰环拉索要对称平衡松劲，拆解后的腰环可靠地固定在抱杆杆身上，随杆身一起下降。 （5）完全拆除。抱杆降节到初始状态不能自降时，用吊车将抱杆从铁塔内完全分解拆除。拆除顺序和安装顺序基本相反，先拆吊臂，再依次是杆头、回转、杆身等，一直到底座				

（六）自立式铁塔组立工艺流程控制卡（升降机）

序号	项目	作业内容	控制要点及标准	检查结果	施工		监理
					作业负责人	质检员	
1	方案的编写及交底	方案编写	（1）方案编制应包括施工工况、现场布置、升降机技术特性、参数等。 （2）方案编制应包括升降机安拆工艺流程、现场施工顺序。 （3）方案编制应包括安全、技术控制措施和安全文明施工和应急处置措施				
		交底对象	参与塔材高空作业、升降机安装、升降机操作、作业管理及相关作业人员				
		交底内容	工程概况与特点、作业程序、操作要领、注意事项、应急预案、安全作业等				

续表

<table>
<tr><th rowspan="2">序号</th><th rowspan="2">项目</th><th rowspan="2">作业内容</th><th rowspan="2">控制要点及标准</th><th rowspan="2">检查结果</th><th colspan="2">施工</th><th rowspan="2">监理</th></tr>
<tr><th>作业负责人</th><th>质检员</th></tr>
<tr><td>2</td><td>人员准备</td><td>★人员准备</td><td>（1）跨越塔组立施工前，组织现场施工人员进行安全、技术、质量培训，特种作业人员和设备操作人员需持证上岗。
（2）施工升降机操作人员均由设备公司派出，所有操作人员均持有相应的施工升降机操作及高空作业证。并赴施工升降机生产厂家驻厂培训，培训时间8～10d，经培训合格、考试通过后颁发培训合格证书</td><td></td><td></td><td></td><td></td></tr>
<tr><td>3</td><td>场地准备</td><td>场地准备</td><td>（1）升降机安装前应制作完成升降机基础，预埋件埋设完成，混凝土强度经第三方检测单位检测合格并出具实验报告。
（2）升降机的基础地基承载力满足现场需要，经过承载力检测并出具试验合格报告。
（3）升降机混凝土基础平面应平整光洁，基础上平面的水平度误差不大于5mm。
（4）地脚螺钉应与钢筋网连接牢固，位置尺寸应准确。
（5）基础表面倾斜不大于1/1000。
（6）升降机基础设置接地保护装置，接地电阻不大于4Ω</td><td></td><td></td><td></td><td></td></tr>
<tr><td rowspan="2">4</td><td rowspan="2">设备进场</td><td>设备进场</td><td>（1）升降机进场通过运输车辆分批次进场，运输过程中保护各个部件，防止出现损坏、磕碰等。
（2）升降机进场前确保安装现场有供电、照明、起重设备和其他必需的工具，道路和场地能运进和停放升降机各种部件</td><td></td><td></td><td></td><td></td></tr>
<tr><td>进场验收</td><td>升降机进场后，根据发货清单清点零部件，并检查是否在运输和仓储过程中发生损坏现象。若有缺少和损坏，必须配齐、修复或更换</td><td></td><td></td><td></td><td></td></tr>
<tr><td>5</td><td>升降机安装前注意事项</td><td>升降机安装前注意事项</td><td>（1）在安装前深刻了解升降机各部件的机械、电气性能。
（2）安装前，必须将待安装的标准节、附墙架等零部件的插口、销孔、螺孔等穿插处的锈皮、毛刺去除，并在这些部位及齿条上涂上适量的润滑脂。对滚动部件应确保其润滑充分，转动灵活。
（3）在安装工地周围应加设保护栅栏。
（4）按照要求配备的专用电源箱以及连接电缆</td><td></td><td></td><td></td><td></td></tr>
</table>

续表

序号	项目	作业内容	控制要点及标准	检查结果	施工		监理
					作业负责人	质检员	
6	升降机安装	★升降机安装	（1）各项工作准备就绪，确认基础符合要求、设备完好后，方可进行升降机的正常安装。如遇有雨、雪、大雾及风力超过六级时不得进行安装作业。 （2）升降机安装步骤严格按照使用说明书和方案进行，禁止随意安装。 （3）导轨架安装时用经纬仪检查并调整一下导轨架的垂直度，使其正向电力塔主支腿方向（即电力塔对角线方向）的垂直误差均不超过 3mm。 （4）每次安装一套附着架，都要用经纬仪测量一下导轨架在电力塔对角线方向上的垂直误差，防止垂直度超出规范要求。 （5）所有安装工作结束后，应检查各紧固件有无松动，是否达到规定的拧紧力矩。 （6）安装过程中，要关注各个部件的安装误差，确保精度满足设计规范要求： 1）齿轮与齿条的啮合侧隙应保证 0.4～0.6mm； 2）背轮与齿条背面的间隙为 0.5mm； 3）各个滚轮与标准节立管的间隙为 0.4～0.6mm； 4）所有门应开闭灵活				
7	吊杆安装	吊杆安装	吊杆拼装好后放入吊笼顶部安装孔内，安装前应在孔内加入润滑脂				
8	导轨架安装	导轨架安装	符合设计及规范要求				
9	附墙架安装	附墙架安装	符合设计及规范要求				
10	供电系统安装	滑线系统安装要点	（1）安装前检查滑触线有无破裂、扭曲变形，滑触线内导轨接头是否平直光滑。 （2）滑线系统安装位置与标准节保持垂直				
		安装过程	（1）滑线固定件安装时，安装应居中、垂直、水平。 （2）防坠装置总成安装，安装后应固定。 （3）继电器及导向器总成安装时配件应完成并安装到位，各个部件弹簧压力均衡正常。 （4）继电器接线盒安装正确，动作可靠				

续表

序号	项目	作业内容	控制要点及标准	检查结果	施工		监理
					作业负责人	质检员	
11	设备检查	设备检查	（1）检查螺栓紧固状况。如有松动应及时拧紧各螺栓。 （2）检查电气系统工作是否正常，如各交流接触点吸合情况、导线接头情况等。 （3）检查安全装置。各种安全限位开关动作是否灵活，各限位碰块有无移位。 （4）检查吊笼运行通道。确保吊笼运行安全距离不小于250mm。 （5）检查关键部位润滑状况，及时加注润滑脂（请参考升降机的润滑部分）。 （6）检查吊笼进出门、防护围栏门等开启灵活与否，检查各限位开关动作情况。 （7）检查滚轮、背轮的调整间隙及齿轮与齿条的啮合间隙是否正常，如不符合要求应及时进行调整。 （8）每次安装结束后都要检查防坠安全器的动作是否可靠，这可通过吊笼坠落试验来完成				
12	设备验收	设备验收	升降机安装完成后，由厂家单位、使用单位、监理单位共同对升降机进行验收				
13	升降机备案	使用注意事项	施工升降机需要到当地质量监督管理部门进行设备备案，由双方协商提供备案资料： （1）安装基础验收合格证明； （2）首次安装自检报告证明（双方签字盖章）； （3）项目开工许可证； （4）操作人员上岗证（专业机构培训）。具体备案资料以当地监督管理部门为准				
14	升降机使用	升降机使用	按照厂家说明书进行使用				
15	升降机维护	升降机维护	（1）检查起升承载部件和起升绳夹紧装置，可以采用目检，必要时使用载荷进行试验检查。				

续表

序号	项目	作业内容	控制要点及标准	检查结果	施工		监理
					作业负责人	质检员	
15	升降机维护	升降机维护	（2）当升降机的操作者或乘员发现有任何异常情况或零部件缺失、损坏，有责任立即通知现场管理人员采取必要的措施。现场管理人员有责任确保全体工人都已受到必要的培训。 （3）定期检查维修保养须作记录				
16	升降机拆除	升降机拆除	（1）在拆卸期间，绝对不准许与拆卸工作无关的人员使用升降机。 （2）不允许在风速大于 8m/s（离地 10m，10min 平均风速）和雷雨、下雪的恶劣气候条件下进行拆卸工作。 （3）不让任何人站在悬吊物下。 （4）进行拆卸工作时，必须将加节按钮盒的防止误动作开关扳至停机位置或按下操作盒上的紧急停机按钮。 （5）在拆下的部件被吊放到吊笼顶板上之前，不准驱动升降机吊笼。 （6）决不能让不称职的人员进行电气拆卸工作。且在进行电气拆卸工作时，必须确保切断总电源				

二、 架线工程关键工序管控表、 工艺流程控制卡

（一）架线工程关键工序管控表

序号	阶段	管理内容	管控要点	管理资料	监理	业主
1	准备阶段	施工图审查	（1）熟悉施工图设计要点。 （2）关注施工图纸的各个工序环节。 （3）导线弛度、初伸长、导线张力等符合国家规范及相关技术规定	施工图预检记录表、施工图纸交底纪要、施工图会检纪要		

续表

序号	阶段	管理内容	管控要点	管理资料	监理	业主
2	准备阶段	方案审查	（1）方案选取是否合理。 （2）导地线展放方式。 （3）设备选择（牵张机吨位、轮径）是否满足施工要求。 （4）滑车选择、钢丝绳等受力工器具选择是否满足施工要求。 （5）放线区段安排计划及牵张场的布置是否满足施工要求。 （6）放线滑车的挂设要求及相应桩号是否满足施工要求。 （7）导线上扬桩号，压线滑车设置，绝缘子悬挂方式是否满足施工要求。 （8）导地线升空位置及控制措施是否满足安全要求。 （9）导地线展放及紧线顺序、紧线方式是否符合规范要求。 （10）附件安装、跳线安装及间隔棒安装是否符合规范要求。 （11）是否进行地锚方式及受力计算。 （12）是否对重要电力线及其他跨越物跨越方式进行阐述并说明跨越架搭设方式。 （13）各级导引绳使用规格是否满足受力要求，展放步骤及顺序是否满足要求	（专项）施工方案、文件审查记录表		
3		手续办理	（1）架线施工前，应有与航道管理部门签订的允许跨域架线施工的协议文件、施工水域维护方案（如有）。 （2）跨越电力线路、公路等重要跨越与相关部门进行联系，取得跨越手续并有相应跨越方案等支撑资料（如有）	跨越协议文件		
4		标准工艺实施	（1）执行《国家电网有限公司输变电工程标准工艺　架空线路工程分册》“架线工程”要求。 （2）检查施工图纸中标准工艺内容齐全。 （3）检查施工过程标准工艺执行	标准工艺应用记录		
5		人员交底	参加本项施工的管理人员及作业人员	人员培训交底记录、站班会记录		

续表

序号	阶段	管理内容	管控要点	管理资料	监理	业主
6	准备阶段	甲供开箱	（1）供应商资质文件（营业执照、安全生产许可证、产品的检验报告、企业质量管理体系认证或产品质量认证证书）齐全。 （2）材料质量证明文件（包括产品出厂合格证、检验、试验报告）合格。 （3）甲供材包括绝缘子、附件金具、导地线、光缆	甲供主要设备（材料/构配件）开箱申请表		
7	施工阶段	外观验收	（1）导、地线表面应无松股、裂痕等明显损伤；长度符合设计要求。 （2）金具表面应光滑完整。 （3）绝缘子表面应无明显裂痕或损伤。 （4）资料：质量证明书、试验报告齐全	检查记录表		
8		牵张场布置	（1）牵张场选取位置符合设计规范要求，及其出口角度满足设计和规范要求，导线是否拖地。 （2）牵张场地锚埋设经过计算，埋设规范。 （3）牵张场拉线、地锚设置符合方案要求，并按照“三算四验五禁止”进行验收挂牌	现场平面布置图		
9		牵引绳展放	（1）牵引绳、连接器等器具检测合格并经过报审。 （2）牵引绳连接排布方式与方案一致。 （3）牵引绳受力情况满足导线展放需求，并考虑安全系数	工器具报审、架线施工方案		
10		导地线展放与连接	（1）导地线展放采用张力放线。应符合 Q/GDW 10154—2021《架空输电线路张力架线施工工艺导则》的规定。对于扩径导线应符合 Q/GDW 389《架空送电线路扩径导线施工验收规范》的规定。 （2）张力架线过程监理全程到位监护	检查记录表、旁站监理记录表		

续表

序号	阶段	管理内容	管控要点	管理资料	监理	业主
11	施工阶段	导地线压接	（1）压模型号：压模型号与施工方案、现场管材相符。 （2）导地线液压工作应由具有操作证的技术工人担任。 （3）压接使用的接续管、耐张线夹，应经过拉力试验并检测合格。 （4）液压机吨位满足压接要求	特种作业人员报审、导地线拉力试验报告、检查记录表、旁站监理记录表		
12		紧线	（1）紧线前，普通铁塔反向拉线等补强措施到位，并经过验收。 （2）金具、绝缘子等材料已经完成甲供开箱验收。 （3）紧线张力按照施工方案计算结果执行，禁止凭经验施工。 （4）严格落实“三算四验五禁止”规范要求	受力计算书、旁站监理记录表		
13		直线塔附件安装	（1）绝缘子、金具、防振锤、间隔棒规格、数量符合设计要求，外观良好，且经过甲供开箱验收。 （2）金具、防振锤、间隔棒螺栓穿向符合规范和方案要求，垫片使用规范	甲供开箱验收资料、检查记录表		
14		耐张塔附件安装	（1）绝缘子、金具、间隔棒规格、数量符合设计要求，外观良好，且经过甲供开箱验收。 （2）金具螺栓穿向符合规范和方案要求，垫片使用规范。 （3）高空压接、断线人员特种作业证件合格并经过报审。 （4）跳线安装美观、符合要求，电气距离满足设计要求	甲供开箱验收资料、施工记录表、特种人员进场报审		
15		光缆附件安装	（1）绝缘子、金具、间隔棒规格、数量符合设计要求，外观良好，且经过甲供开箱验收。 （2）金具螺栓穿向符合规范和方案要求，垫片使用规范。 （3）光缆熔接是否按照规范进行，接头盒内光缆排布是否按照规范进行，接头盒安装是否牢固、到位	甲供开箱验收资料、施工记录表、旁站监理记录表		

续表

序号	阶段	管理内容	管控要点	管理资料	监理	业主
16	验收阶段	实测实量	（1）实测实量验收项目包含基建安质〔2021〕27 号文件规定项目清单。 （2）实测实量仪器（全站仪、经纬仪、游标卡尺、塔尺、卷尺、量绳）准备到位	验收记录		
17		资料验收	（1）质量证明文件、出厂报告。 （2）检验报告。 （3）甲供材开箱记录。 （4）特种人员报审	过程资料		

（二）架线工程工艺流程管控卡（导地线展放）

序号	项目	作业内容	控制要点及标准	检查结果	施工		监理
					作业负责人	质检员	
1	方案的编写及交底	方案编写	（1）方案编制应包括施工工况、现场布置、架线技术要求。 （2）方案编制应包括导地线、光缆展放施工工艺与现场施工顺序。 （3）方案编制应包括安全、技术控制措施和安全文明施工和应急处置措施。 （4）方案编制应包括各种工况下的受力计算、牵张机出口张力计算等				
		交底对象	参加本项施工的管理人员及作业人员				
		交底内容	工程概况与特点、作业程序、操作要领、注意事项、质量控制、应急预案、安全作业等				
2	杆塔验收	螺栓紧固率及杆塔倾斜验收	（1）耐张段内铁塔已经中间验收合格且消缺完毕、铁塔和接地装置已可靠连接后方可进行架线施工。 （2）架线前、后，地脚螺栓和铁塔螺栓必须进行紧固，且符合设计紧固力矩和防松、防卸要求，严禁在地脚螺母紧固不到位时进行保护帽施工。 （3）直线塔结构倾斜允许偏差为 1.5‰。 （4）普通铁塔结构中心与中心桩间横、顺线路方向位移允许偏差为 50mm				

续表

序号	项目	作业内容	控制要点及标准	检查结果	施工		监理
					作业负责人	质检员	
3	甲供材开箱验收	导线地线、光缆开箱验收	（1）导地线、光缆的规格型号满足图纸要求，线盘订货长度应满足施工的需要。 （2）质量证明文件等文件资料齐全有效。 （3）导地线展放前应进行抽样检测，确认导地线直径、表面状况、节径比及绞向符合相关规范要求。同时检查OPGW及ADSS光缆由厂家进行的单盘测试记录				
		绝缘子开箱验收	（1）绝缘子规格型号应符合设计要求，到货数量符合施工需要。 （2）盘型悬式瓷绝缘子表面应当无裂隙及破损。 （3）抽取部分盘型悬式瓷绝缘子进行试组装及零值检测				
		接续管及耐张管开箱验收	（1）耐张线夹、引流板的型号和引流板的规格型号及角度应符合图纸要求，到货数量需满足施工需求。 （2）铝件的电气接触面应平整、光洁，不允许有毛刺或超过板厚极限偏差的碰伤、划伤、凹坑及压痕等缺陷。 （3）热镀锌钢件，镀锌完好不得有掉锌皮现象				
4	导地线握着强度检测	导地线压接及握着强度试验	（1）架线施工前应由具有资质的检测单位对试件进行连接后的握着强度试验，试件不得少于3组，并覆盖全部厂家，握着强度不得小于设计使用拉断力的95%。 （2）压接详见《架线工程工艺流程管控卡（导地线压接）》				
5	牵张场检查	牵张场设置	（1）根据工程要求、施工场地和施工计算，选择合适的张力放线方式、牵引场和张力场。 （2）牵引场、张力场宜顺线路布置。 （3）牵引场、张力场导线可能落地的区域应采用不损伤导线的材料进行铺垫				

续表

序号	项目	作业内容	控制要点及标准	检查结果	施工		监理
					作业负责人	质检员	
6	地锚埋设	地锚方向设置及埋设	（1）采用埋土地锚时，地锚绳套引出位置应开挖马道，马道与受力方向应一致。 （2）临时地锚应采取避免被雨水浸泡的措施。 （3）地锚埋设应设专人检查验收，回填土层应逐层夯实				
7	牵张机检查	牵张机选取	（1）张力机放线主卷筒槽底直径 $D \geqslant 40d-100$mm（d为导线直径）。 （2）张力机的尾线轴架的制动力、反转力应与张力机相配套。 （3）展放光缆的张力机主卷筒槽底直径$\geqslant 70d$（d为光缆直径），且不得小于1.0m				
8	封航情况（如需）	封航次数及时长计算	根据大跨越施工规范及标准工艺流程，结合现场实际情况，计算相应封航次数及时长				
9	跨江封航手续（如需）	封航手续办理	架线施工前，应有与航道管理部门签订的允许跨越架线施工的协议文件、施工水域维护方案				
10	轮渡需求（如需）	轮渡选取	（1）根据导引绳张力计算，选取动力足够的轮渡牵引船只。 （2）计算在牵引过程中导引绳对船只的上拔力，选取满足轮渡吃水要求的配重吨位				
11	跨越架选择	跨越架位置选择	根据交叉跨越检查记录，对架线区段内所有通信线、省道、公路、铁路、110kV及以上电力线、380V及10kV电力线跨越进行跨越架搭设				
		跨越架安全质量要求	（1）跨越架架体的强度，应能在发生断线跑线时承受冲击荷载。 （2）跨越架应有防倾覆措施。 （3）跨越架的中心应在线路中心线上，宽度应考虑施工期间牵引绳或导地线风偏后超出新建线路两边线各2.0m，且架顶两侧应设外伸羊角。 （4）跨越架与被跨物最小安全距离：				

续表

<table>
<tr><th rowspan="2">序号</th><th rowspan="2">项目</th><th rowspan="2">作业内容</th><th rowspan="2">控制要点及标准</th><th rowspan="2">检查结果</th><th colspan="2">施工</th><th rowspan="2">监理</th></tr>
<tr><th>作业负责人</th><th>质检员</th></tr>
<tr><td>11</td><td>跨越架选择</td><td>跨越架安全质量要求</td><td>
<table>
<tr><th rowspan="2">跨越架部位</th><th colspan="4">跨越物名称</th></tr>
<tr><th>普通铁路</th><th>一般公路</th><th>高速公路</th><th>通信线</th></tr>
<tr><td>与架面水平距离（m）</td><td>至铁路轨道：2.5</td><td>至路边：0.6</td><td>至路基（防护栏）：2.5</td><td>0.6</td></tr>
<tr><td>与封顶杆垂直距离（m）</td><td>至轨顶：6.5</td><td>至路面：5.5</td><td>至路面：8</td><td>1.0</td></tr>
</table>
（5）跨越架横担中心应设置在新架线路每相导线的中心垂直投影上。
（6）跨越架架顶应设置挂胶滚筒或挂胶滚动横梁</td><td></td><td></td><td></td><td></td></tr>
<tr><td rowspan="2">12</td><td rowspan="2">跨越架搭设</td><td>跨越方案及交底</td><td>（1）跨越架的搭设应有搭设方案或施工作业指导书，并经审批后办理相关手续及交底。
（2）方案编制应包括施工工况、现场布置、跨越架搭设的安全技术要求及质量验收标准。
（3）交底主要内容为：工程概况与特点、作业程序、操作要领、注意事项、质量控制、应急预案、安全作业等</td><td></td><td></td><td></td><td></td></tr>
<tr><td>钢管跨越架搭设</td><td>（1）钢管跨越架宜用外径48～51mm的钢管，立杆和大横杆应错开搭接，搭接长度不小于0.5m。
（2）钢管跨越架所使用的钢管，不应有弯曲严重、磕瘪变形、表面有严重腐蚀、裂纹或脱焊等情况。
（3）钢管立杆底部应设置金属底座或垫木，并设置扫地杆。
（4）钢管跨越架横杆、立杆扣件距离端部不得小于100mm。</td><td></td><td></td><td></td><td></td></tr>
</table>

续表

序号	项目	作业内容	控制要点及标准	检查结果	施工		监理
					作业负责人	质检员	
12	跨越架搭设	钢管跨越架搭设	（5）跨越架两端及每隔 6～7 根立杆应设置剪刀撑、支杆或拉线。拉线的挂点或支杆或剪刀撑的绑扎点应设在立杆与横杆的交接处，且与地面的夹角不得大于 60°。支杆埋入地下的深度不得小于 0.3m。 （6）钢管跨越架的间距：立杆 2m，大横杆 1.2m，小横杆（水平）4m，小横杆（垂直）2.4m				
13	跨越架验收	跨越架验收检查	（1）跨越架应经现场监理及使用单位验收合格后方可使用。 （2）强风、暴雨过后应对跨越架进行检查，确认合格后方可使用				
14	放线滑车悬挂	放线滑车的选取	（1）应计算确定放线滑车的相关参数，对符合 DL/T 371《架空输电线路放线滑车》标准中参数要求的，按该标准选取放线滑车。 （2）导线放线滑车宜采用挂胶滑车或其他韧性材料。导线滑车轮槽底直径不宜小于 20d（d 为导线直径），其中，碳纤维复合材料芯导线等特殊导线滑轮槽底直径按相关标准确定；地线滑车轮槽底直径不宜小于 15d（相应线索直径），光纤复合架空地线滑车轮槽底直径不应小于 40d（相应线索直径），且不得小于 500mm。 （3）滑车使用前应进行检查并确保转动灵活，滑轮的摩阻系数不应大于 1.015				
		放线滑车悬挂	（1）滑车通过特制金具联板悬挂于悬垂金具下方连接应牢固可靠。 （2）当垂直荷载超过滑车的最大额定工作荷载、接续管及保护套过滑车的荷载超过其允许荷载可能造成接续管弯曲，导地线在放线滑车上的包络角超过 30°时，每相（极）应挂双放线滑车。 （3）展放过程中线绳上扬的塔位应设置压线滑车。 （4）放线滑车在放线过程中，其包络角不得大于 60°。 （5）牵引光纤复合架空地线时应有防扭转的措施。 （6）施工全过程中，光纤复合架空地线的曲率半径不得小于设计和制造厂的规定				

续表

<table>
<tr><th rowspan="2">序号</th><th rowspan="2">项目</th><th rowspan="2">作业内容</th><th rowspan="2">控制要点及标准</th><th rowspan="2">检查结果</th><th colspan="2">施工</th><th rowspan="2">监理</th></tr>
<tr><th>作业负责人</th><th>质检员</th></tr>
<tr><td rowspan="3">15</td><td rowspan="3">铁塔反向拉线设置</td><td>反向拉线选取</td><td>（1）反向拉线破断力应满足放线时导地线张力。
（2）拉线对地夹角45°，拉线长度满足施工需要</td><td></td><td></td><td></td><td></td></tr>
<tr><td>地锚方向设置及埋设</td><td>（1）采用埋土地锚时，地锚绳套引出位置应开挖马道，马道与受力方向应一致。
（2）临时地锚应采取避免被雨水浸泡的措施。
（3）地锚埋设应设专人检查验收，回填土层应逐层夯实。
（4）地锚应沿放线反向区段的线路中心方向布置</td><td></td><td></td><td></td><td></td></tr>
<tr><td>铁塔反向拉线设置</td><td>（1）上端与导线横担施工孔（跨越侧）连接。
（2）钢丝绳端部用绳卡固定连接时，绳卡压板应在钢丝绳主要受力边。并不得正反交叉设置。
（3）绳卡间距不应小于钢丝绳直径的6倍，连接端的绳卡数量应符合：
<table><tr><td>钢丝绳公称直径 d（mm）</td><td>d≤18</td><td>18＜d≤26</td><td>26＜d≤36</td><td>36＜d≤44</td><td>44＜d≤60</td></tr><tr><td>钢丝绳卡最少数量</td><td>3</td><td>4</td><td>5</td><td>6</td><td>7</td></tr></table></td><td></td><td></td><td></td><td></td></tr>
<tr><td rowspan="2">16</td><td rowspan="2">展放导引绳</td><td>导引绳选取</td><td>导引绳破断力应大于牵引绳时的张力及其本身在展放时的张力</td><td></td><td></td><td></td><td></td></tr>
<tr><td>导引绳展放</td><td>（1）导引绳在展放过程中不得与被跨越物直接接触。
（2）为防止已展放的导引绳因风振而受到损伤，凡需过夜的架线施工均应会同设计单位采取临时防振措施</td><td></td><td></td><td></td><td></td></tr>
<tr><td rowspan="2">17</td><td rowspan="2">展放牵引绳</td><td>牵引绳选取</td><td>牵引绳破断力应大于牵引导地线时的张力及其本身在展放时的张力</td><td></td><td></td><td></td><td></td></tr>
<tr><td>牵引绳展放</td><td>（1）由导引绳一牵1张力展放。
（2）牵引绳在展放过程中不得与被跨越物直接接触。
（3）为防止已展放的牵引绳因风振而受到损伤，凡需过夜的架线施工均应会同设计单位采取临时防振措施</td><td></td><td></td><td></td><td></td></tr>
</table>

续表

<table>
<tr><th rowspan="2">序号</th><th rowspan="2">项目</th><th rowspan="2">作业内容</th><th rowspan="2">控制要点及标准</th><th rowspan="2">检查结果</th><th colspan="2">施工</th><th rowspan="2">监理</th></tr>
<tr><th>作业负责人</th><th>质检员</th></tr>
<tr><td rowspan="2">18</td><td rowspan="2">展放导地线及光缆</td><td>展放准备</td><td>(1)合理布线，接头避开不允许接头挡，尽量减少接续管数量。精确控制接续管位置，确保接续管位置满足设计及规范要求。
(2)不同金属、不同规格、不同绞制方向的导线或架空地线严禁在一个耐张段内连接。
(3)在展放过程中导线应采取保护措施。
(4)同相(极)分裂导地线宜采用一次或同次展放。分次展放时，时间间隔不宜超过48h，或采取技术措施解决导、地线蠕变对导、地线弧垂的影响。
(5)牵引、张力场所在位置应保证光缆出线仰角满足厂家要求，一般不宜大于25°，其水平偏角应小于7°</td><td></td><td></td><td></td><td></td></tr>
<tr><td>导地线、光缆展放</td><td>(1)应加强在放线过程中的弧垂观测。进行封航跨河流时，放线最低点应高于水面。
(2)导地线、光缆在展放过程中不得与被跨越物直接接触。
(3)为防止已展放的导地线、光缆因风振而受到损伤，凡需过夜的架线施工均应会同设计单位采取临时防振措施。
(4)凡与导地线、光缆直接接触的提线器、钢丝绳等应进行挂胶处理或采取其他隔离措施。
(5)跨越架与导地线、光缆接触部分应采用不磨损导线的材料或不损伤导线的措施</td><td></td><td></td><td></td><td></td></tr>
<tr><td>19</td><td>导地线、光缆对地距离验收</td><td>导地线、光缆对地距离验收</td><td>(1)导地线、光缆在展放过程中不得与被跨越物直接接触。
(2)为防止已展放的导地线、光缆因风振而受到损伤，凡需过夜的架线施工均应会同设计单位采取临时防振措施。
(3)跨越架与导地线、光缆接触部分应采用不磨损导线的材料或不损伤导地线、光缆的措施</td><td></td><td></td><td></td><td></td></tr>
<tr><td>20</td><td>导线相序验收</td><td>导线相序验收</td><td>导线相序排列应符合图纸要求</td><td></td><td></td><td></td><td></td></tr>
</table>

续表

序号	项目	作业内容	控制要点及标准	检查结果	施工		监理
					作业负责人	质检员	
21	资料验收	试验报告及质量证明文件	（1）OPGW 及 ADSS 光缆由厂家进行的单盘测试记录。 （2）架线施工前应由具有资质的检测单位对试件进行连接后的握着强度试验，试件不得少于 3 组，并覆盖全部厂家，握着强度不得小于设计使用拉断力的 95%。 （3）甲供材需要有质量证明文件、厂家资质、出厂合格证、原材检验报告等文件资料				
22	通病防治	导地线、光缆硌伤保护	（1）检查滑车、卡线器等与导线接触的工器具，其接触部位应圆滑无毛刺。临锚绳应包胶处理。 （2）导线落地应采取隔离措施。 （3）附件安装必须用记号笔画印。不得用工具、硬物敲击导线。 （4）导线损伤后，视其损伤程度按规程规范要求对导线进行修补处理				
23		瓷瓶保护	（1）装卸、搬运绝缘子应保持包装完整，轻拿轻放，避免磕碰。 （2）现场组装绝缘子时应采取铺垫措施。 （3）绝缘子吊装、塔上断线和平衡挂线时应对绝缘子采取保护措施，避免划伤、碰伤				

（三）架线工程工艺流程管控卡（导地线压接）

序号	项目	作业内容	控制要点及标准	检查结果	施工		监理
					作业负责人	质检员	
1	方案的编写及交底	方案编写	（1）方案编制应包括杆塔施工参数（杆塔参数、导地线参数）。 （2）方案编制应包括导地线接续管、耐张管压接施工工艺与现场施工顺序。 （3）方案编制应包括安全、技术控制措施和安全文明施工和应急处置措施				
		交底对象	参加本项施工的管理人员及作业人员				
		交底内容	工程概况与特点、作业程序、操作要领、注意事项、质量控制、应急预案、安全作业等				

续表

<table>
<tr><th rowspan="2">序号</th><th rowspan="2">项目</th><th rowspan="2">作业内容</th><th rowspan="2">控制要点及标准</th><th rowspan="2">检查结果</th><th colspan="2">施工</th><th rowspan="2">监理</th></tr>
<tr><th>作业负责人</th><th>质检员</th></tr>
<tr><td>2</td><td>甲供材开箱验收</td><td>接续管及耐张管开箱验收</td><td>（1）耐张线夹与引流板的型号规格及角度、接续管型号规格应符合图纸要求，到货数量需满足施工需求。
（2）铝件的电气接触面应平整、光洁，不允许有毛刺或超过板厚极限偏差的碰伤、划伤、凹坑及压痕等缺陷。
（3）热镀锌钢件，镀锌完好不得有掉锌皮现象</td><td></td><td></td><td></td><td></td></tr>
<tr><td>3</td><td>导地线握着强度检测</td><td>导地线压接及握着强度试验</td><td>（1）架线施工前应由具有资质的检测单位对试件进行连接后的握着强度试验，试件不得少于 3 组，并覆盖全部厂家，握着强度不得小于设计使用拉断力的 95%。
（2）导地线切割及连接应符合：
1）切割导线铝股时严禁伤及钢芯；
2）切口应整齐；
3）导线及架空地线的连接部分不得有线股绞制不良、断股、缺股等质量问题；
4）连接后管口附近不得有明显的松股现象。
（3）导线连接部分外层铝股应保持清洁，并应涂有电力复合脂。
（4）接续管及钢管、耐张管及钢锚连接前应测量管的内、外直径及管壁厚度、管的长度并应符合有关标准规定</td><td></td><td></td><td></td><td></td></tr>
<tr><td>4</td><td>压接区设置</td><td>压接区设置位置</td><td>（1）压接区应当设置在张力场。
（2）压接区应在张力机正前方并留有合适的距离。
（3）压接区前方（牵引场方向）应当锚线牢固，并留足合适的尾线</td><td></td><td></td><td></td><td></td></tr>
<tr><td>5</td><td>压钳压模配置</td><td>导地线接续管、耐张管压钳压模配置</td><td>（1）钢锚、钢管与铝管采用不同的压模。
（2）根据压接管型号选取不同规格的压模。
（3）压钳压模应经检验合格并符合施工需要</td><td></td><td></td><td></td><td></td></tr>
</table>

续表

序号	项目	作业内容	控制要点及标准	检查结果	施工		监理
					作业负责人	质检员	
6	压接准备	接续管压接前清洗、割线、画印	（1）压接前必须对压接管、液压设备等进行检查，不合格者严禁使用。 （2）施工操作人员必须经过培训并持有压接操作证，作业过程中应进行见证并及时记录。 （3）穿管前应用汽油、酒精等清洁剂清洗干净，导线连接部分外层铝股在擦洗后应均匀地涂上一层电力复合脂，并用细钢丝刷清刷表面氧化膜，保留电力复合脂进行连接。 （4）当接续管钢芯使用对穿管时，应在线上画出1/2管长的印记，穿管后确保印记与管口吻合。 （5）割线印记准确，断口整齐，不得伤及钢芯及不需切割的铝股，切割处应做好防松股措施。大截面导线的液压部位在断线前应调直，并在距切断点20mm处加装防止导线散股的卡箍，切割断面应与轴线垂直。 （6）导地线与压接金具在穿管时应设置合适的压接预留长度，以补偿压接后的伸长量。导线接续管钢芯使用搭接管时，钢芯两端分别伸出钢管端面12mm，地线搭接穿管时，钢芯两端分别伸出钢管端面5mm，铝包钢绞线钢管压接完成后，在铝管压接前将两侧铝衬管安装到位，铝衬管端头与铝管端头接近平齐，距离不大于5mm				
7	接续管压接施工	接续管压接施工	（1）压接过程中，压接钳的缸体应垂直、平稳放置，两侧管线处于平直状态，钢管相邻两模重叠压接不应少于5mm，铝管相邻两模重叠压接不应少于10mm。1250mm^{2}大截面导线铝管压接铝管相邻两模叠模压接不应小于25mm。 （2）液压机压力值应达到设计规定并维持3～5s。 （3）压后接续管棱角顺直，有明显弯曲变形时应校直，校直后的压接管如有裂纹应切断重接。 （4）大截面导线接续管压接宜采用顺压法，从牵引场向张力场方向，即第一段从牵引场侧直线接续管铝管的管口开始连续施压至压接定位印记；第二段从压接定位印记开始连续施压至另一侧管口。				

续表

序号	项目	作业内容	控制要点及标准	检查结果	施工		监理
					作业负责人	质检员	
7	接续管压接施工	接续管压接施工	（5）接续管压接后，应去除飞边、毛刺，钢管压接部位，皆涂以富锌漆，对清除钢芯上防腐剂的钢管，压后应将管口及裸露钢芯涂以富锌漆，以防生锈，铝压接管应锉成圆弧状，并用0号以下细砂纸磨光。 （6）压接完成检查合格后，在铝管的不压区打上操作人员、监理人员的钢印				
8	接续管压后检查	接续管压后检查	（1）接续管的型号应符合图纸要求。在不允许接头档内，严禁接续。 （2）导地线的连接部分不得有线股绞制不良、断股、缺股等缺陷；压接后管口附近不得有明显的松股现象。 （3）铝件的电气接触面应平整、光洁，不允许有毛刺或超过板厚极限偏差的碰伤、划伤、凹坑及压痕等缺陷。热镀锌钢件，镀锌完好不得有掉锌皮现象。 （4）接续管压接后其弯曲变形应小于接续管长度的2%（大截面导线为1%），如无法校正或校正后有裂纹时应割断重新压接。钢管压后表面应进行防腐处理。 （5）用精度不低于0.02mm并检定合格的游标卡尺测量压后尺寸。接续管压接后三个对边距只允许有一个达到最大值，超过此规定时应更换模具重压				
9	耐张线夹压接准备	耐张线夹接续管压接前清洗、割线、画印	（1）压接前必须对压接管、液压设备等进行检查，不合格者严禁使用。 （2）施工操作人员必须经过培训并持有压接操作证，作业过程中应进行见证并及时记录。 （3）穿管前耐张线夹、引流板应用汽油、酒精等清洁剂清洗干净，导线连接部分外层铝股在擦洗后应均匀地涂上一层电力复合脂，并用细钢丝刷清刷表面氧化膜，保留电力复合脂进行连接。 （4）钢锚环与耐张线夹铝管引流板的连接方向调整至规定的位置，且两者的中心线在同一平面内。				

续表

序号	项目	作业内容	控制要点及标准	检查结果	施工		监理
					作业负责人	质检员	
9	耐张线夹压接准备	耐张线夹接续管压接前清洗、割线、画印	（5）割线印记准确，断口整齐，不得伤及钢芯及不需切割的铝股，切割处应做好防松股措施。大截面导线的液压部位在断线前应调直，并在距切断点20mm处加装防止导线散股的卡箍，切割断面应与轴线垂直。 （6）导地线与压接金具在穿管时应设置合适的压接预留长度，以补偿压接后的伸长量。钢芯在穿钢锚时，应确保钢芯穿到位。钢锚凸凹部位与铝管重合部分定位标记应准确。Ⅰ型耐张管穿管时，钢绞线端部露管口5mm，Ⅱ型耐张线夹穿管时，应确保钢绞线触到钢锚底端				
10	耐张线夹压接施工	耐张线夹压接施工	（1）压接过程中，压接钳的缸体应垂直、平稳放置，两侧管线处于平直状态，钢管相邻两模重叠压接不应少于5mm，铝管相邻两模重叠压接不应少于10mm，1250mm^{2}大截面导线铝管压接铝管相邻两模叠模压接不应小于25mm。 （2）液压机压力值应达到设计规定并维持3～5s。 （3）压后耐张线夹棱角顺直，有明显弯曲变形时应校直。校直后的压接管如有裂纹应切断重接。 （4）耐张线夹、引流板压接后应去除飞边、毛刺，钢管压接部位，皆涂以富锌漆。对清除钢芯上防腐剂的钢管，压后应将管口及裸露钢芯涂以富锌漆，以防生锈。铝压接管应锉成圆弧状，并用0号以下细砂纸磨光。 （5）铝包钢绞线耐张线夹钢管压接完成后，在铝管压接前将铝衬管安装到位，铝衬管端头与铝管端头接近平齐，衬管超出铝管不大于5mm。 （6）压接完检查合格后，在铝管的不压区打上操作人员、监理人员的钢印				
11	耐张线夹压后检查	耐张线夹压后检查	（1）耐张线夹、引流板的型号和引流板的角度应符合图纸要求。 （2）导地线的连接部分不得有线股绞制不良、断股、缺股等缺陷。压接后管口附近不得有明显的松股现象。				

续表

序号	项目	作业内容	控制要点及标准	检查结果	施工		监理
					作业负责人	质检员	
11	耐张线夹压后检查	耐张线夹压后检查	（3）铝件的电气接触面应平整、光洁，不允许有毛刺或超过板厚极限偏差的碰伤、划伤、凹坑及压痕等缺陷。热镀锌钢件，镀锌完好不得有掉锌皮现象。 （4）压接后耐张线夹其弯曲变形应小于耐张线夹长度的2%（大截面导线为1%），否则应校直，如无法校正或校正后有裂纹时应割断重新压接。钢管压后表面应进行防腐处理。 （5）用精度不低于0.02mm并检定合格的游标卡尺测量压后尺寸。耐张线夹压接后三个对边距只允许有一个达到最大值，超过此规定时应更换模具重压				
12	压后长度及对边距验收	压后长度及对边距测量	用精度不低于0.02mm并检定合格的游标卡尺测量压后尺寸。耐张线夹压接后三个对边距只允许有一个达到最大值，超过此规定时应更换模具重压。最大允许边距为0.86D+0.2mm（D为导地线直径）				
13	资料验收	压接管的质量证明文件、合格证等相关文件资料	（1）压接管的厂家资质、质量证明文件、出厂合格证、原材检验报告等必须齐全有效。 （2）施工过程资料及质量验收表格真实有效				
14	通病防治	导地线压接	（1）使用合格的压钳、压模及高空作业平台进行压接施工。 （2）压接操作人员应经培训合格并持证上岗。 （3）严格按已批准的压接施工作业指导书工艺要求进行压接操作。 （4）压后及时自检，有明显弯曲时应校直，弯曲度不得大于管长的2%				
15		导地线压接	对钢芯铝绞线Ⅰ型和Ⅱ型耐张线夹应为$L1-\Delta L1$；对钢芯铝绞线Ⅲ型耐张线夹应为L1+5mm；具体数据应填入对应的分项工程质量验收表				
16		导地线压接	钢管相邻两模重叠压接不应少于5mm；铝管相邻两模重叠压接不应少于10mm				

续表

序号	项目	作业内容	控制要点及标准	检查结果	施工		监理
					作业负责人	质检员	
17	通病防治	导地线压接	压接操作人员应持证上岗。经压接操作人员自检合格、质检人员检查合格后，在其指定（线夹管口、接续管牵引侧管口）部位打上操作者编号钢印作为永久标记				

（四）架线工程工艺流程管控卡（紧线施工）

序号	项目	作业内容	控制要点及标准	检查结果	施工		监理
					作业负责人	质检员	
1	方案的编写及交底	方案编写	（1）方案编制应包括杆塔施工参数（杆塔参数、导地线参数）、现场平面布置图。 （2）方案编制应包括紧线施工工艺流程、施工顺序。 （3）方案编制应包括质量控制措施和质量通病防治分析和控制措施。 （4）方案编制应包括紧线张力计算、地锚验算、紧线工器具选型计算				
		交底对象	参加本项施工的管理人员及作业人员				
		交底内容	工程概况与特点、作业程序、操作要领、注意事项、质量控制、应急预案、安全作业等				
2	人员准备	人员准备	（1）紧线班组选择有经验的合格班组，具备较强的现场施工经验和困难解决能力，能够应对现场出现的紧急情况。 （2）高空作业人员应具备良好的工作能力和身体素质，特种证件合格并在有效期内，且经过报审				
3	现场准备	现场准备	（1）紧线前应确保紧线挡内通信畅通、障碍物以及导线地线跳槽等处理完毕、分裂导线未相互绞扭、各交叉跨越处的安全措施可靠。 （2）紧线前，应按照设计要求对普通铁塔装设临时拉线进行补强				
4	工器具进场	工器具进场	（1）紧线施工工器具进场前，主要受力工器具应经过第三方检测并出具报告。 （2）施工用工器具经过报审并审批合格				

续表

序号	项目	作业内容	控制要点及标准	检查结果	施工		监理
					作业负责人	质检员	
5	绝缘子悬挂	绝缘子零值检测	盘形悬式瓷绝缘子安装前现场应逐个进行零值检测				
		绝缘子组装	（1）绝缘子安装前应逐个将表面清洗干净，并应逐串吊起进行试装检查。 （2）安装时应检查碗头、球头与弹簧销之间的间隙，在安装好弹簧销子的情况下球头不得自碗头中脱出。 （3）绝缘子串及金具上的螺栓、穿钉及弹簧销子除有固定的穿向外，其余穿向应统一，并符合下列规定： 1）悬垂串上的弹簧销子一律由电源侧向受电侧穿入。使用 W 形弹簧销子时，绝缘子大口一律朝电源侧，使用 R 形弹簧销子时，大口一律朝受电侧。螺栓及穿钉凡能顺线路方向穿入者一律由电源侧向受电侧穿入，特殊情况两边先由内向外，中线由左向右穿入； 2）耐张串上的弹簧销子、螺栓及穿钉一律由上向下穿；当使用 W 形弹簧销子时，绝缘子大口一律向上；当使用 R 形弹簧销子时，绝缘子大口一律向下，特殊情况两边线可由内向外，中线由左向右穿入				
6	紧线施工	紧线施工	（1）导线展放完毕后应及时进行紧线。 （2）弧垂观测当的选择应符合下列规定： 1）紧线段在 5 档及以下时应靠近中间选择一档。 2）紧线段在 6～12 档时应靠近两端各选择一档。 3）紧线段在 12 档以上时应靠近两端及中间可选 3～4 档。 4）观测档宜选档距较大和悬挂点高差较小及接近代表档距的线档。 5）弧垂观测挡的数量可以根据现场条件适当增加，但不得减少。 （3）同相间子导线应同时收紧，弧垂达标后应逐档进行微调。 （4）OPGW 紧线时应使用 OPGW 专用夹具或耐张预绞丝。OPGW 耐张预绞丝重复使用不得超过两次				

续表

<table>
<tr><th rowspan="2">序号</th><th rowspan="2">项目</th><th rowspan="2">作业内容</th><th rowspan="2">控制要点及标准</th><th rowspan="2">检查结果</th><th colspan="2">施工</th><th rowspan="2">监理</th></tr>
<tr><th>作业负责人</th><th>质检员</th></tr>
<tr><td>7</td><td>弧垂观测</td><td>弧垂观测</td><td>（1）应合理选择观测档。弧垂宜优先选用等长法观测，并用经纬仪观测校核。
（2）弧垂观测时，温度应在观测档内实测。温度计必须挂在通风背光处，不得暴晒。温度变化达到5℃时，应及时调整弧垂观测值。
（3）观测弧垂时的温度应在观测档内实测。
（4）紧线弧垂在挂线后应随即在观测档检查。当设计对弧垂偏差有要求时，按设计的要求执行。当设计无要求时，一般挡弧垂允许偏差值不应大于±2.5%；大跨越档弧垂允许偏差值不应大于±1%，其正偏差不应超过1m</td><td></td><td></td><td></td><td></td></tr>
<tr><td>8</td><td>调整相间及子导线</td><td>调整相间及子导线</td><td>（1）导线和架空地线各相间的弧垂应力应一致，档距不大于800m时：≤300mm；档距大于800m时：≤500mm。
（2）多分裂导线同相子导线的弧垂应力力求一致，分裂导线同相子导线的弧垂允许偏差为50mm</td><td></td><td></td><td></td><td></td></tr>
<tr><td>9</td><td>压接挂线</td><td>压接挂线</td><td>（1）紧线弧垂在挂线后应随即在该观测档进行检查，并符合设计要求。
（2）紧线后应测量导线对被跨越物的净空距离，计入导线蠕变伸长换算到最大弧垂时应符合设计规定</td><td></td><td></td><td></td><td></td></tr>
<tr><td rowspan="3">10</td><td rowspan="3">★实测实量</td><td>导地线弧垂允许偏差</td><td>导地线弧垂允许偏差±2.5%</td><td></td><td></td><td></td><td></td></tr>
<tr><td>弧垂相对偏差最大值</td><td>（1）档距不大于800m时：≤300mm。
（2）档距大于800m时：≤500mm</td><td></td><td></td><td></td><td></td></tr>
<tr><td>同相子导线弧垂相对偏差最大值</td><td>安装间隔棒的其他形式分裂导线：同相子导线弧垂相对偏差最大值≤50mm</td><td></td><td></td><td></td><td></td></tr>
<tr><td>11</td><td>资料验收</td><td>过程资料验收</td><td>对紧线施工过程资料进行查阅，资料应完整、闭环、符合设计要求</td><td></td><td></td><td></td><td></td></tr>
</table>

（五）架线工程工艺流程管控卡（附件安装）

<table>
<tr><th rowspan="2">序号</th><th rowspan="2">项目</th><th rowspan="2">作业内容</th><th rowspan="2">控制要点及标准</th><th rowspan="2">检查结果</th><th colspan="2">施工</th><th rowspan="2">监理</th></tr>
<tr><th>作业负责人</th><th>质检员</th></tr>
<tr><td rowspan="3">1</td><td rowspan="3">方案的编写及交底</td><td>方案编写</td><td>（1）方案编制应包括杆塔施工参数（杆塔参数、导地线参数、金具参数）、现场平面布置图。
（2）方案编制应包括附件施工工艺流程、施工顺序。
（3）方案编制应包括质量控制措施和质量通病防治分析和控制措施。
（4）方案编制应包括附件工器具选型计算</td><td></td><td></td><td></td><td></td></tr>
<tr><td>交底对象</td><td>参加本项施工的管理人员及作业人员</td><td></td><td></td><td></td><td></td></tr>
<tr><td>交底内容</td><td>工程概况与特点、作业程序、操作要领、注意事项、质量控制、应急预案、安全作业等</td><td></td><td></td><td></td><td></td></tr>
<tr><td>2</td><td>人员准备</td><td>人员准备</td><td>（1）附件班组选择有经验的合格班组，具备较强的现场施工经验和困难解决能力，能够应对现场出现的紧急情况。
（2）高空作业人员应具备良好的工作能力和身体素质，特种证件合格并在有效期内，且经过报审</td><td></td><td></td><td></td><td></td></tr>
<tr><td>3</td><td>现场准备</td><td>现场准备</td><td>应确保附件范围内通信畅通、障碍物等处理完毕、分裂导线未相互绞扭、各交叉跨越处的安全措施可靠</td><td></td><td></td><td></td><td></td></tr>
<tr><td>4</td><td>材料准备</td><td>施工材料准备</td><td>认真准备施工所需要的导地线、绝缘子、压接管、金具螺栓等，并对其外观、数量、规格等进行仔细验收。然后进行分类放置并码放整齐</td><td></td><td></td><td></td><td></td></tr>
<tr><td>5</td><td>工器具进场</td><td>工器具进场</td><td>（1）按施工具体要求准备所需要的机具，并认真检查其性能及状态，按照设计图纸显示的所需要的材料名称、规格及数量进行准备。
（2）各工器具之间的连接和组合一定要合适并满足荷载要求。
（3）所用工器具在定期试验周期之内，不得超期使用。
（4）附件施工工器具进场前，主要受力工器具应经过第三方检测并出具报告</td><td></td><td></td><td></td><td></td></tr>
</table>

续表

<table>
<tr><th rowspan="2">序号</th><th rowspan="2">项目</th><th rowspan="2">作业内容</th><th rowspan="2">控制要点及标准</th><th rowspan="2">检查结果</th><th colspan="2">施工</th><th rowspan="2">监理</th></tr>
<tr><th>作业负责人</th><th>质检员</th></tr>
<tr><td rowspan="2">6</td><td rowspan="2">绝缘子及金具检查</td><td>绝缘子检查</td><td>（1）对绝缘子的表面进行检查，清除其表面的污垢及其他附着物。
（2）对绝缘子进行零值检测，并记录相关数据。
（3）检查各部分尺寸，确保符合要求，并确认铁件与瓷件结合紧密，且铁件镀锌完好无缺损，瓷件外表光滑无裂缝掉碴，缺釉等。有机复合绝缘子伞套的表面不允许有开裂、脱落、破损的现象，绝缘子的芯棒与端部附件不应有明显的歪斜。
（4）检查弹簧销子的镀锌情况，保证其弹力和厚度符合要求</td><td></td><td></td><td></td><td></td></tr>
<tr><td>金具检查</td><td>（1）检查线夹挂钩、挂环、连板等部分，确保表面无裂纹、毛刺、飞边气泡等。
（2）确认压板和导线之间的接触面光滑平整，无镀锌脱落，锈蚀等现象存在</td><td></td><td></td><td></td><td></td></tr>
<tr><td>7</td><td>导地线绝缘子串安装</td><td>绝缘子串连接</td><td>绝缘子串、导地线上的各种金具上的螺栓、穿钉及弹簧销子除有固定的穿向外，其余应穿向统一，并符合下列规定：
（1）单悬垂串上的弹簧销子应由小号侧向大号侧穿入。使用W形弹簧销子时，绝缘子大口应一律朝小号侧，使用R形弹簧销子时，大口应一律朝大号侧。单相（极）双悬垂串上的弹簧销子应对向穿入。螺栓及穿钉凡能顺线路方向穿入者应一律由小号侧向大号侧穿入，特殊情况两边线可由内向外，中线可由左向右穿入；直线转角塔上的金具螺栓及穿钉应由上斜面向下斜面穿入。
（2）耐张串上的弹簧销子、螺栓及穿钉应一律由上向下穿；当使用W形弹簧销子时，绝缘子大口应一律向上。当使用R形弹簧销子时，绝缘子大口应一律向下，特殊情况两边线可由内向外，中线可由左向右穿入。
（3）分裂导线上的穿钉、螺栓应一律由线束外侧向内穿。
（4）当穿入方向与当地运行单位要求不一致时，应在架线前明确规定</td><td></td><td></td><td></td><td></td></tr>
</table>

续表

序号	项目	作业内容	控制要点及标准	检查结果	施工		监理
					作业负责人	质检员	
7	导地线绝缘子串安装	导线悬垂绝缘子串安装	（1）绝缘子表面完好干净。瓷（玻璃）绝缘子在安装好弹簧销子的情况下，球头不得自碗头中脱出。复合绝缘子串与端部附件不应有明显的歪斜。 （2）绝缘子串上的各种螺栓、穿钉及弹簧销子，除有固定的穿向外，其余穿向应统一。 （3）金具上所用开口销和闭口销的直径必须与孔径相配合，且弹力适度，开口销和闭口销不应有折断和裂纹等现象。当采用开口销时应对称开口，开口角度应为60°～90°，不得用线材和其他材料代替开口销和闭口销。 （4）缠绕的铝包带、预绞丝护线条的中心与印记重合，以保证线夹位置准确。铝包带顺外层线股绞制方向缠绕，缠绕紧密，露出线夹，并不超过10mm，端头要压在线夹内，设计有要求时应按设计要求执行。预绞丝护线条对导线包裹应紧密。 （5）各种类型的铝质绞线，安装线夹时应按设计规定在铝股外缠绕铝包带或预绞丝护线条。 （6）绝缘子串与金具连接符合图纸要求，金具表面应无锈蚀、裂纹、气孔、砂眼、飞边等现象。 （7）悬垂线夹安装后，绝缘子串应竖直，顺线路方向与竖直位置的偏移角不应超过5°。 （8）作业时应避免损坏复合绝缘子伞裙、护套及端部密封，不应脚踏复合绝缘子；安装时不应反装均压环或安装于护套上				
		导线耐张绝缘子串安装	（1）绝缘子表面完好干净。在安装好弹簧销子的情况下，球头不得自碗头中脱出。绝缘子串与端部附件不应有明显的歪斜。 （2）绝缘子串上的各种螺栓、穿钉及弹簧销子，除有固定的穿向外，其余穿向应统一。 （3）金具上所用开口销和闭口销的直径必须与孔径相配合，且弹力适度。开口销和闭口销不应有折断和裂纹等现象，当采用开口销时应对称开口，开口角度应为60°～90°，不得用线材和其他材料代替开口销和闭口销。				

续表

<table>
<tr><th rowspan="2">序号</th><th rowspan="2">项目</th><th rowspan="2">作业内容</th><th rowspan="2">控制要点及标准</th><th rowspan="2">检查结果</th><th colspan="2">施工</th><th rowspan="2">监理</th></tr>
<tr><th>作业负责人</th><th>质检员</th></tr>
<tr><td rowspan="3">7</td><td rowspan="3">导地线绝缘子串安装</td><td>导线耐张绝缘子串安装</td><td>（4）球头和碗头连接的绝缘子应有可靠的锁紧装置。
（5）绝缘子串与金具连接符合图纸要求，金具表面应无锈蚀、裂纹、气孔、砂眼、飞边等现象。
（6）耐张绝缘子串倒挂时，耐张线夹应采用填充电力脂等防冻胀措施，并在线夹尾部打渗水孔</td><td></td><td></td><td></td><td></td></tr>
<tr><td>均压环、屏蔽环安装</td><td>（1）均压环、屏蔽环的规格符合设计要求。
（2）均压环、屏蔽环不得变形，表面光洁，不得有凸凹等损伤。
（3）均压环、屏蔽环对各部位距离满足设计要求，绝缘间隙偏差为±10mm。
（4）均压环、屏蔽环的开口符合设计要求</td><td></td><td></td><td></td><td></td></tr>
<tr><td>地线悬垂串安装</td><td>（1）绝缘子串表面应完好干净，避免损伤。
（2）绝缘子串上的各种螺栓、穿钉及弹簧销子，除有固定的穿向外，其余穿向应统一。
（3）金具上所用开口销和闭口销的直径必须与孔径相配合，且弹力适度，开口销和闭口销不应有折断和裂纹等现象。当采用开口销时应对称开口，开口角度应为60°～90°，不得用线材和其他材料代替开口销和闭口销。
（4）如需缠绕铝包带、预绞丝护线条时，缠绕的铝包带、预绞丝护线条的中心应与印记重合，以保证线夹位置准确。铝包带顺外层线股绞制方向缠绕，缠绕紧密，露出线夹≤10mm，端头应压在线夹内。预绞丝护线条应缠绕紧密。
（5）各种类型的铝质绞线，安装线夹时应按设计规定在铝股外缠绕铝包带或预绞丝护线条。
（6）悬垂线夹安装后，绝缘子串应垂直地平面。
（7）接地引线全线安装位置要统一，接地引线应顺畅、美观</td><td></td><td></td><td></td><td></td></tr>
</table>

续表

序号	项目	作业内容	控制要点及标准	检查结果	施工		监理
					作业负责人	质检员	
7	导地线绝缘子串安装	地线耐张串安装	（1）绝缘子串表面完好干净。绝缘子串的各种金具上的螺栓、穿钉及弹簧销子，除有固定的穿向外，其余穿向应统一。 （2）金具上所用开口销和闭口销的直径必须与孔径相配合，且弹力适度，开口销和闭口销不应有折断和裂纹等现象。当采用开口销时应对称开口，开口角度应为 60°～90°，不得用线材和其他材料代替开口销和闭口销。 （3）接地引线全线安装位置要统一，接地引线应顺畅、美观。 （4）耐张绝缘子串倒挂时，耐张线夹应符合设计要求，考虑采取防冻胀措施				
8	引流线安装	笼式硬引流线安装	（1）制作引流线的导线应使用未受过力的原状导线，凡有扭曲、松股、磨伤、断股等现象的，均不得使用。 （2）耐张线夹引流连板的光洁面必须与引流线夹连板的光洁面接触，接触面用汽油、酒精等清洁剂清洁，先涂抹一层电力复合脂，再用细钢丝刷清除有电力复合脂的表面氧化膜。 （3）螺栓穿向应符合规范要求，紧固扭矩应符合该产品说明书要求。 （4）起吊、安装引流线的走向应自然、顺畅、美观。 （5）两端的柔性引流线应呈近似悬链线状自然下垂，其对杆塔的电气间隙应符合规程规定。 （6）引流线不宜从均压环内穿过，并避免与其他部件相摩擦。 （7）引流线的刚性支撑尽量水平，要满足机械强度和电晕的要求				
9	防振锤及阻尼线安装	防振锤安装	（1）预绞式防振锤安装时，应保证预绞丝两端缠绕整齐，预绞丝中心点与防振锤夹板中心点一致，缠绕方向应与外层线股的绞制方向一致，并保持原预绞形状，预绞丝缠绕导线时应采取防护措施防止预绞丝头在缠绕过程中磕碰损伤导线。 （2）导线防振锤与被连接导线应在同一铅垂面内，设计有要求时按设计要求安装。 （3）防振锤应自然下垂，锤头与导线应平行，并与地平面垂直。 （4）防振锤安装数量、距离应符合设计要求，其安装距离允许偏差±30mm。				

续表

序号	项目	作业内容	控制要点及标准	检查结果	施工		监理
					作业负责人	质检员	
9	防振锤及阻尼线安装	防振锤安装	（5）防振锤大小头及螺栓的穿向应符合设计图纸求。 （6）固定夹具上的螺栓穿向应符合规范要求，紧固扭矩应符合该产品说明书要求				
		阻尼线安装（如有）	（1）阻尼线的规格应符合设计要求，且使用未受过力的原状线，凡有扭曲、松股、磨伤、断股等现象的，均不得使用。 （2）阻尼线与被连接导线或架空地线应在同一铅垂面内，设计有要求时按设计要求安装。 （3）阻尼线安装要自然下垂，固定点距离和小弧垂要符合设计规定，弧垂要自然、顺畅。 （4）阻尼线安装距离应符合设计要求，安装距离允许偏差为±30mm。 （5）固定夹具上的螺栓穿向应符合规范要求，紧固扭矩应符合该产品说明书要求				
10	间隔棒安装	子导线间隔棒安装	（1）安装距离应符合设计要求，杆塔两侧第一个间隔棒的安装距离允许偏差应为端次档距的±1.5%，其余应为端次档距的±3%。 （2）分裂导线间隔棒的结构面应与导线垂直，各相（极）间的间隔棒安装位置宜处于同一竖直面。 （3）各种螺栓、销钉穿向应符合规范要求，螺栓紧固扭矩应符合该产品说明书要求。 （4）金具上所用开口销和闭口销的直径必须与孔径相配合，且弹力适度，开口销和闭口销不应有折断和裂纹等现象。当采用开口销时应对称开口，开口角度应为60°～90°，不得用线材和其他材料代替开口销和闭口销				
11	光缆金具安装	OPGW悬垂串安装	（1）悬垂线夹安装后，应垂直地平面，顺线路方向偏移角度不得大于5°，且偏移量不得超过100mm。 （2）各种螺栓、销钉穿向应符合规范规定，除有固定的穿向外，其余穿向应统一；螺栓紧固扭矩应符合该产品说明书要求。				

续表

序号	项目	作业内容	控制要点及标准	检查结果	施工		监理
					作业负责人	质检员	
11	光缆金具安装	OPGW 悬垂串安装	（3）金具上所用开口销和闭口销的直径必须与孔径相配合，且弹力适度。开口销和闭口销不应有折断和裂纹等现象。当采用开口销时应对称开口，开口角度应为 60°～90°，不得用线材和其他材料代替开口销和闭口销。 （4）杆塔及构架安装接地引线的孔应符合设计要求，接地引线全线安装位置要统一，接地引线应顺畅、美观。 （5）OPGW 接地引线应自然引出，引线自然顺畅。接地并沟线夹方向不得偏扭，或垂直或水平				
		OPGW 耐张串安装	（1）各种螺栓、销钉穿向应符合规范规定，除有固定的穿向外，其余穿向应统一；螺栓紧固扭矩应符合该产品说明书要求。 （2）金具上所用开口销和闭口销的直径必须与孔径相配合，且弹力适度。开口销和闭口销不应有折断和裂纹等现象。当采用开口销时应对称开口，开口角度应为 60°～90°，不得用线材和其他材料代替开口销和闭口销。 （3）绝缘子表面应完好干净，绝缘架空地线放电间隙安装方向应朝上，安装距离允许偏差±2mm。 （4）OPGW 直通型耐张串引流线应自然顺畅呈近似悬链状态，从地线支架下方通过时，弧垂应为 300～500mm；从地线支架上方通过时，弧垂应为 150～200mm。 （5）OPGW 接头引下线应自然、顺畅、美观。接地并沟线夹方向不得偏扭，或垂直或水平。接地引线全线安装位置应统一，接地引线应自然、顺畅、美观				
		OPGW 引下线安装	（1）铁塔引下线应从铁塔主材内侧引下，OPGW 的弯曲半径不应小于 20 倍光缆直径。架构引下线应沿架构引下，OPGW 的弯曲半径不应小于 20 倍光缆直径。 （2）引下线不与塔材相摩擦，其任意一点与塔材之间的距离不小于 50mm，不发生风吹摆动现象。 （3）引下线用夹具安装间距为 1.5～2m。引下线夹具的安装，应保证引下线顺直、圆滑，不得有硬弯、折角。				

续表

<table>
<tr><th rowspan="2">序号</th><th rowspan="2">项目</th><th rowspan="2">作业内容</th><th rowspan="2">控制要点及标准</th><th rowspan="2">检查结果</th><th colspan="2">施工</th><th rowspan="2">监理</th></tr>
<tr><th>作业负责人</th><th>质检员</th></tr>
<tr><td rowspan="3">11</td><td rowspan="3">光缆金具安装</td><td>OPGW引下线安装</td><td>（4）各种螺栓、销钉穿向应符合规范规定，除有固定的穿向外，其余穿向应统一；螺栓紧固扭矩应符合该产品说明书要求</td><td></td><td></td><td></td><td></td></tr>
<tr><td>OPGW接头盒安装</td><td>（1）盘纤盘内余纤盘绕应整齐有序，且每圈大小基本一致，弯曲半径不应小于40mm。余纤盘绕后应呈自然弯曲状态，不应有扭绞受压现象。
（2）接续盒安装高度应符合设计要求，安装在塔身内侧；帽式接续盒安装应垂直于地面，卧式接续盒安装应平行于地面。接头盒安装应可靠固定、无松动，宜安装在余缆架上方1.5～3m处。
（3）接头盒安装固定可靠、无松动、防水密封措施良好。接头盒进出线要顺畅、圆滑，弯曲半径不应小于40倍光缆直径</td><td></td><td></td><td></td><td></td></tr>
<tr><td>OPGW余缆安装</td><td>（1）余缆紧密缠绕在余缆架上，余缆盘绕应整齐有序，一般盘绕4～5圈，不得交叉和扭曲受力，不应少于4处捆绑。
（2）余缆架用专用夹具固定在铁塔内侧的适当位置。
（3）使用引下线保证光缆固定点之间的距离小于2m。光缆拐弯处应平顺自然，光缆最小弯曲半径符合要求</td><td></td><td></td><td></td><td></td></tr>
<tr><td>12</td><td rowspan="2">通病防治</td><td>绝缘子安装</td><td>（1）合成绝缘子进场后逐根进行外观检查，不合格品应单独存放，不得用于施工现场。
（2）绝缘子应妥善储存在通风、干燥、无酸碱、无油污的场所，且应有防止鼠害、变形的措施。
（3）绝缘子在运输及安装过程中应轻拿轻放，不应投掷，并避免与各类杂物（导线、工具等）及坚硬物混装、碰撞、摩擦。
（4）施工人员使用软梯上、下导线，严禁脚踩复合绝缘子</td><td></td><td></td><td></td><td></td></tr>
<tr><td>13</td><td>多分裂导线间隔棒安装</td><td>（1）分裂导线的间隔棒的结构面应与导线垂直。
（2）使用直角尺等专用工具测量间隔棒安装位置。
（3）间隔棒安装完成后及时自检。
（4）间隔棒安装完成后再调整导线弧垂或耐张金具时，应复核间隔棒状态，如倾斜、变形应及时调整</td><td></td><td></td><td></td><td></td></tr>
</table>

续表

序号	项目	作业内容	控制要点及标准	检查结果	施工		监理
					作业负责人	质检员	
14	通病防治	光缆引下线安装	（1）光缆引下线在安装卡具前应顺绞制方向理顺，避免光缆各部位出现逆绞制方向的受力情况。 （2）引下光缆应顺直美观，每隔1.5～2m安装一个卡具。 （3）线夹固定在突出部分，不得使余缆与角铁发生摩擦碰撞。 （4）引下光缆弯曲半径不应小于40倍的直径				
15		绝缘子吊装	（1）装卸、搬运绝缘子应保持包装完整，轻拿轻放，避免磕碰。 （2）现场组装绝缘子时应采取铺垫措施。 （3）绝缘子吊装、塔上断线和平衡挂线时应对绝缘子采取保护措施，避免划伤、碰伤				

三、线路防护工程关键工序管控表、线路防护工程工艺流程控制卡

（一）线路防护工程关键工序管控表

序号	阶段	管理内容	管控要点	管理资料	监理	业主
1	准备阶段	施工图审查	（1）熟悉施工图设计要点。 （2）关注施工图纸的各个工序环节。 （3）线路防护等符合国家规范及相关技术规定。 （4）三牌的安装孔位置、间距是否符合要求	施工图预检记录表、施工图纸交底纪要、施工图会检纪要		
2		方案审查	（1）方案选取是否合理。 （2）保护帽施工、接地引下线安装方式。 （3）排水沟砌筑施工方法及要求。 （4）高塔航空标识安装要求。 （5）“三牌”安装标准	（专项）施工方案、文件审查记录表		

续表

序号	阶段	管理内容	管控要点	管理资料	监理	业主
3	准备阶段	标准工艺	（1）执行《国家电网有限公司输变电工程标准工艺 架空线路工程分册》“线路防护工程”要求。 （2）检查施工图纸中标准工艺内容齐全。 （3）检查施工过程标准工艺执行	标准工艺应用记录		
4		人员交底	参加本项施工的管理人员及作业人员	人员培训交底记录、站班会记录		
5		甲供开箱	（1）供应商资质文件（营业执照、安全生产许可证、产品的检验报告、企业质量管理体系认证或产品质量认证证书）齐全。 （2）材料质量证明文件（包括产品出厂合格证、检验、试验报告）合格。 （3）甲供材包括：“三牌”、高塔航空警示灯	甲供主要设备（材料/构配件）开箱申请表		
6	施工阶段	保护帽施工	（1）保护帽混凝土抗压强度满足设计要求。 （2）保护帽大小符合图纸要求与塔结合应严密，不得有裂缝。主材与靴板之间的缝隙应采取密封（防水）措施。 （3）保护帽顶面应留有排水坡度，顶面不得积水	检查记录表		
7		接地引下线施工	（1）接地引下线连板与杆塔的连接应接触良好，接地引下线应紧贴塔材和保护帽及基础表面，引下顺畅、美观，便于运行测量检修。 （2）接地引下线引出方位与杆塔接地孔位置相对应。接地引下线应平直、美观。 （3）接地螺栓安装应设防松螺母或防松垫片，宜采用可拆卸的防盗螺栓	检查记录表		
8		高塔航空标识安装	（1）高塔上的高塔航空标识按照位置和型式应符合有关规定。 （2）涉及多条电线、电缆等场合，高塔航空标识应设在不低于所标识的最高的架空线高度处。 （3）挂点保护应符合设计要求，配备护线条对导线加以保护，并根据地线及护线条外径选择合适的标识球铝合金线夹尺寸	检查记录表		

续表

序号	阶段	管理内容	管控要点	管理资料	监理	业主
9	施工阶段	"三牌"安装	（1）"三牌"的样式与规格，应符合国家电网有限公司的规定。 （2）塔位牌、警示牌安装符合运行单位要求（一般安装临近运行道路到塔位的铁塔面或符合整条线路运行安装要求），安装位置尽量避开脚钉，距地面的高度对同一工程应统一安装位置。 （3）相位标识牌安装在导线挂点附近的醒目位置。 （4）同一工程警示牌距地面的高度应统一，并符合设计及运行单位要求	检查记录表		
10		排水沟砌筑	（1）砌筑用块石立方体边长应大于 300mm，石料应坚硬，不易风化。 （2）排水沟应设置在迎水侧。 （3）排水沟应保证内壁平整，迎水侧沟沿应略低于原状土并结合紧密。 （4）按设计施工，坡度保证排水顺畅	检查记录表		
11	验收阶段	实测实量	（1）实测实量验收项目包含基建安质〔2021〕27 号文件规定项目清单。 （2）实测实量仪器（全站仪、游标卡尺、卷尺）准备到位	验收记录		
12		资料验收	（1）质量证明文件、出厂报告。 （2）甲供材开箱记录。 （3）特种人员报审	过程资料		

（二）线路防护工程工艺流程管控卡

序号	项目	作业内容	控制要点及标准	检查结果	施工		监理
					作业负责人	质检员	
1	方案的编写及交底	方案编写	（1）方案编制应包括施工工况、现场布置、压接施工要求。 （2）方案编制应包括保护帽、排水沟施工（如有）、护坡或挡土墙砌筑（如有）、高塔航空标识（如有）、塔位牌、相位标识牌及警示牌安装施工工艺与现场施工顺序。 （3）方案编制应包括安全、技术控制措施和安全文明施工和应急处置措施				
		交底对象	参加本项施工的管理人员及作业人员				
		交底内容	工程概况与特点、作业程序、操作要领、注意事项、质量控制、应急预案、安全作业等				

续表

<table>
<tr><th rowspan="2">序号</th><th rowspan="2">项目</th><th rowspan="2">作业内容</th><th rowspan="2">控制要点及标准</th><th rowspan="2">检查结果</th><th colspan="2">施工</th><th rowspan="2">监理</th></tr>
<tr><th>作业负责人</th><th>质检员</th></tr>
<tr><td>2</td><td>乙供材进场检查</td><td>商混乙供材检查</td><td>（1）施工使用材料包括混凝土。
（2）供货商资质［一般包括营业执照、生产许可证、产品（典型产品）的检验报告、企业质量管理体系认证或产品质量认证证书等］齐全。
（3）材料质量证明文件（一般包括产品出厂合格证、检验、试验报告等）合格。
（4）复检报告合格（混凝土，按有关规定进行取样送检，并在检验合格后报监理项目部查验）。
（5）产品自检</td><td></td><td></td><td></td><td></td></tr>
<tr><td>3</td><td>甲供材开箱验收</td><td>警示灯、相位牌、警示牌、塔位牌开箱验收</td><td>（1）线路名称正确。
（2）安装位置符合设计及规范要求。
（3）所应用的各类牌子颜色符合规范要求</td><td></td><td></td><td></td><td></td></tr>
<tr><td>4</td><td>保护帽浇筑施工</td><td>保护帽浇筑施工</td><td>（1）架线前、后应对地脚螺栓紧固情况进行检查，严禁在地脚螺母紧固不到位时进行保护帽施工。
（2）保护帽浇筑应在铁塔组立检查合格后制作。保护帽宜采用专用模板现场浇筑，严禁采用砂浆或其他方式制作。
（3）混凝土应一次浇筑成型，杜绝两次抹面、喷涂等修饰。保护帽顶面应适度放坡，混凝土初凝前进行压实收光，确保顶面平整光洁。
（4）保护帽拆模时应保证其表面及棱角不损坏，塔腿及基础顶面的混凝土浆要及时清理干净。
（5）保护帽应根据季节和气候要求进行养护。
（6）水泥宜采用通用硅酸盐水泥，强度等级≥42.5。
（7）细骨料宜采用中砂，选用的天然砂、人工砂或混合砂相关参数应符合 JGJ 52。
（8）粗骨料采用碎石或卵石，相关参数应符合 JGJ 52。</td><td></td><td></td><td></td><td></td></tr>
</table>

续表

序号	项目	作业内容	控制要点及标准	检查结果	施工		监理
					作业负责人	质检员	
4	保护帽浇筑施工	保护帽浇筑施工	(9)宜采用饮用水或经检测合格的地表水、地下水、再生水拌和及养护，不得使用海水。 (10)保护帽混凝土抗压强度满足设计要求。 (11)保护帽宽度宜不小于距塔脚板每侧50mm。高度应以超过地脚螺栓50～100mm为宜，与塔脚结合应严密，不得有裂缝。主材与靴板之间的缝隙应采取密封(防水)措施。 (12)保护帽顶面应留有排水坡度，顶面不得积水				
5	高塔航空标识安装(如有)	★安装前杆塔螺栓验收	(1)高塔航空标识安装前将螺栓紧固。 (2)螺栓紧固值按照设计要求。 (3)钢管法兰螺栓应逐个对称拧紧，使法兰间接触良好。法兰连接螺栓的扭矩允许偏差值应符合设计规定，同一法兰面上的螺栓扭矩值应保持一致。 (4)组塔后螺栓紧固达到≥95%；架线后螺栓紧固达到≥97%				
		航空警示灯安装	(1)高塔上的高塔航空标识按照位置和型式应符合有关规定。 (2)涉及多条电线、电缆等场合，高塔航空标识应设在不低于所标识的最高的架空线高度处。 (3)挂点保护应符合设计要求，配备护线条对导线加以保护，并根据地线及护线条外径选择合适的标识球铝合金线夹尺寸				
6	塔位牌、相位标识牌、警示牌安装	塔位牌、相位标识牌、警示牌安装	(1)“三牌”的样式与规格，应符合国家电网有限公司的规定： 1)塔位牌：塔位牌为双面，孔径为13mm，厚度不得小于1.5mm，塔位牌上半部分内容为电压等级、线路名称、线路编号，塔位牌下半部分内容为杆塔号； 2)相序牌：相序牌为双面，孔径为22mm，厚度不得小于1mm；				

续表

序号	项目	作业内容	控制要点及标准	检查结果	施工		监理
					作业负责人	质检员	
6	塔位牌、相位标识牌、警示牌安装	塔位牌、相位标识牌、警示牌安装	3）警示牌：禁止标识牌的基本型式是一长方形衬底牌，上方是禁止标识（带斜杠的圆边框），下方是文字辅助标识（矩形边框）。图形上、中、下间隙，左、右间隙相等。禁止标识牌的长方形衬底色为白色，带斜杠的圆边框为红色，标识符号为黑色，辅助标识为红底白字、黑体字，字号根据标识牌尺寸、字数调整。警示牌距地面的高度对同一工程应统一安装位置。采用螺栓固定，牢固可靠。 （2）塔位牌安装在线路铁塔小号侧的醒目位置，安装位置尽量避开脚钉，距地面的高度对同一工程应统一安装位置。 （3）相位标识牌安装在导线挂点附近的醒目位置。 （4）同一工程警示牌距地面的高度应统一，并符合设计及运行单位要求				
7	排水沟砌筑施工	排水沟砌筑施工	（1）水泥宜采用通用硅酸盐水泥，强度符合设计要求。 （2）细骨料宜采用中砂，选用的天然砂、人工砂或混合砂相关参数应符合 JGJ 52。 （3）砌筑用块石立方体边长应大于 300mm，石料应坚硬，不易风化。 （4）宜采用饮用水或经检测合格的地表水、地下水、再生水拌和及养护，不得使用海水。 （5）排水沟应设置在迎水侧。 （6）排水沟应保证内壁平整，迎水侧沟沿应略低于原状土并结合紧密。 （7）按设计施工，坡度保证排水顺畅				
8	护坡、挡土墙砌筑施工	护坡、挡土墙砌筑	（1）挡土墙或护坡砌筑前，底部浮土必须清除，石料上的泥垢必须清洗干净，砌筑时应保持砌石表面湿润。 （2）采用坐浆法分层砌筑，铺浆厚度宜为 30～50mm，用砂浆填满砌缝，不得无浆直接贴靠。砌缝内砂浆应采用扁铁插捣密实				
		勾缝	（1）砌体外露面上的砌缝应预留约 40mm 深的空隙，以备勾缝处理。 （2）勾缝前必须清缝，用水冲净并保持槽内湿润，砂浆应分次向缝内填塞密实。勾缝砂浆标号应高于砌体砂浆，应按实有砌缝勾平缝。砌筑完毕后应保持砌体表面湿润并做好养护				

续表

序号	项目	作业内容	控制要点及标准	检查结果	施工		监理
					作业负责人	质检员	
9	保护帽验收	保护帽验收	（1）保护帽混凝土抗压强度满足设计要求。 （2）保护帽大小符合图纸要求与塔结合应严密，不得有裂缝。主材与靴板之间的缝隙应采取密封（防水）措施。 （3）保护帽顶面应留有排水坡度，顶面不得积水				
		资料验收	各项验评资料、施工记录，归档资料齐全并签字盖章				
10	高塔航空标识验收	高塔航空标识验收	（1）高塔上的高塔航空标识按照位置和型式应符合有关规定。 （2）涉及多条电线、电缆等场合，高塔航空标识应设在不低于所标识的最高的架空线高度处。 （3）挂点保护应符合设计要求，配备护线条对导线加以保护，并根据地线及护线条外径选择合适的标识球铝合金线夹尺寸				
11	“三牌”验收	塔位牌、相位标识牌及警示牌验收	（1）“三牌”的样式与规格，应符合国家电网有限公司的规定。 （2）塔位牌安装在线路铁塔小号侧的醒目位置，安装位置尽量避开脚钉，距地面的高度对同一工程应统一安装位置。 （3）相位标识牌安装在导线挂点附近的醒目位置。 （4）同一工程警示牌距地面的高度应统一，并符合设计及运行单位要求				
12	排水沟验收	排水沟验收	（1）砌筑用块石立方体边长应大于 300mm，石料应坚硬，不易风化。 （2）排水沟应设置在迎水侧。 （3）排水沟应保证内壁平整，迎水侧沟沿应略低于原状土并结合紧密。 （4）按设计施工，坡度保证排水顺畅				

续表

<table>
<tr><th rowspan="2">序号</th><th rowspan="2">项目</th><th rowspan="2">作业内容</th><th rowspan="2">控制要点及标准</th><th rowspan="2">检查结果</th><th colspan="2">施工</th><th rowspan="2">监理</th></tr>
<tr><th>作业负责人</th><th>质检员</th></tr>
<tr><td>13</td><td>护坡、挡土墙验收</td><td>护坡、挡土墙验收</td><td>（1）水泥宜采用通用硅酸盐水泥，强度等级≥42.5。
（2）细骨料宜采用中砂，选用的天然砂、人工砂或混合砂相关参数应符合 JGJ 52。
（3）砌筑用块石立方体边长应大于 300mm，石料应坚硬，不易风化。
（4）宜采用饮用水或经检测合格的地表水、地下水、再生水拌和及养护，不得使用海水。
（5）上下层砌石应错缝砌筑，砌体外露面应平整美观。
（6）排水孔、伸缩缝数量、位置及疏水层的设置应满足规范、设计要求</td><td></td><td></td><td></td><td></td></tr>
<tr><td>14</td><td rowspan="2">通病防治</td><td>保护帽施工</td><td>基础、保护帽施工完毕后及时采取有效成品保护措施</td><td></td><td></td><td></td><td></td></tr>
<tr><td>15</td><td>保护帽浇筑</td><td>（1）保护帽浇筑宜采用专用模板。
（2）保护帽浇筑过程中混凝土应振捣密实。
（3）保护帽表面应在混凝土初凝前压实收光，确保顶面平整光洁。
（4）按要求进行保护帽混凝土养护、拆模</td><td></td><td></td><td></td><td></td></tr>
</table>

附录　责任单位及责任人一览表

责任单位及责任人一览表见下表。

责任单位及责任人一览表

序号	单位名称	责任人姓名	责任岗位	序号	单位名称	责任人姓名	责任岗位

注　1. 表格中所有签字人员的相关情况均应列入本表，并连续填写。

2. 每张管控表、控制卡均应配此附件。